刘琼 编著

用Xmind玩转思维导图：职场人士必备的高效表达工具

北京理工大学出版社
BEIJING INSTITUTE OF TECHNOLOGY PRESS

图书在版编目（CIP）数据

用Xmind玩转思维导图：职场人士必备的高效表达工具 / 刘琼编著. -- 北京：北京理工大学出版社，2023.10

ISBN 978-7-5763-2915-5

Ⅰ. ①用… Ⅱ. ①刘… Ⅲ. ①思维方法—应用软件Ⅳ. ①B804-39

中国国家版本馆 CIP 数据核字 (2023) 第 185035 号

责任编辑：王晓莉　　文案编辑：王晓莉
责任校对：周瑞红　　责任印制：施胜娟

出版发行 / 北京理工大学出版社有限责任公司
社　　址 / 北京市丰台区四合庄路6号
邮　　编 / 100070
电　　话 /（010）68944451（大众售后服务热线）
（010）68912824（大众售后服务热线）
网　　址 / http://www.bitpress.com.cn

版 印 次 / 2023年10月第1版第1次印刷
印　　刷 / 文畅阁印刷有限公司
开　　本 / 710 mm × 1000 mm　1 / 16
印　　张 / 15
字　　数 / 200 千字
定　　价 / 99.00 元

Preface 前言

思维导图作为一种强大的思维工具，正被越来越多的人接受、学习和使用。它可以帮助人们厘清工作和学习中诸多事务的思路，从而提高效率。

本书以 Xmind 为软件环境，采用理论与实践相结合的方式，通过通俗易懂的文字解说和清晰直观的截图，讲解思维导图的绘制方法。

全书共 8 章，包括 Xmind 快速入门、Xmind 的基本操作、让思维导图锦上添花、思维导图的表现形式、思维导图中的记忆提升术、思维导图拯救拖延症、思维导图提升工作效率、输出高质量思维导图。

Contents 目录

第 1 章 Xmind 快速入门

认识思维导图 \ 002

初识 Xmind \ 005

Xmind 的特色功能 \ 006

智能配色方案，一键切换色彩主题 \ 006

手绘风格，重温手写的乐趣 \ 007

丰富的图像元素，让导图更出彩 \ 008

专业的结构样式，适用更多应用场景 \ 009

多种工作模式，满足更多需求 \ 011

用 Xmind 开始创作 \ 012

安装 Xmind \ 012

从模板创作思维导图 \ 013

从图库创作思维导图 \ 014

从头创建思维导图 \ 015

第 2 章 Xmind 的基本操作

Xmind 工作界面一览 \ 018

主题元素的操作 \ 019

选择主题类型 \ 020

编辑主题 \ 020

设置主题的格式 \ 024

设置思维导图的骨架 \ 032

设置主题的配色方案 \ 034

逻辑元素的操作 \ 036

联系 \ 037

概要 \ 041

外框 \ 044

笔记 \ 047

标注 \ 050

标签 \ 052

链接 \ 054

附件 \ 057

第 3 章 让思维导图锦上添花

插入图像元素 \ 062
标记 \ 063
贴纸 \ 066
插画 \ 068
本地图片 \ 069
方程 \ 069

切换工作模式 \ 074
ZEN 模式 \ 075
演说模式 \ 078
大纲模式 \ 081

第 4 章 思维导图的表现形式

认知图：展示过程或概念 \ 086
基础认知图的特点 \ 086
认知图的应用场景 \ 087
认知图的绘制流程 \ 090

树形图：分类思考 \ 094
树形图的特点 \ 094
树形图的应用场景 \ 095
树形图的绘制流程 \ 098
树形图的完美“变身”\ 101

鱼骨图：厘清因果关系 \ 107
鱼骨图的特点 \ 107
鱼骨图的应用场景 \ 108
鱼骨图绘制三步法 \ 111

概念图：承载多种关系 \ 116
概念图的基本组成 \ 116
概念图的应用场景 \ 117
概念图的绘制流程 \ 119

流程图：指引目标走向 \ 123
流程图的特点 \ 123
流程图的应用场景 \ 124
流程图的基本结构 \ 128
流程图的绘制技巧 \ 130

第 5 章 思维导图中的记忆提升术

巧用外框划分板块 \ 136
变换颜色区分板块 \ 137
为板块添加外框 \ 138
修改外框格式 \ 138
复制外框格式 \ 139

让有包含关系的分支更容易记忆 \ 141
利用外框设置包含关系 \ 142
将分支文字调整为纵向排列 \ 143
修改外框格式让内容更分明 \ 144

用好概要和联系提升笔记效能 \ 146

通过添加概要汇总知识点 \ 147
为相关知识点添加联系 \ 148

将 Word 文档转换为思维导图，打造纵向记忆轴 \ 150
设置 Word 文档的段落样式 \ 152
在 Xmind 中导入 Word 文档 \ 153
调整思维导图的结构和版面细节 \ 154
调整思维导图的配色 \ 157

第 6 章 思维导图拯救拖延症

用标记和标注让工作计划更有序 \ 160
添加标记明确工作目标 \ 161
添加标记跟踪任务进度 \ 163
添加标注把控时间节点 \ 164
更改标注属性突显当前任务 \ 165

用标记和标签展现项目状态 \ 166
添加标记明确项目进度 \ 168
添加标签注明项目负责人 \ 169
添加外框让重点项目更突出 \ 170

用删除线明确工作完成情况 \ 171
添加删除线标明已完成的工作 \ 172
批量为主题文字添加删除线 \ 173
添加标签说明工作未完成的原因 \ 174
添加概要说明当前进度及后续安排 \ 175
添加心情贴纸表达情绪 \ 176

用外框和标记让工作计划有条不紊 \ 178
添加外框明确工作的时间要求 \ 180
添加标记明确工作的优先级 \ 181

第 7 章 思维导图提升工作效率

用笔记简化烦琐的项目流程 \ 184
将文字内容较多的子主题转换成笔记 \ 185
将多个子主题批量转换成笔记 \ 186
用鱼骨图结构明确流程的先后关系 \ 188

用链接集中管理关联资料 \ 190
导出网页书签并整理成 Word 文档 \ 192
导入 Word 文档创建思维导图 \ 193
为书签资料添加网页链接 \ 194
链接本地文件 \ 195

用链接和画布拆分思维导图 \ 197
创建画布并移动主题 \ 198
在不同画布的关联主题之间建立链接 \ 199
用“从主题新建画布”快速完成拆分 \ 201
用自定义风格统一视觉效果 \ 201

一键生成思维导图 \ 204
Xmind Copilot 工具简介 \ 205
输入主题并生成思维导图 \ 205

编辑思维导图 \ 206
根据思维导图自动生成文章 \ 207
在 Xmind 中进一步编辑思维导图 \ 208

第 8 章 输出高质量思维导图

用 SVG 格式输出高清思维导图 \ 212
PNG 格式和 SVG 格式的区别 \ 213
将思维导图导出为 SVG 格式 \ 214

排版和打印单页思维导图 \ 215
导入 Word 文档创建思维导图 \ 217
调整思维导图的结构 \ 218
调整分支主题的填充样式 \ 219
调整思维导图的配色 \ 220
调整主题的文字格式和宽度 \ 221
选择合适的页面尺寸和布局 \ 223

拆分打印内容较多的思维导图 \ 224
自动分页打印思维导图 \ 227
打印指定的分支 \ 228
将思维导图拆分成多张画布再打印 \ 229

第 1 章

Xmind 快速入门

Xmind 是一款功能齐全、简单易用的思维导图和头脑风暴软件，常被用于完成信息资料整理、提纲摘要制作、灵感快速记录等工作。本章将讲解 Xmind 的入门知识，让读者对 Xmind 有一个初步的认识。

认识思维导图

思维导图是一种对思维进行可视化的实用工具，它以图表的形式帮助我们发散和梳理思维，提高工作效率。

思维导图的具体实现方法是围绕一个中心主题进行思维发散，再运用图文并重的技巧，把各级主题的关系用相互隶属的层级图表现出来，让主题与图像、颜色等建立记忆链接，最终形成一张有重点、有逻辑的放射状图表。下图所示为一幅以“项目管理的五大步骤”为中心主题的思维导图。

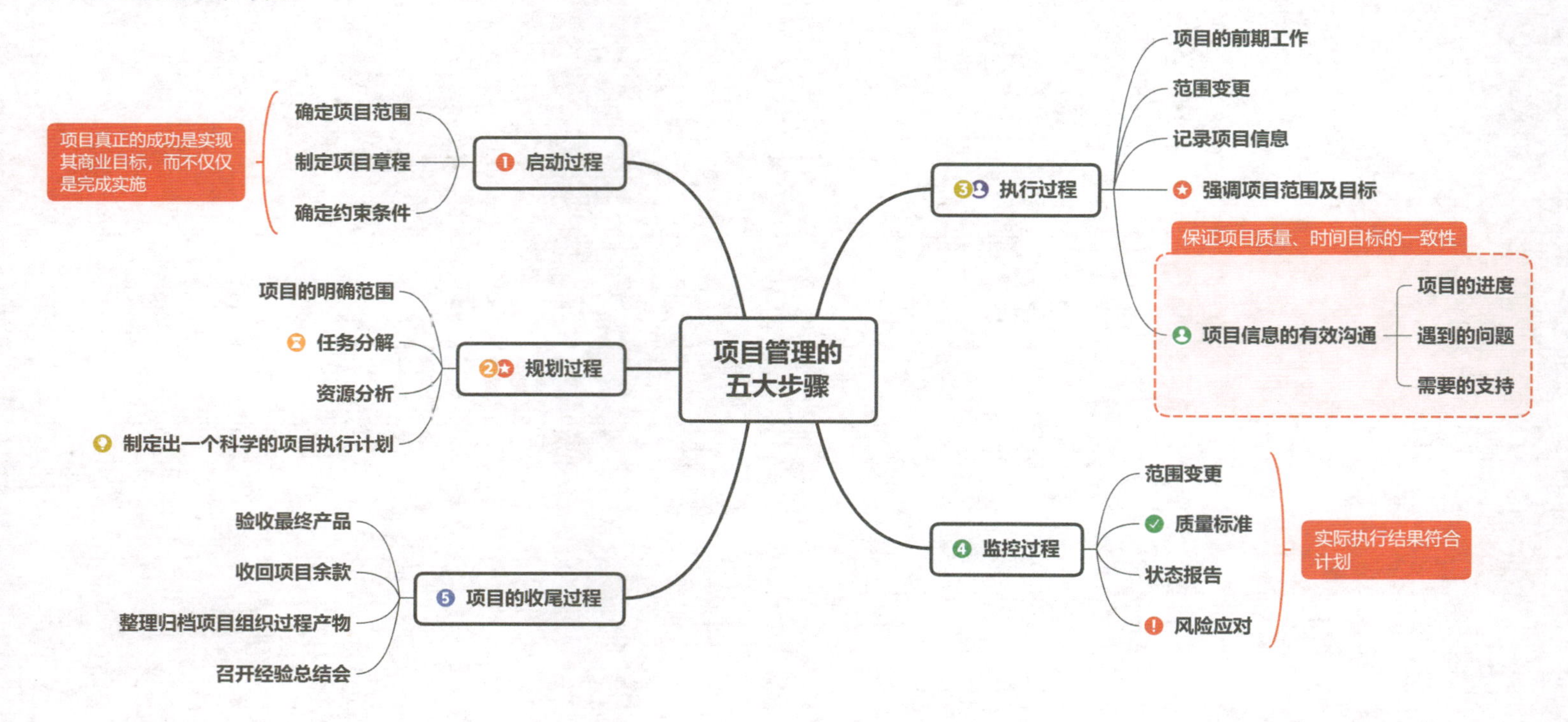

● 思维导图的优势

思维导图可以更清晰地呈现思维的逻辑方式，帮助我们分清主次，发现想法间的关联，高效地厘清思路。与笔记等常见的传统记录方式不同，思维导图具有焦点集中、主干发散、层次分明、表现形式多样等优势（见下右图），这也是它被视为一种生产力工具的主要原因。

焦点集中：每一幅思维导图都有一个明确的中心主题，这个中心主题是思维导图的核心。中心主题通常位于思维导图中醒目的位置，起到明确主题、吸引读图者注意力的作用。

主干发散：关键字和连接线是思维导图必不可少的要素。当思维导图包含的内容较多时，读图者通过关键字和连接线可以找到主干和分支，厘清绘图者的逻辑，从而有序地阅读思维导图。

层次分明：每一幅思维导图都有清晰分明的层次关系，逻辑性非常强。在思维导图中，若两个内容以父节点和子节点的方式呈现，那么它们就是包含与被包含的关系；若两个内容以同级节点的方式呈现，那么它们就是并列关系。读图者通过呈现方式就能清楚地了解每个内容所属的层级。

表现形式多样：相较于传统的线性笔记，思维导图拥有更丰富的表现形式。它可以对文字、图形、线条、色彩等多种多样的元素进行组合，不仅具有一定的艺术性，而且有利于读图者产生联想，加深印象和记忆。

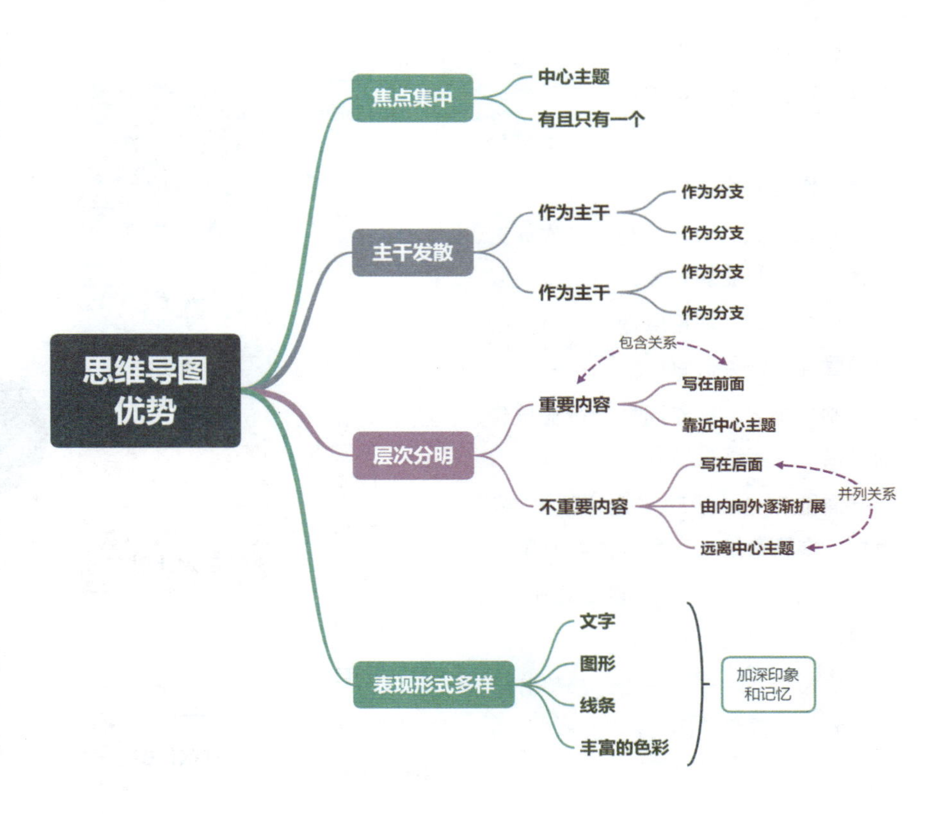

- **思维导图可以做什么**

思维导图是一种结构化思考的高效工具。凡是需要进行结构化分析的任务，如制定计划、制作笔记、决策分析等，都可以用思维导图来呈现，如下右图所示。

制作笔记：读书笔记、学习笔记、课堂笔记、会议记录等；

收集灵感：创意思考、头脑风暴、搭建写作框架等；

制定计划：学习计划、工作计划、阅读计划、职业规划等；

任务管理：项目管理、人员分配、时间管理、任务拆解和分配等；

制作报告：工作周报、行业报告、项目报告、年终报告等；

商业策划：活动策划、教学课程策划、展览策划、产品营销策划等：

演示 / 展示：演讲、教学演示、方案展示、个人简历展示等；

决策分析：产品分析、趋势分析、就业分析、复盘总结等。

初识 Xmind

Xmind 是一款强大、易用的思维导图软件，可适配 Windows、macOS、Linux、iOS、Android 等主流操作系统。它提供丰富的导图模板、美观的配色方案及多种创意工具，适用于工作和学习中的各种场景。下图所示为利用 Xmind 制作的展示该软件基础功能的思维导图。

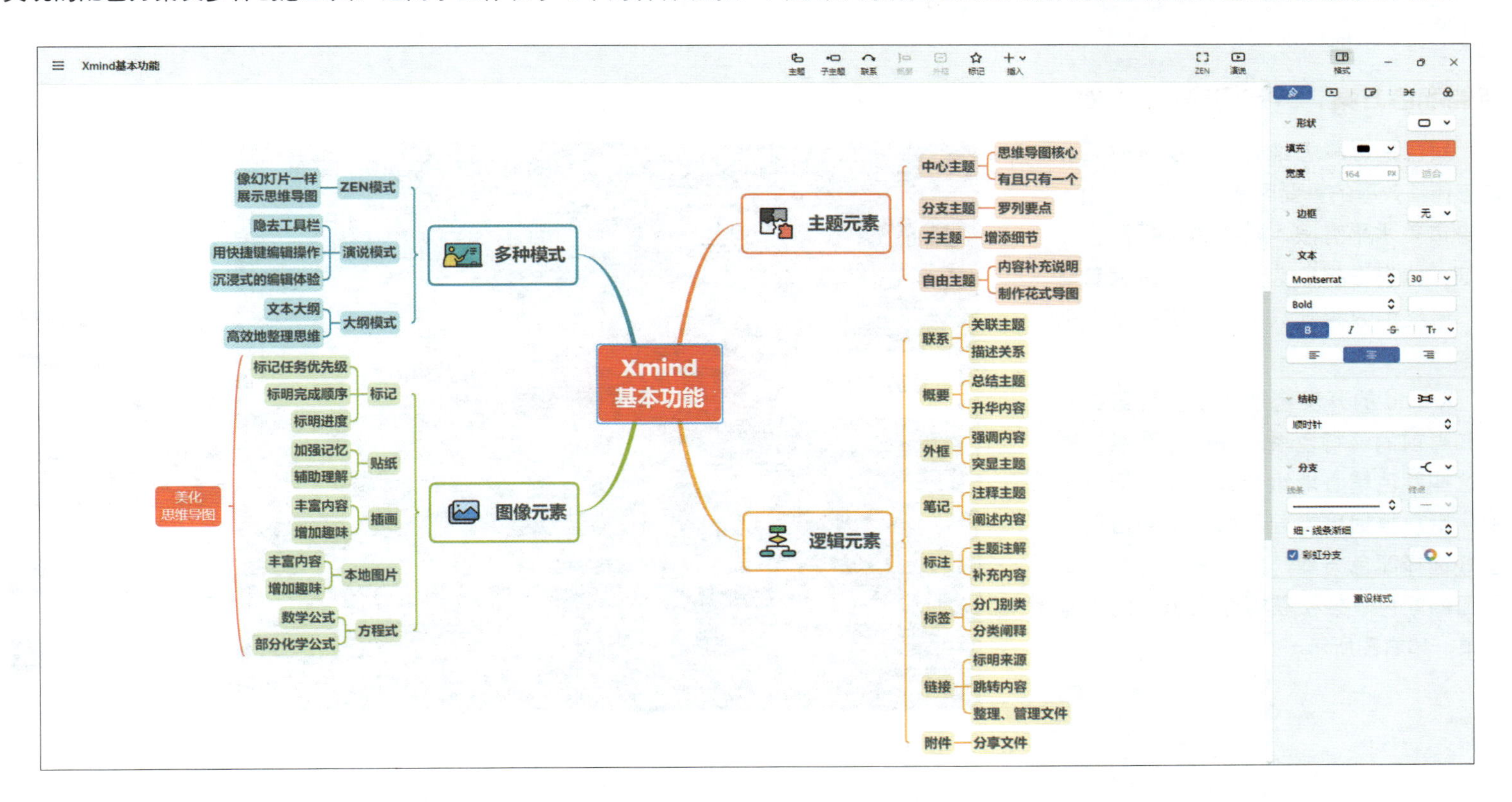

Xmind 的特色功能

目前市面上的思维导图软件有很多，Xmind 之所以能够在激烈的竞争中脱颖而出，除了用户界面简洁直观、易于上手等优点外，更重要的是它提供了许多令人眼前一亮的特色功能，让没有平面设计基础的用户也能制作出内容丰富、外观专业的思维导图。下面就来介绍这些特色功能。

智能配色方案，一键切换色彩主题

颜色是影响思维导图的视觉效果和信息传播效率的重要因素。许多用户由于自身审美水平有限，常常为选择配色而烦恼。他们在配色选择上要花费大量时间，最终的效果却只能用“辣眼睛”来形容。

Xmind 的开发者选取了多种经典颜色和当前的流行色系，并通过智能算法将这些颜色精心地组合成专业的配色方案。用户根据思维导图的类型和自己的喜好选择配色方案，即可一键完成思维导图的配色，轻松获得令人惊艳的视觉效果，如右图所示。

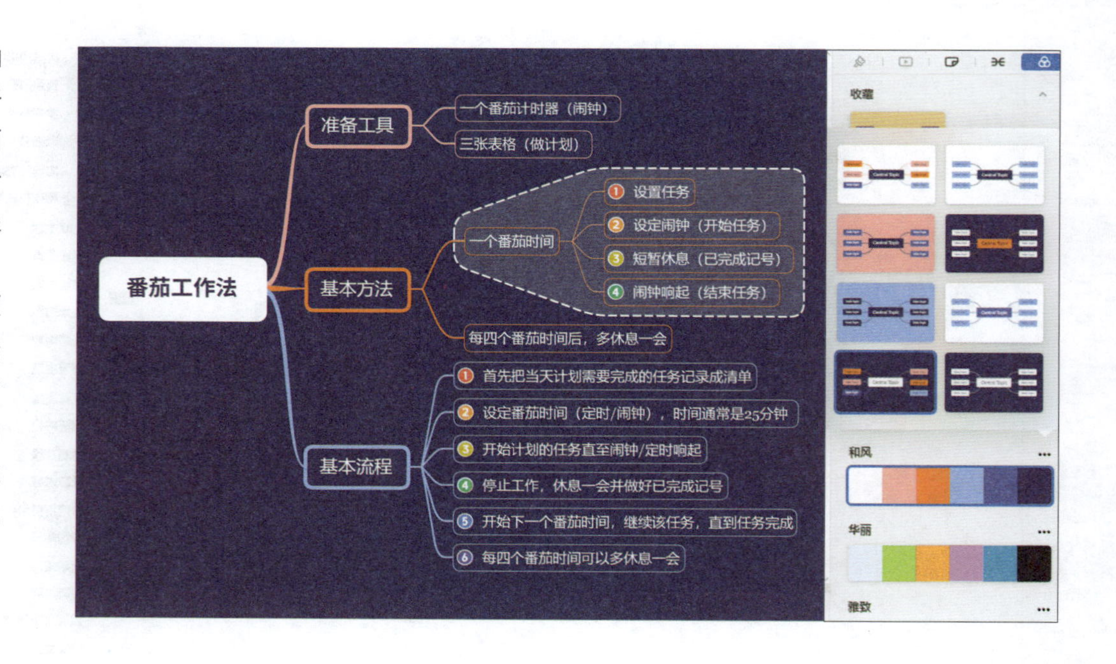

手绘风格，重温手写的乐趣

Xmind 内置了多款手绘风格框架，能够快速将思维导图转换成手绘风格，如下图所示。这种风格的思维导图不仅看起来活泼生动，而且能让用户重温手写的乐趣。用户还可以在“样式”面板中定制手绘样式的细节，创作出更加有趣的思维导图。

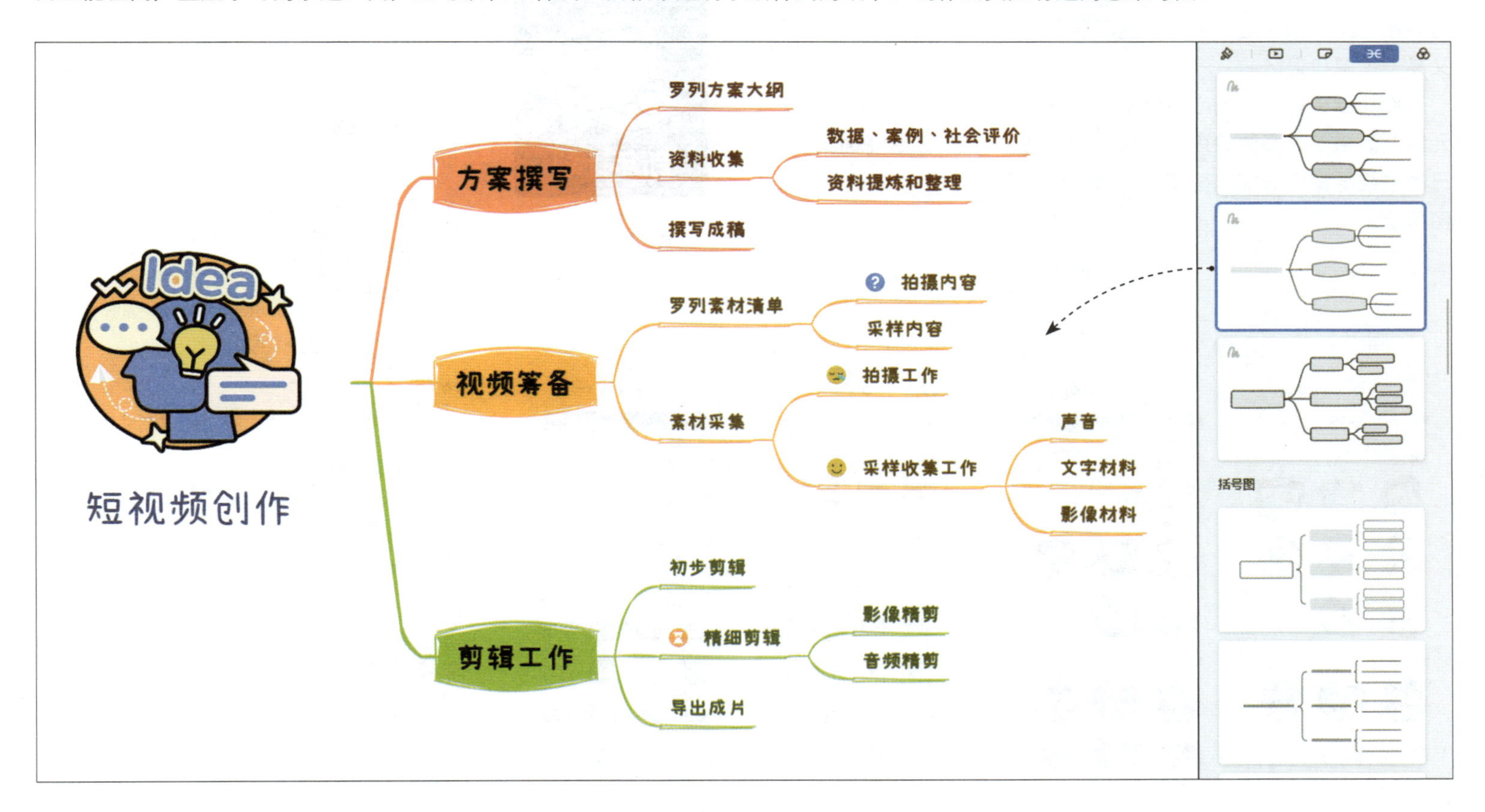

丰富的图像元素，让导图更出彩

与文字相比，图像在信息传播中具有更简洁、更直观、更易于理解和记忆、表现形式更丰富、能跨越语言和文化的障碍等优势。在思维导图中适当添加一些图像元素，能让思维导图既美观又易于理解和记忆。

Xmind 中内置了精心设计的标记、贴纸、插画等丰富的图像元素，涵盖了大多数的应用场景。用户通过简单的操作就能在自己的思维导图中添加这些图像元素，轻松提升作品的质量，如右图所示。

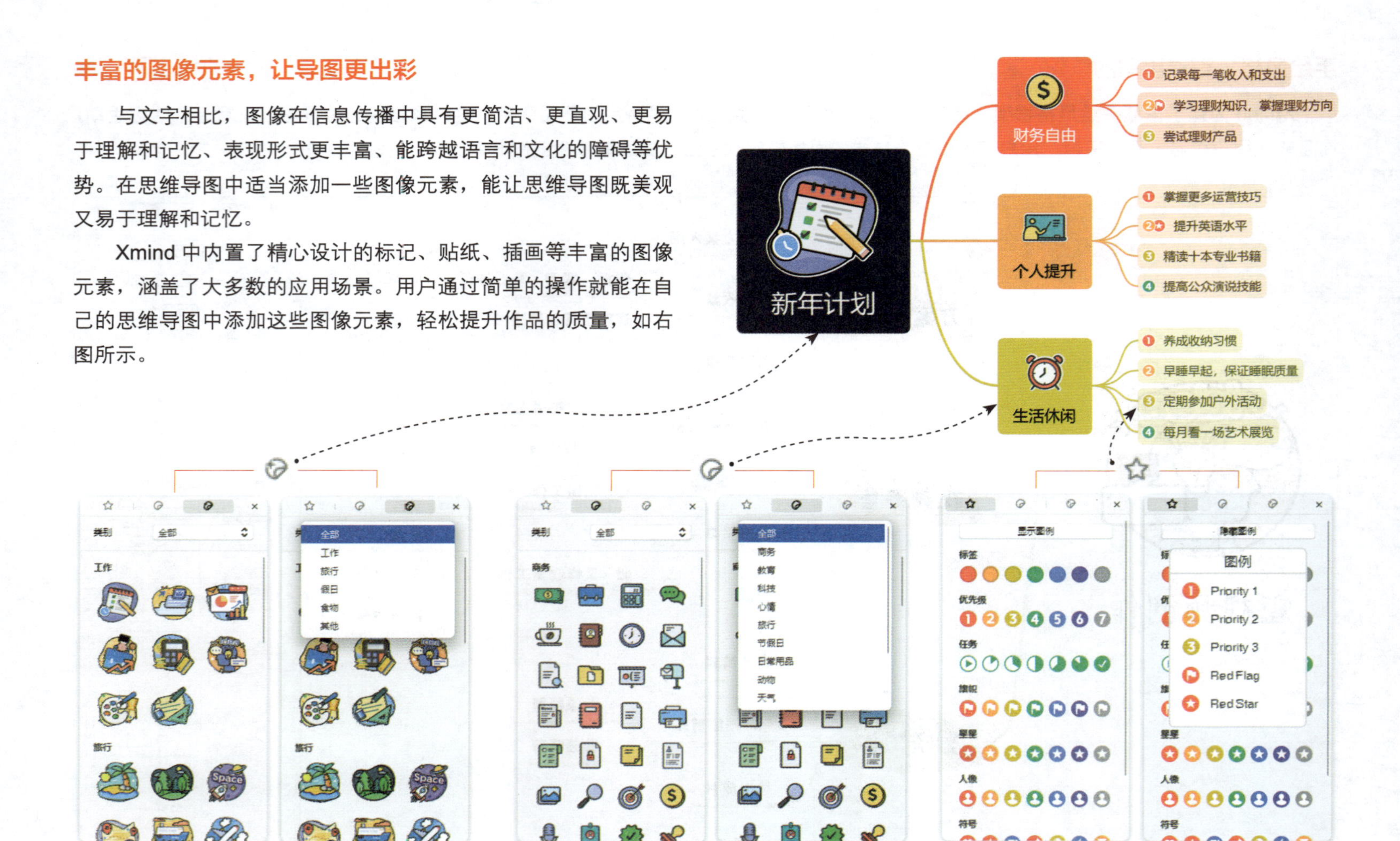

专业的结构样式，适用更多应用场景

思维导图的结构体现了绘图者的思考逻辑，影响着思维导图的可读性。Xmind 在“格式”面板的“结构”选项中提供了多种适用于不同场景的结构样式，如下图所示。用户可以快速地选择和切换结构样式，并找到最合适的样式，让导图的结构变得更清晰。

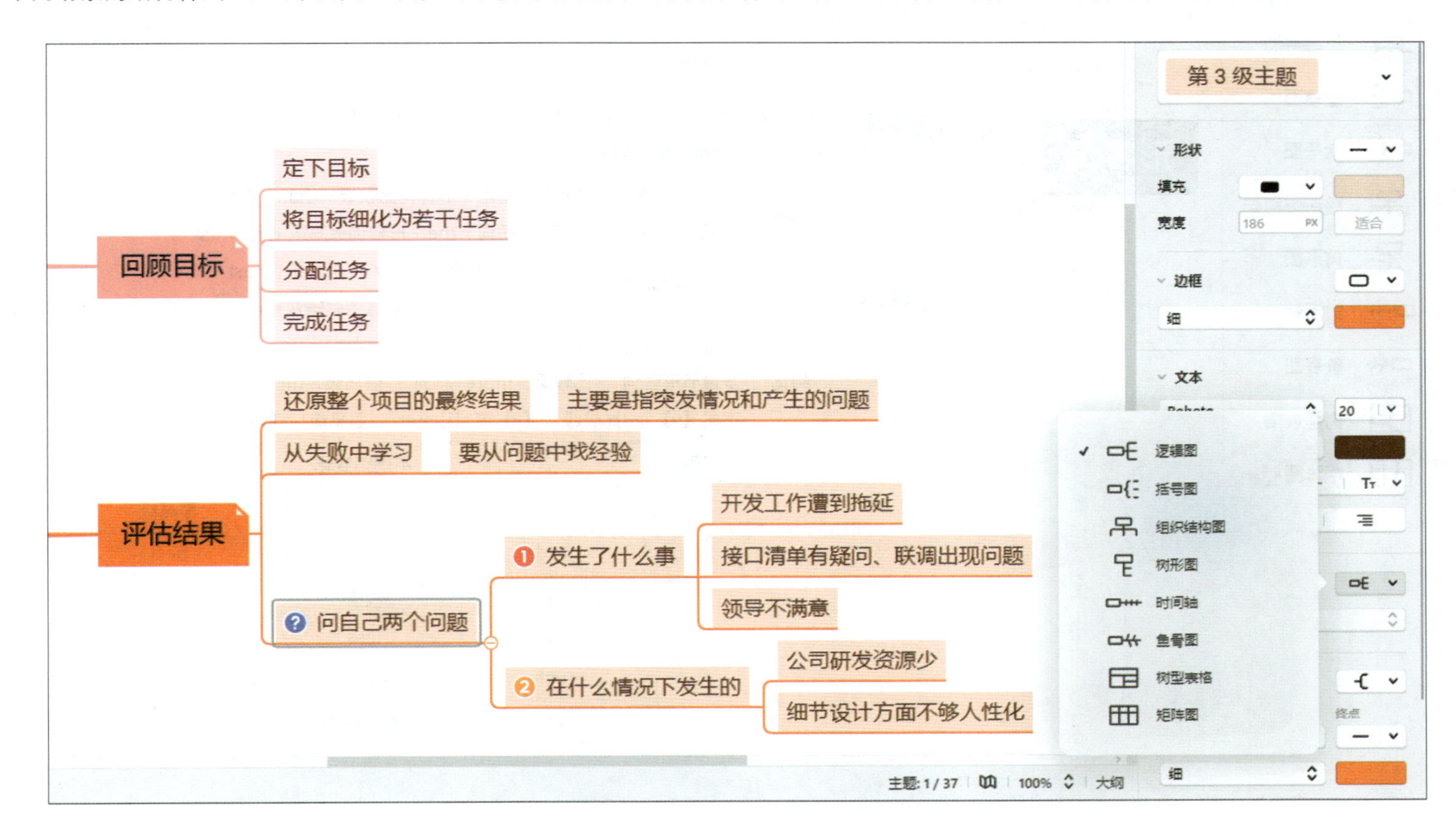

Xmind 支持在思维导图中混用多种结构，这是 Xmind 独有的功能。用户可以在同一个分支上设置不同的结构来整合更丰富的信息、表达更复杂的想法，或者实现更有深度的思考，如下图所示。

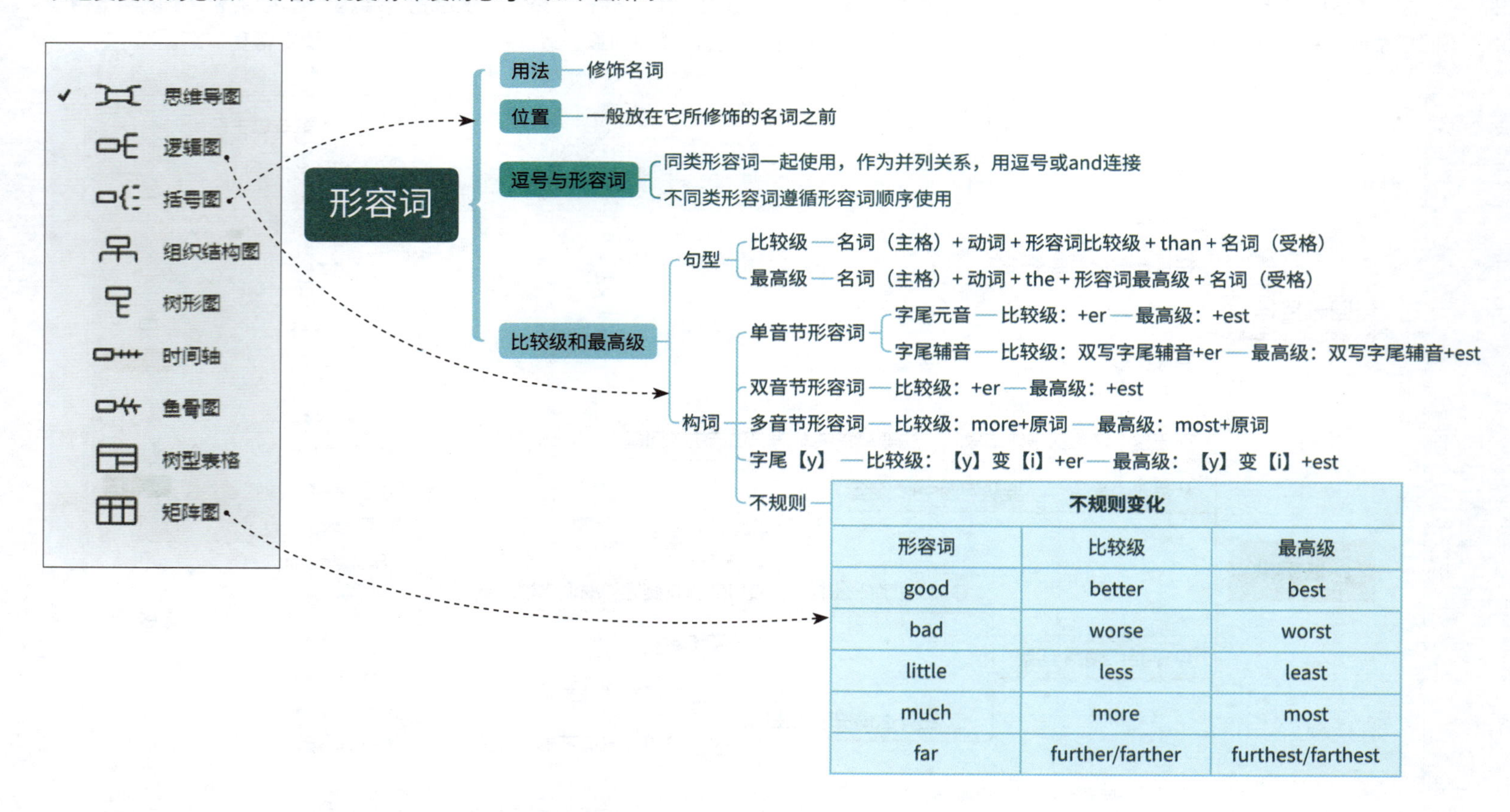

不规则变化		
形容词	比较级	最高级
good	better	best
bad	worse	worst
little	less	least
much	more	most
far	further/farther	furthest/farthest

多种工作模式，满足更多需求

为了更好地满足用户在不同的设计场景或展示场景中的需求，Xmind 提供了多种工作模式：ZEN 模式（见右图）采用全屏显示模式，窗口中所有额外的面板都将被自动隐藏，有助于用户在设计思维导图时保持专注；演说模式（见下左图）提供多种演示风格，搭配专业的动画效果，可以像放映幻灯片一样播放思维导图，为演说增添光彩；大纲模式（见下右图）可以将思维导图转换成文本大纲，将内容更有条理地展示出来。

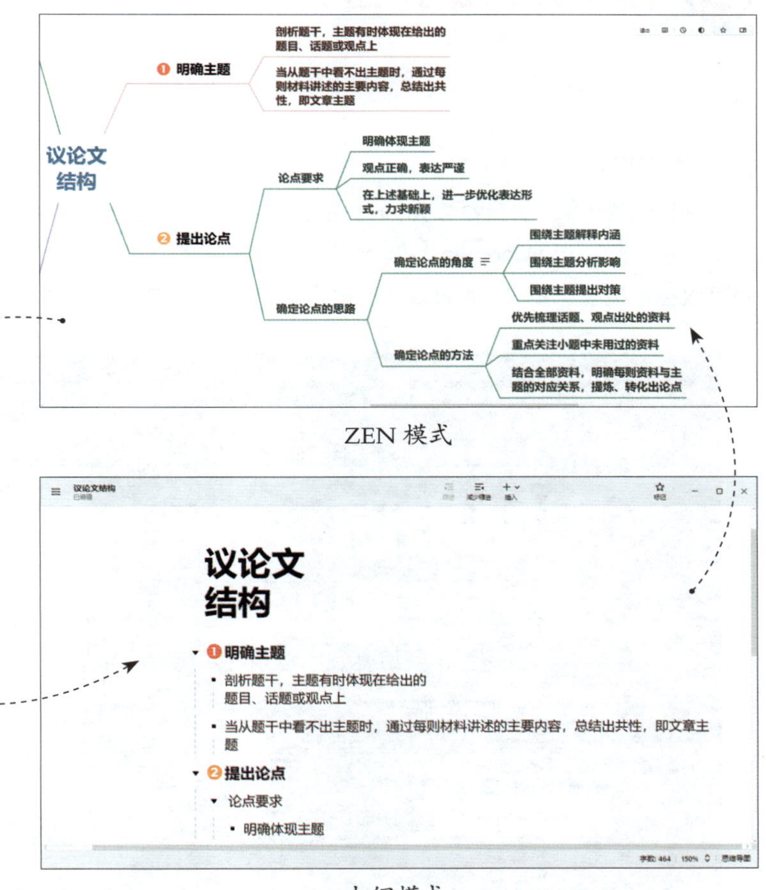

ZEN 模式

演说模式

大纲模式

用 Xmind 开始创作

Xmind 的操作非常简单，很容易上手。下面介绍在 Xmind 中开始思维导图创作的几种方式。

安装 Xmind

开始创作之前，需要安装 Xmind。PC 端（Windows、macOS、Linux）用户可以从 Xmind 官方网站（https://xmind.cn/）下载安装包，如下左图所示。以 Windows 为例，下载完安装包后，双击安装包即可开始安装，安装完成后可在桌面上看到 Xmind 的图标。移动端用户可以在苹果应用商店（App Store）或 Android 应用商店中搜索和安装 Xmind，如下右图所示。

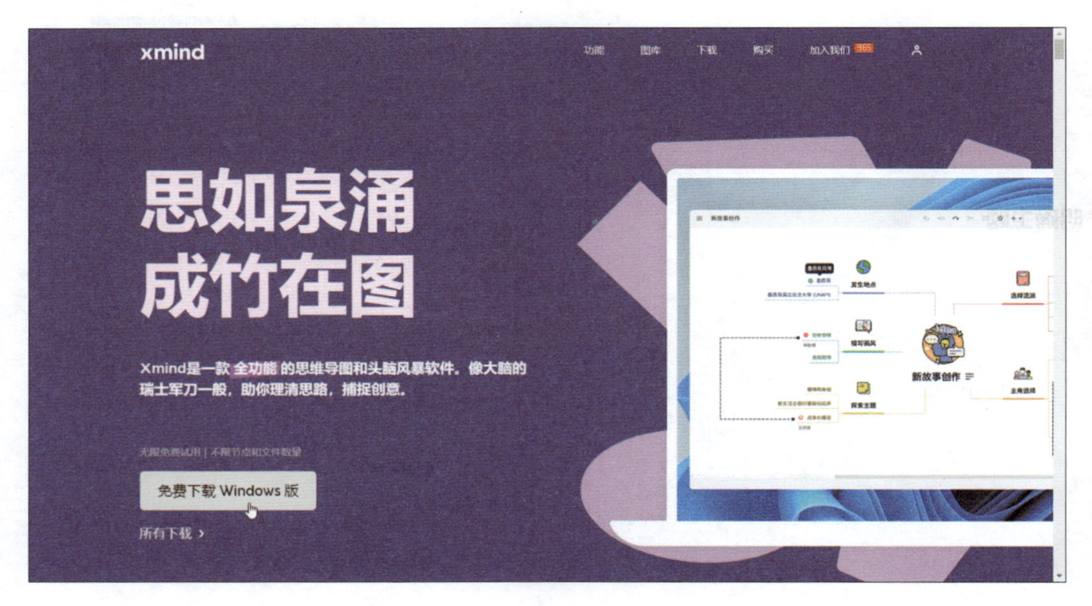

从模板创作思维导图

如果读者对思维导图还一无所知，感到无从下手，可利用 Xmind 中的模板进行创作。打开 Xmind，执行“文件 > 从模板新建”命令，即可打开“Xmind”对话框并展开“模板”选项卡。双击自己喜欢的模板以将其打开，然后修改内容和样式，就能轻松完成思维导图的创作。

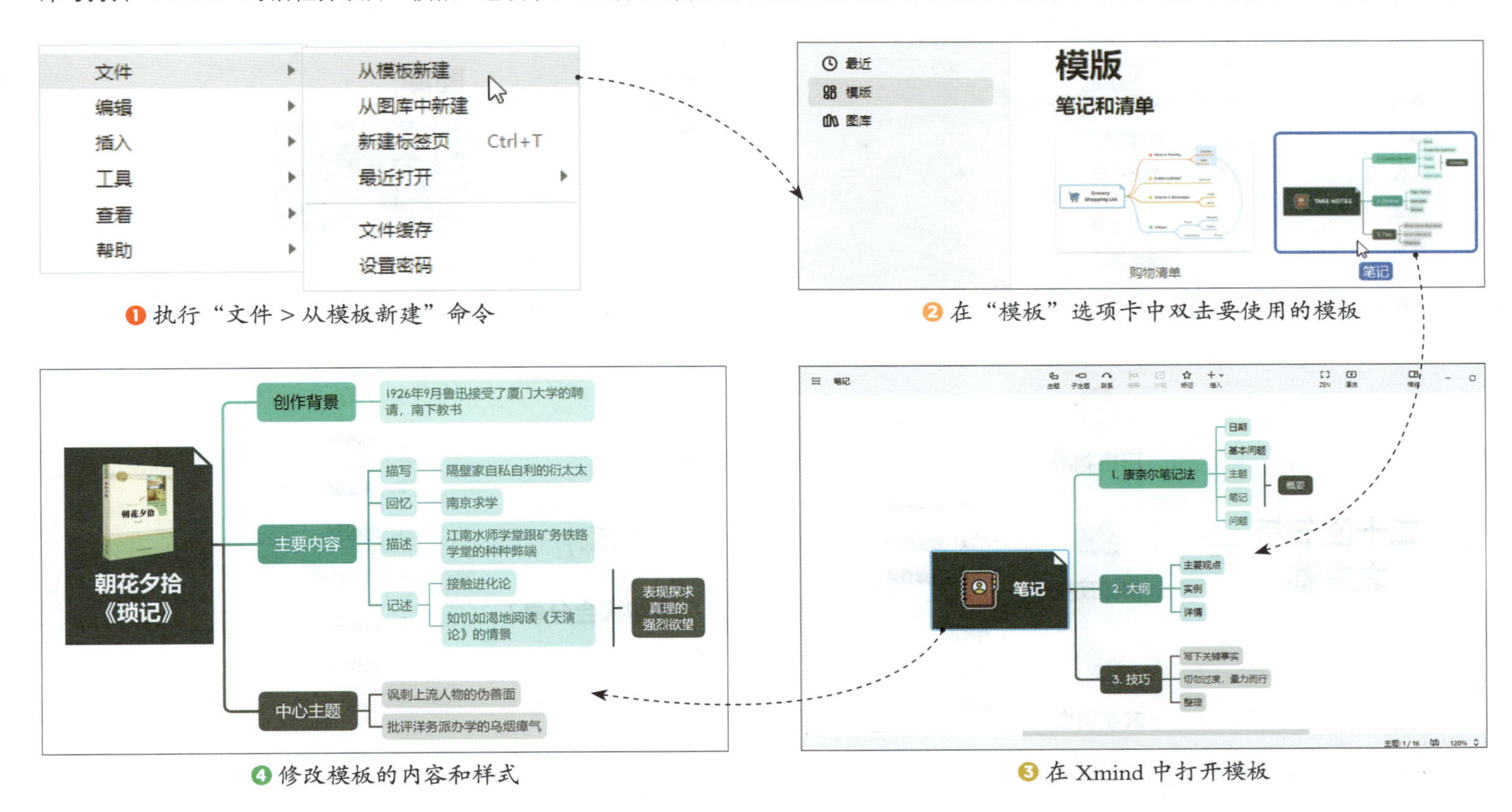

❶ 执行“文件 > 从模板新建”命令

❷ 在“模板”选项卡中双击要使用的模板

❸ 在 Xmind 中打开模板

❹ 修改模板的内容和样式

从图库创作思维导图

图库中存放的是其他 Xmind 用户上传的优秀思维导图作品，我们也可以借鉴这些作品进行创作。执行“文件 > 从图库中新建”命令，打开“Xmind”对话框并展开“图库”选项卡，然后双击想要借鉴的思维导图作品以将其打开，再通过修改完成创作。

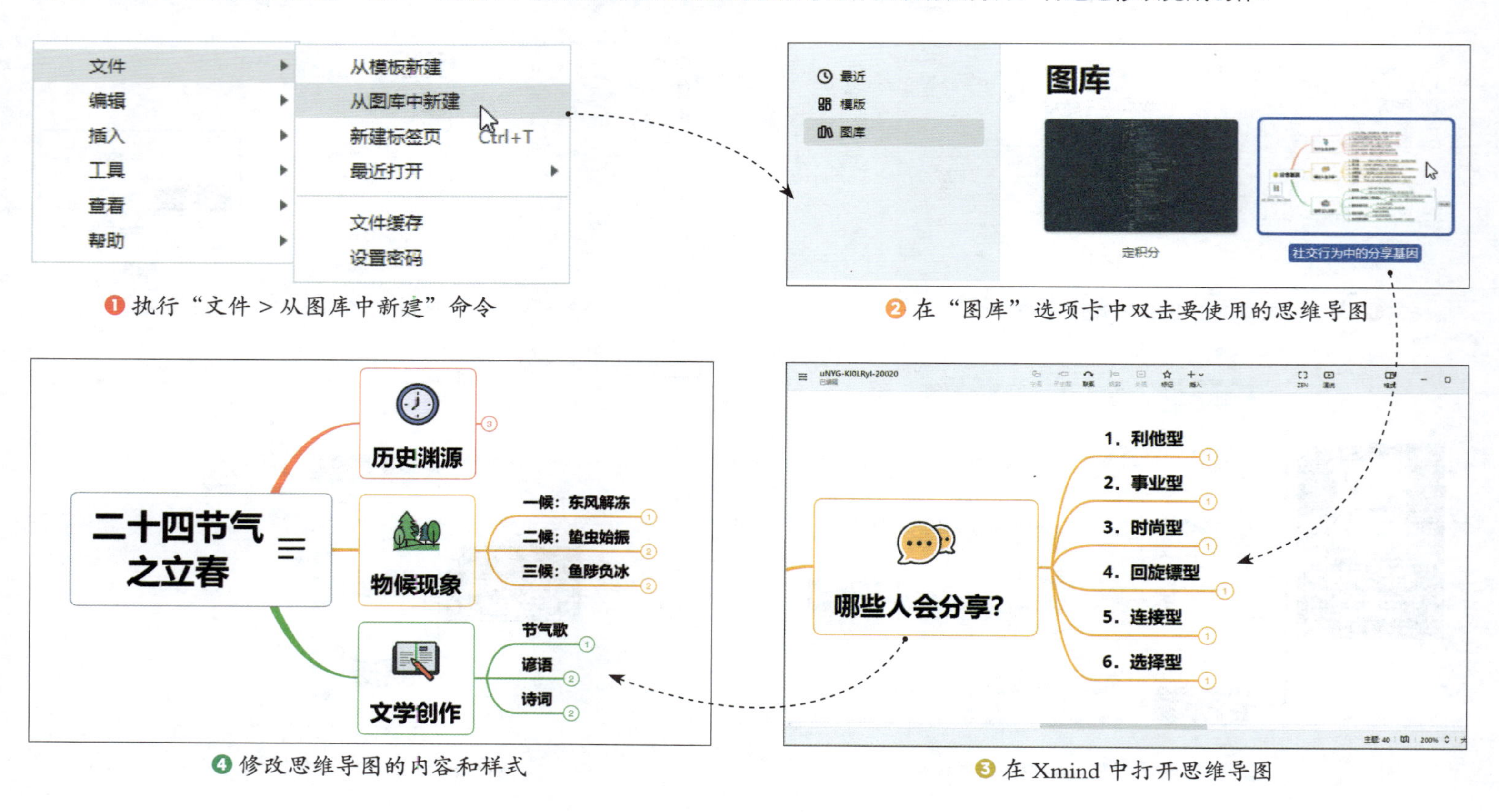

❶ 执行“文件 > 从图库中新建”命令

❷ 在“图库”选项卡中双击要使用的思维导图

❸ 在 Xmind 中打开思维导图

❹ 修改思维导图的内容和样式

从头创建思维导图

如果在“模板”或“图库”中都没有找到满意的思维导图，可以执行“新建”命令，新建一个基础思维导图。随后可以根据自己的需求编辑中心主题，并添加更多的分主题和子主题来展示要表达的内容，还可以通过更改思维导图的结构布局或添加一些逻辑元素和图像元素来完善作品。初次启动 Xmind 时会自动显示“Xmind”对话框，单击对话框中的“新建”按钮也可以新建一个基础思维导图。

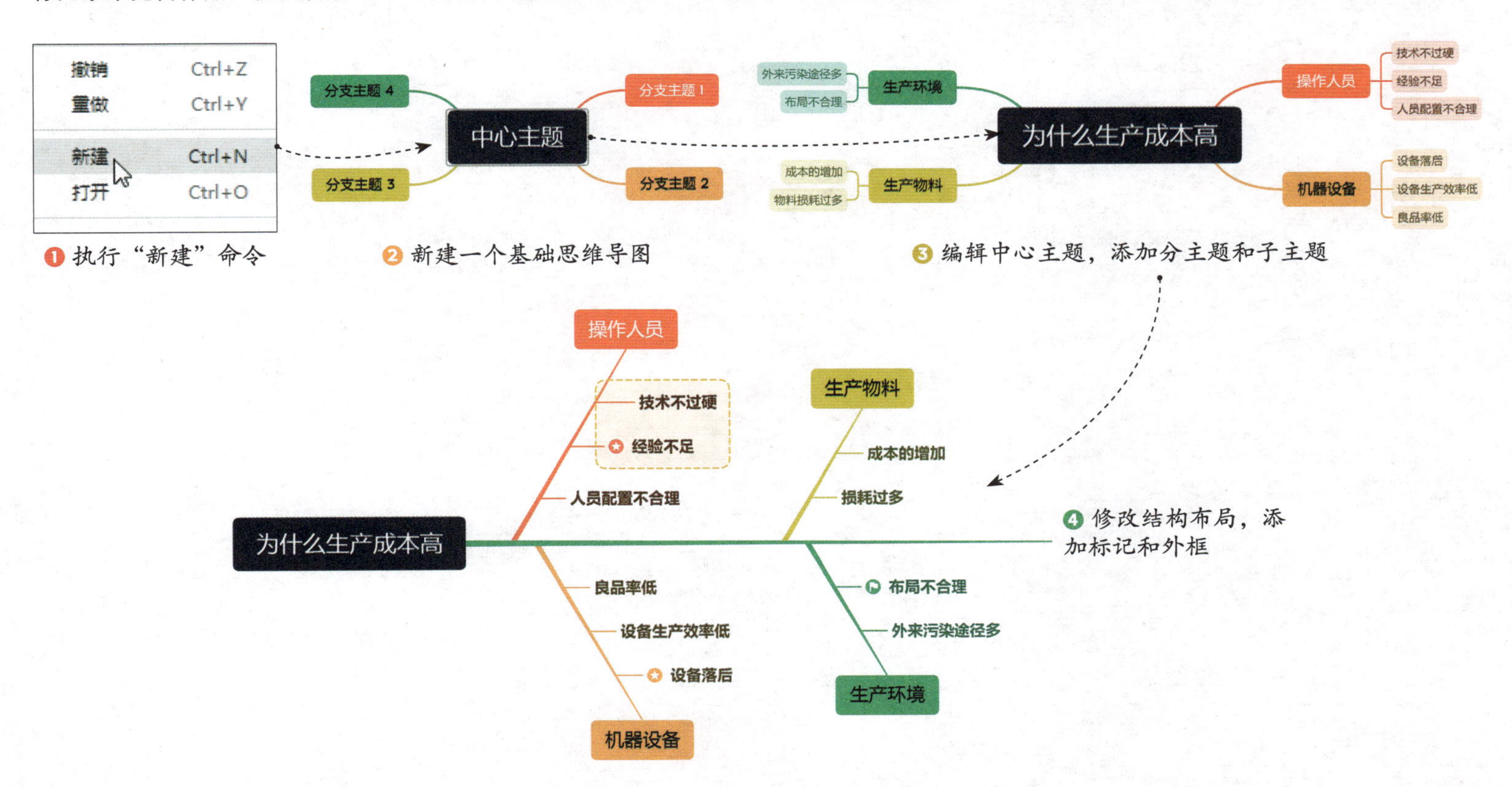

第 2 章

Xmind 的基本操作

本章首先介绍 Xmind 的工作界面，然后讲解 Xmind 的基本操作，包括主题元素的添加与设置、逻辑元素的插入等，带领读者快速上手 Xmind。

Xmind 工作界面一览

所谓磨刀不误砍柴工，只有熟悉 Xmind 的工作界面，才能提高思维导图的制作效率。Xmind 的工作界面整体上比较简洁，主要由工具栏、编辑区、“格式”面板、状态栏 4 个部分组成，如下图所示。

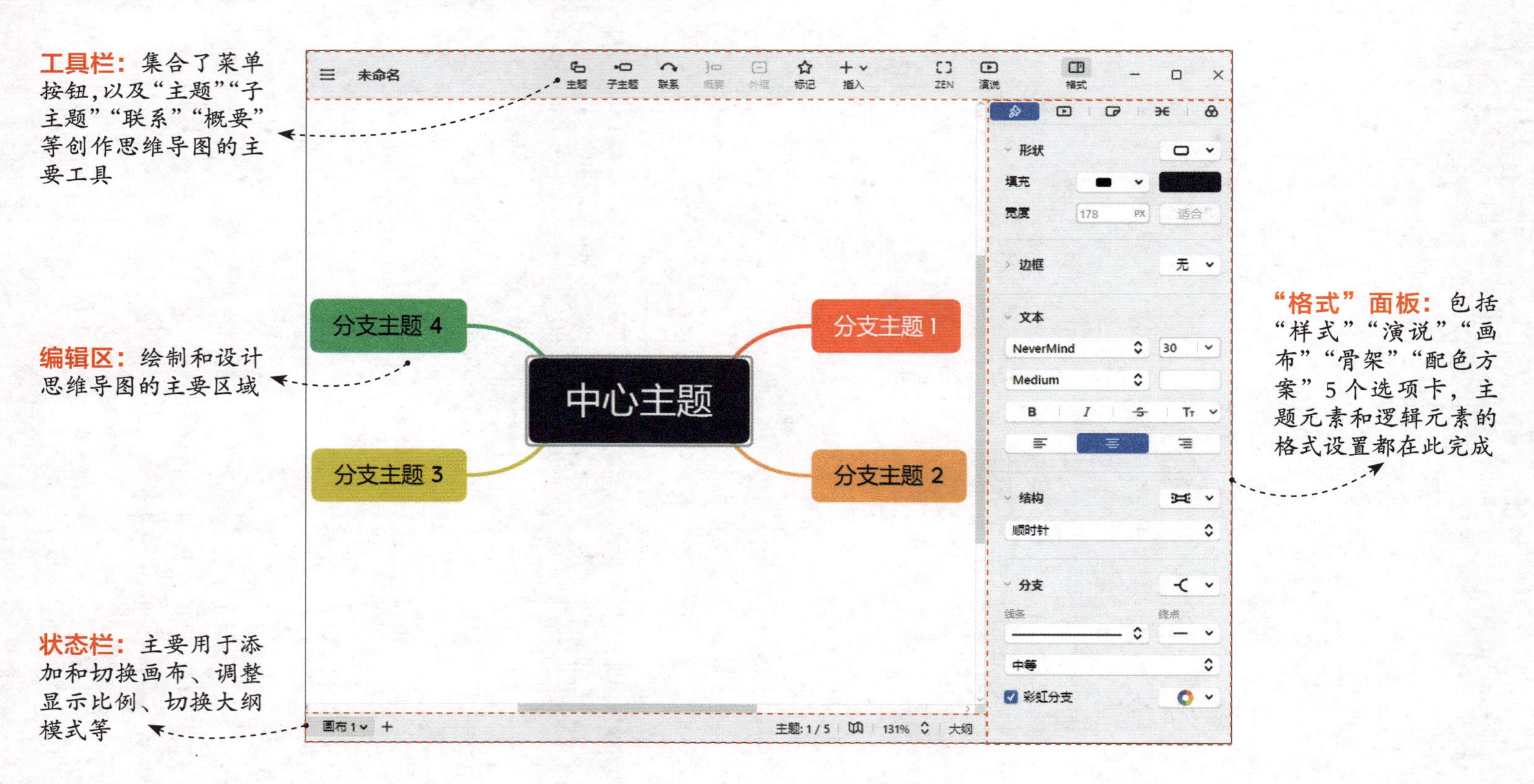

主题元素的操作

主题是思维导图的核心元素。本节就将从主题元素的相关操作入手，带领读者了解思维导图的绘制流程。主要内容包括如何通过插入不同类型的主题元素，并进行格式、骨架、配色等方面的设置，从而创作出结构均衡、条理分明的思维导图。

先以“时间管理”思维导图为例讲解主题元素的添加、编辑、删除等基本操作。

[实例文件] 02 / 实例文件 / 时间管理.xmind

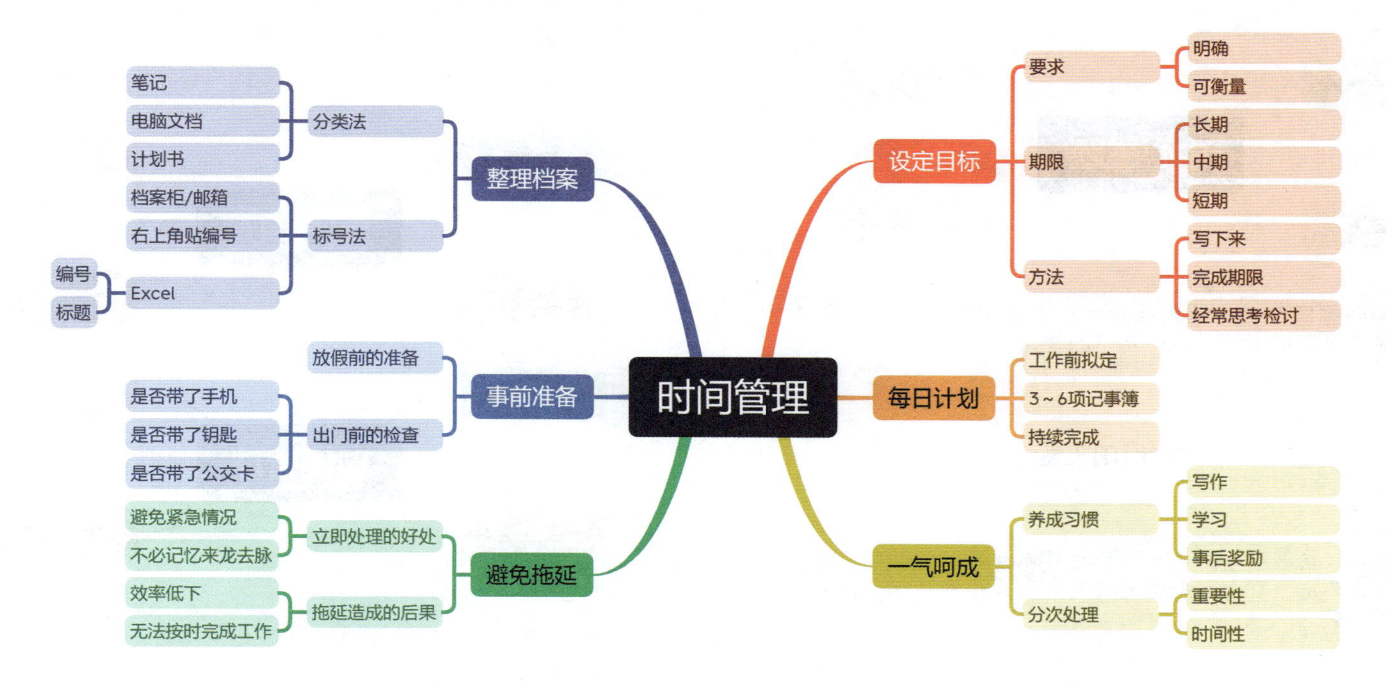

选择主题类型

Xmind 中有 4 种类型的主题，分别是中心主题、分支主题、子主题、自由主题，如下图所示。绘制思维导图时，需要根据层次关系选择主题的类型。

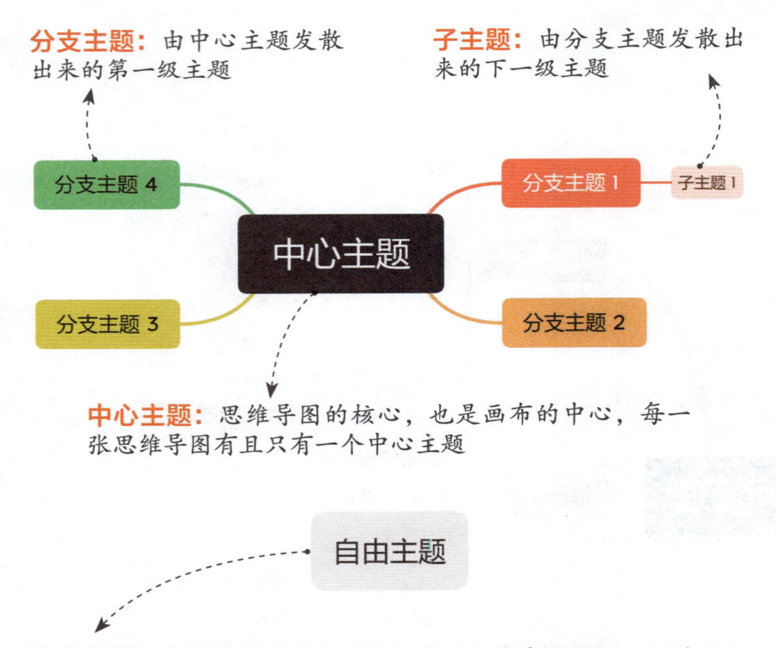

编辑主题

编辑主题是指对思维导图中不同类型的主题进行增、改、删等操作。得益于 Xmind 人性化的功能，用户在创作过程中可以专注于主题内容的撰写和主题层级关系的梳理，不需要担心格式不统一等问题。

- **修改主题的内容**

基于默认模板创建思维导图后，首先需要修改主题的内容。以中心主题为例，双击中心主题的文字，然后输入新的文字即可。在保存文件时，会默认使用中心主题的内容作为文件名。

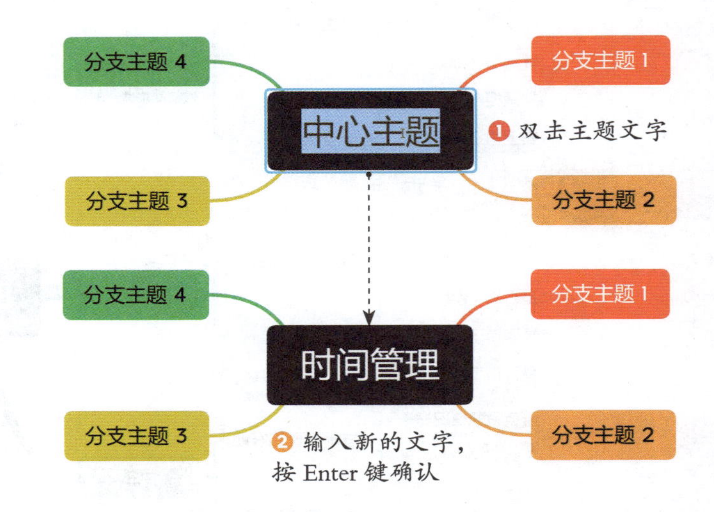

使用相同的方法可以修改其他主题的内容。

- **添加主题**

默认模板包含 1 个中心主题和 4 个分支主题，通常还要根据需求添加或删除主题。先来讲解如何添加主题。

主题的添加主要通过工具栏中的“主题”按钮或“子主题”按钮来完成。“主题”按钮用于为选中的主题添加一个同级主题，“子主题”按钮用于为选中的主题添加一个次级主题。

当选中中心主题时，单击“主题”或“子主题”按钮都是为中心主题添加分支主题。这是因为一张思维导图只能有一个中心主题，所以这两个按钮对于中心主题的操作结果是一样的。

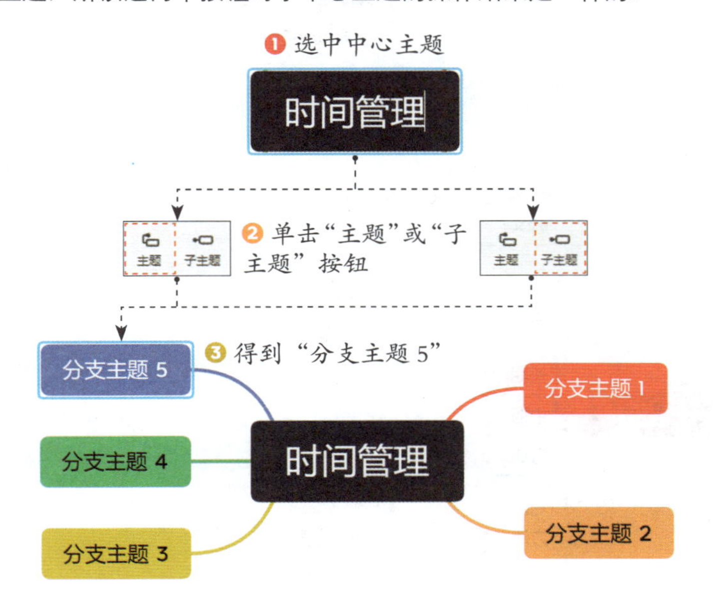

当选中分支主题时，单击“主题”按钮会添加分支主题，单击“子主题”按钮会添加子主题。

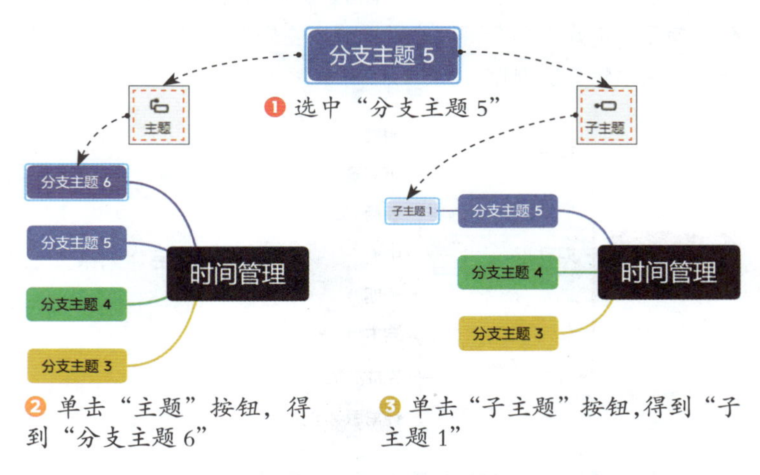

Xmind 会自动根据主题的层级关系调整主题的格式，让同一层级的主题格式保持一致，如下图所示。

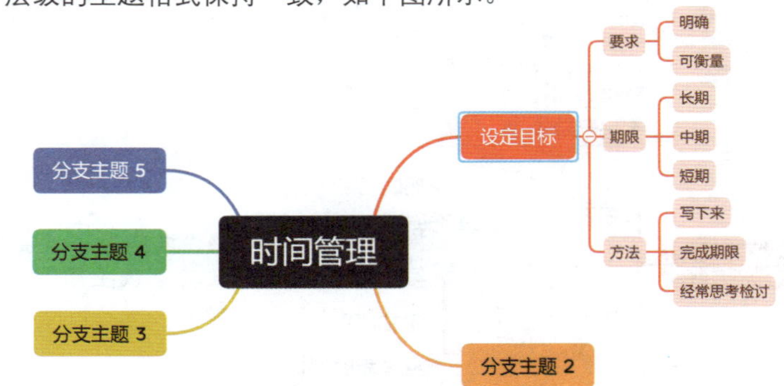

● **删除主题**

对于分支主题和子主题，可以通过右键快捷菜单命令进行删除。使用“删除”命令可以将所选分支主题或子主题及该主题的所有下级主题全部删除。

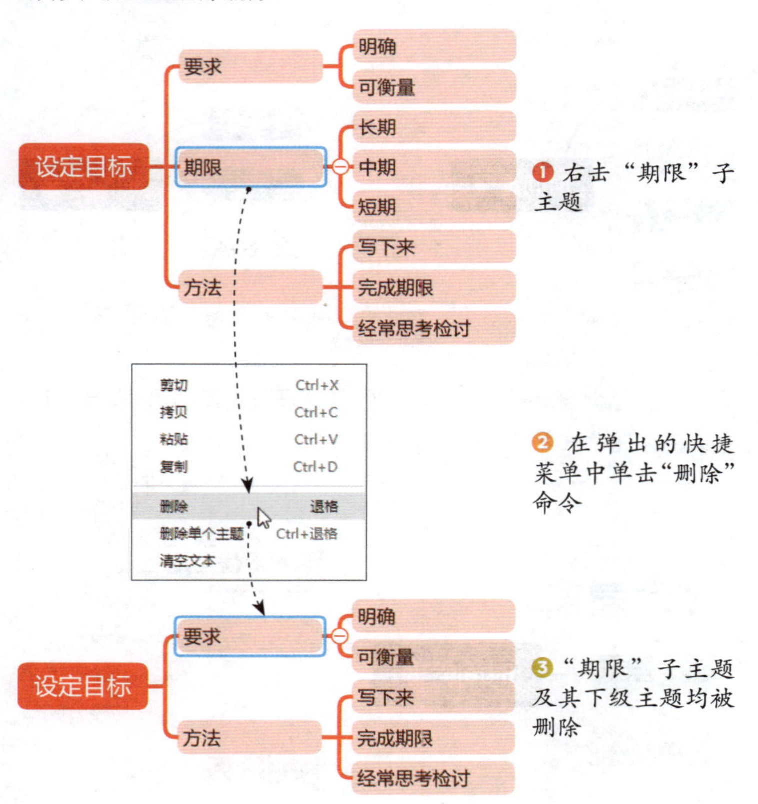

使用“删除单个主题”命令可以仅删除所选分支主题或子主题，下级主题会被保留并上升一个层级。

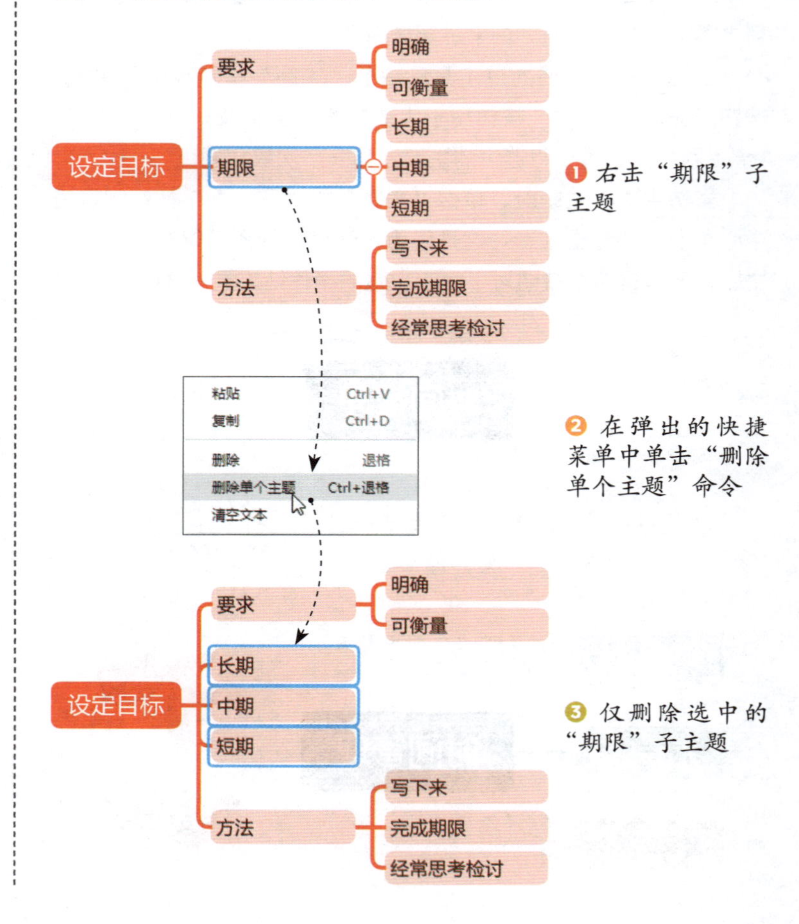

通过上面的学习，读者应该对主题的相关概念有了一定的了解。下面讲解添加和删除主题时的一些注意事项和操作技巧。

1. 如果“主题”和“子主题”按钮呈灰色的不可单击的状态，如下图所示，是无法添加或删除主题的。出现这种情况的原因是没有在工作区中选中主题。

被选中的主题的外轮廓是比较醒目的蓝色边框，如下图所示。只有选中某一个主题，才能进行主题的增删操作。

时间管理　分支主题 1

2. 熟练运用快捷键可以大幅提高思维导图的创作效率。下表列出了主题的添加操作和删除操作的快捷键。

操作	操作对象	快捷键
添加	同级主题	Enter
	子主题	Tab
删除	分支主题 / 子主题	Backspace 或 Delete
	单个主题	Ctrl+Backspace 或 Ctrl+Delete

总结

了解思维导图的中心主题以及不同层级的主题，是思维导图制作的基础。从中心主题发散出来的内容可以帮助我们从深度和广度两个方面梳理思路。当我们对主题的层级关系不够明确时，横向和纵向的比较运用会让思维导图表现得更为清晰。

Q 提问

1. 什么是中心主题、分支主题和子主题？

2. 添加主题的方法有哪些？

3. 删除主题的方法有哪些？

T 思考

把不熟悉的内容写下来吧。

设置主题的格式

完成了主题的增、改、删之后，就可以进行主题的格式设置，从而让思维导图的视觉效果变得更美观。在 Xmind 中，主题的格式设置主要在“格式”面板中的“样式”选项卡下进行，可设置的项目包括主题的形状、填充格式、边框格式、文本格式、结构、分支格式等。

下面以“短视频运营分析”思维导图为例，介绍手绘风格的思维导图的制作过程。

[实例文件] 02 / 实例文件 / 短视频运营分析.xmind

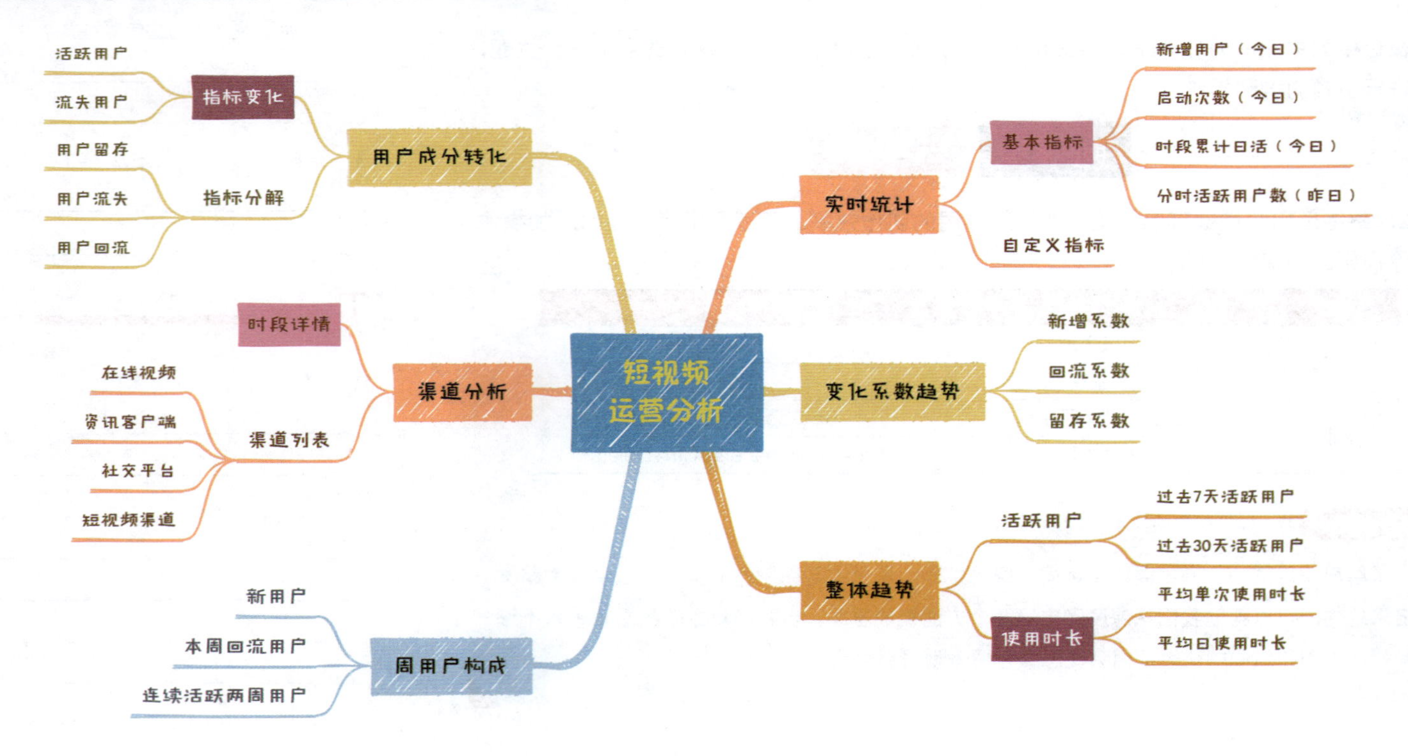

如果窗口右侧未显示“格式”面板，可以单击工具栏中的“格式”按钮来显示该面板。

● 修改主题的形状

默认的主题形状为圆角矩形。选中主题后，通过右侧“样式”选项卡中的“形状”选项可以修改主题的形状。

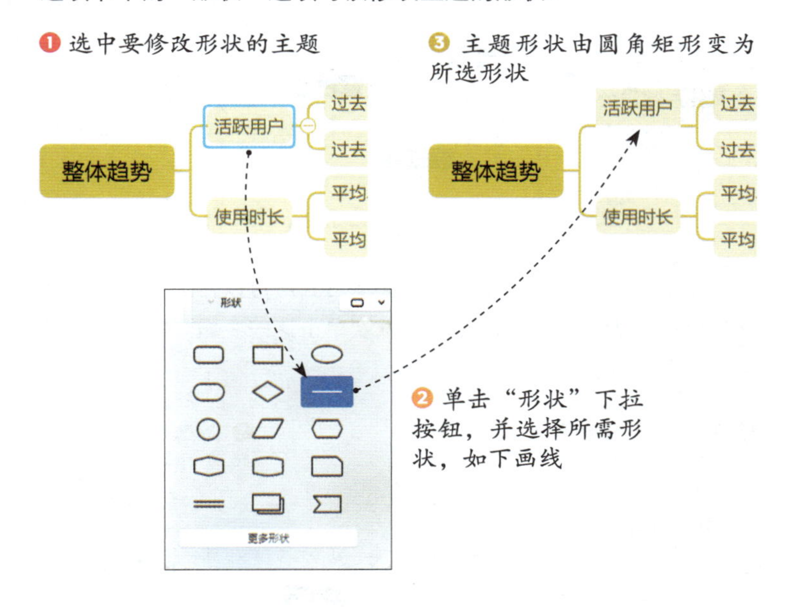

● 设置填充格式

主题的填充格式包括填充样式和填充颜色两个属性。如果需要去除填充效果，可以将填充样式设置为“无填充”。

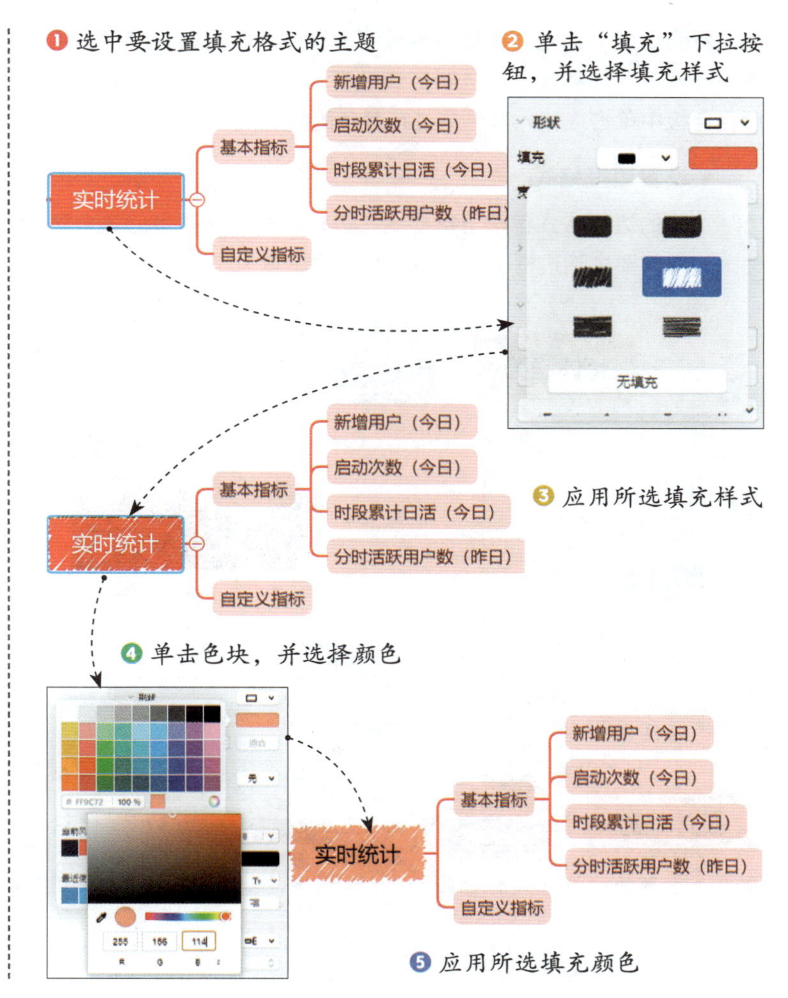

Xmind 的“颜色”面板中预设了一些颜色，可以直接单击色块进行选择。如果预设颜色不能满足需求，可以单击按钮，然后在色板中单击或输入颜色值进行颜色的自定义。

• 设置边框格式

主题的边框格式包括边框样式、边框粗细和边框颜色 3 个属性。如果需要去除边框，可以将边框样式设置为“无边框”。

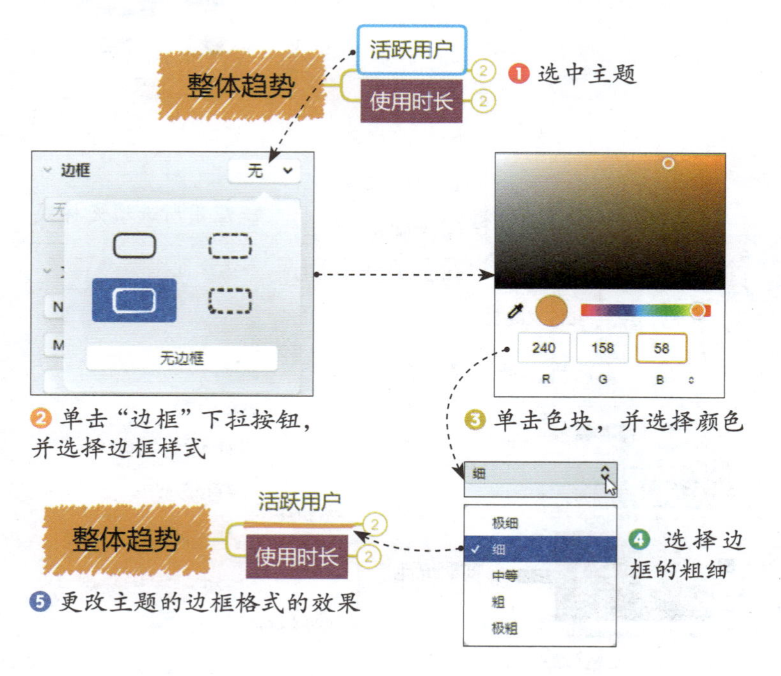

• 设置文本格式

主题的文本格式包括字体、大小、颜色、对齐方式等属性。选中主题后，在右侧“样式”选项卡的“文本”选项组中设置文本格式。

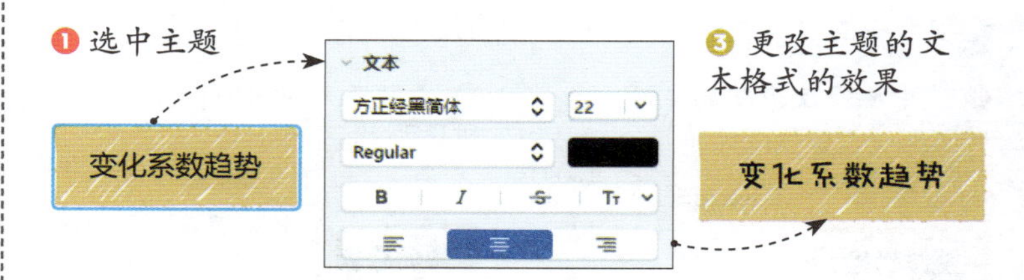

如果要同时设置多个主题的文本格式，可以在工作区拖动鼠标框选这些主题，或按住 Ctrl 键依次单击这些主题，将它们同时选中，再进行设置。

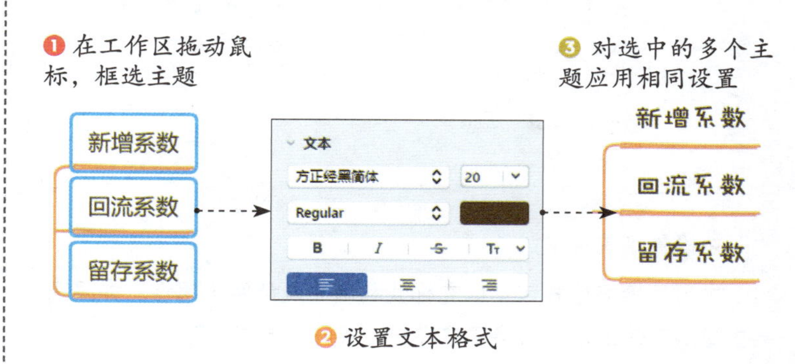

● 设置主题结构

“样式”选项卡中的“结构”选项提供思维导图、逻辑图、括号图、组织结构图、树形图、时间轴、鱼骨图、树型表格、矩阵图等多种主题结构。用户可以利用该选项更改思维导图的整体结构，也可以为每个分支主题设置不同的结构，以此来表达复杂的逻辑关系。

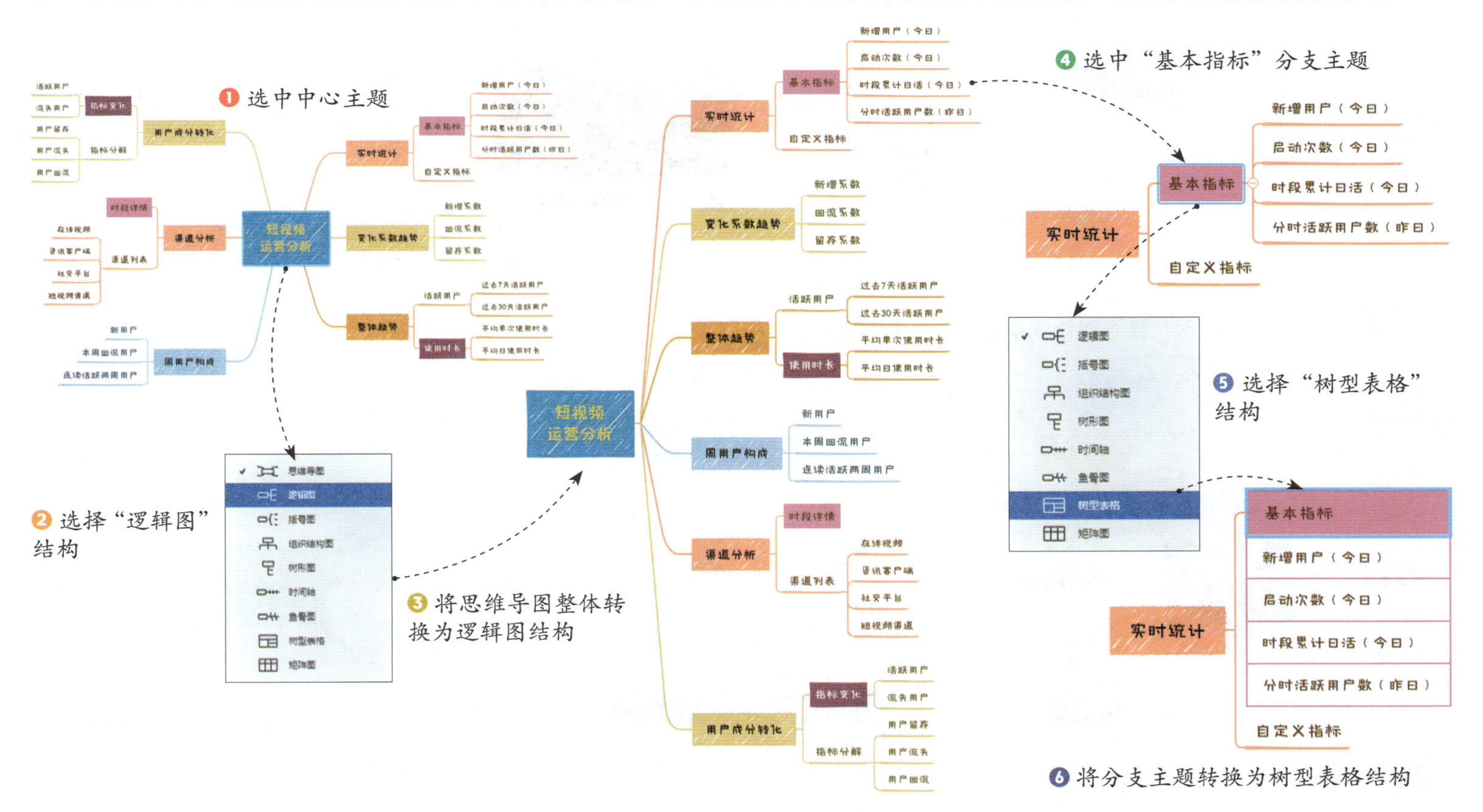

● 设置分支格式

分支格式是指分支线的形状、样式、颜色、粗细等属性，这些属性都在“样式”选项卡中的“分支”选项组下进行设置。

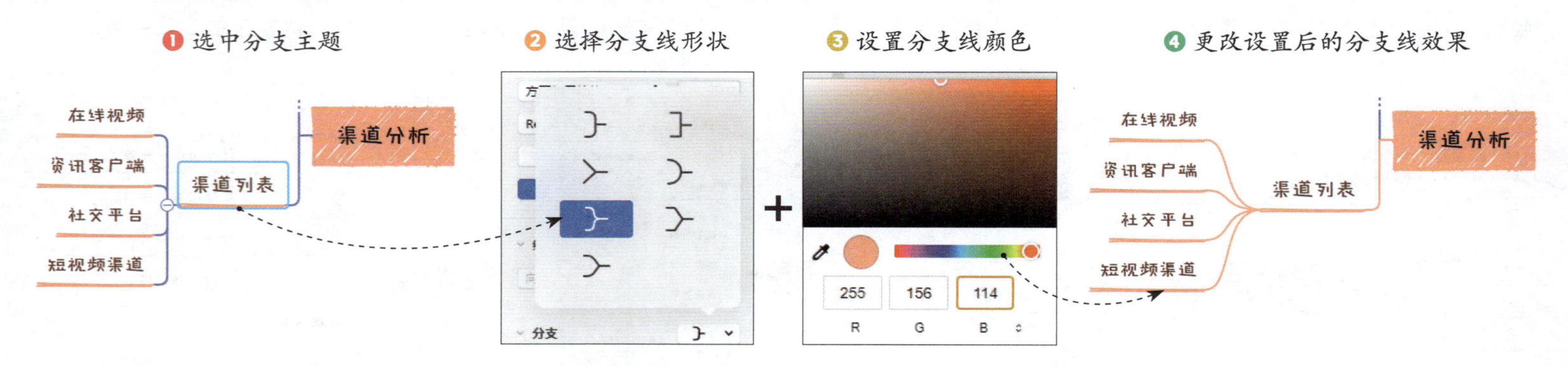

在设置分支线的粗细时，还可以让线条呈现由粗逐渐变细的效果。

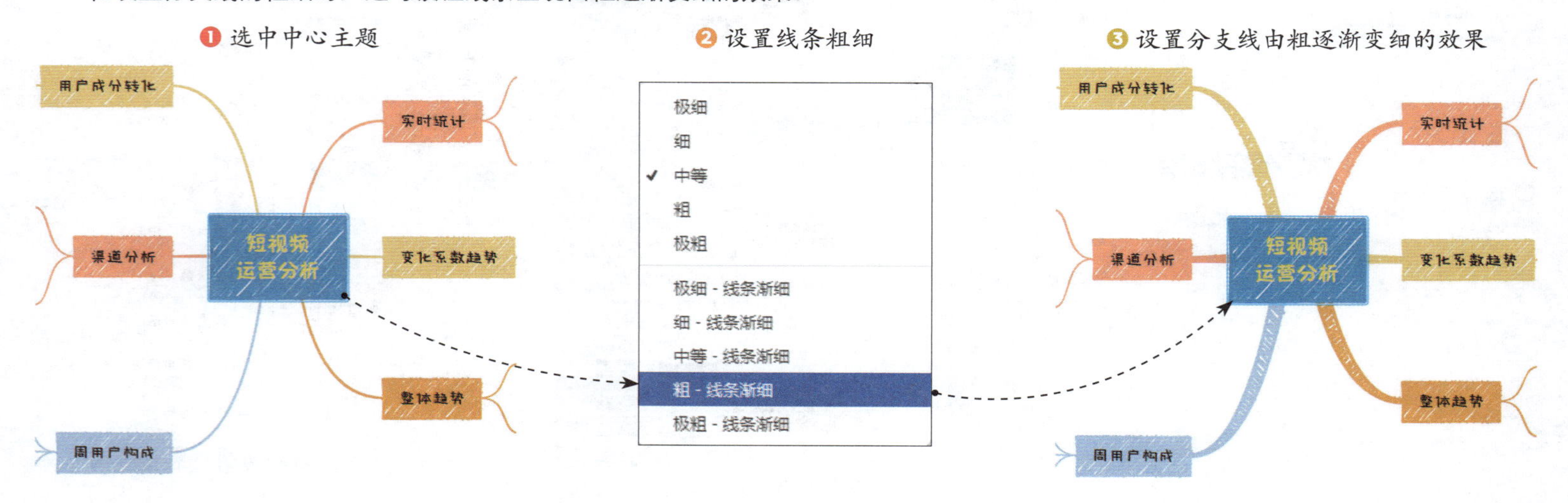

颜色作为思维导图中非常重要的视觉呈现方式之一，可以用来区分不同的主题和信息。如果想要对分支进行色彩的美化，又不想在配色上花费太多时间，可以使用“分支”选项组下的“彩虹分支”功能，一键为每个分支设置不同的颜色。

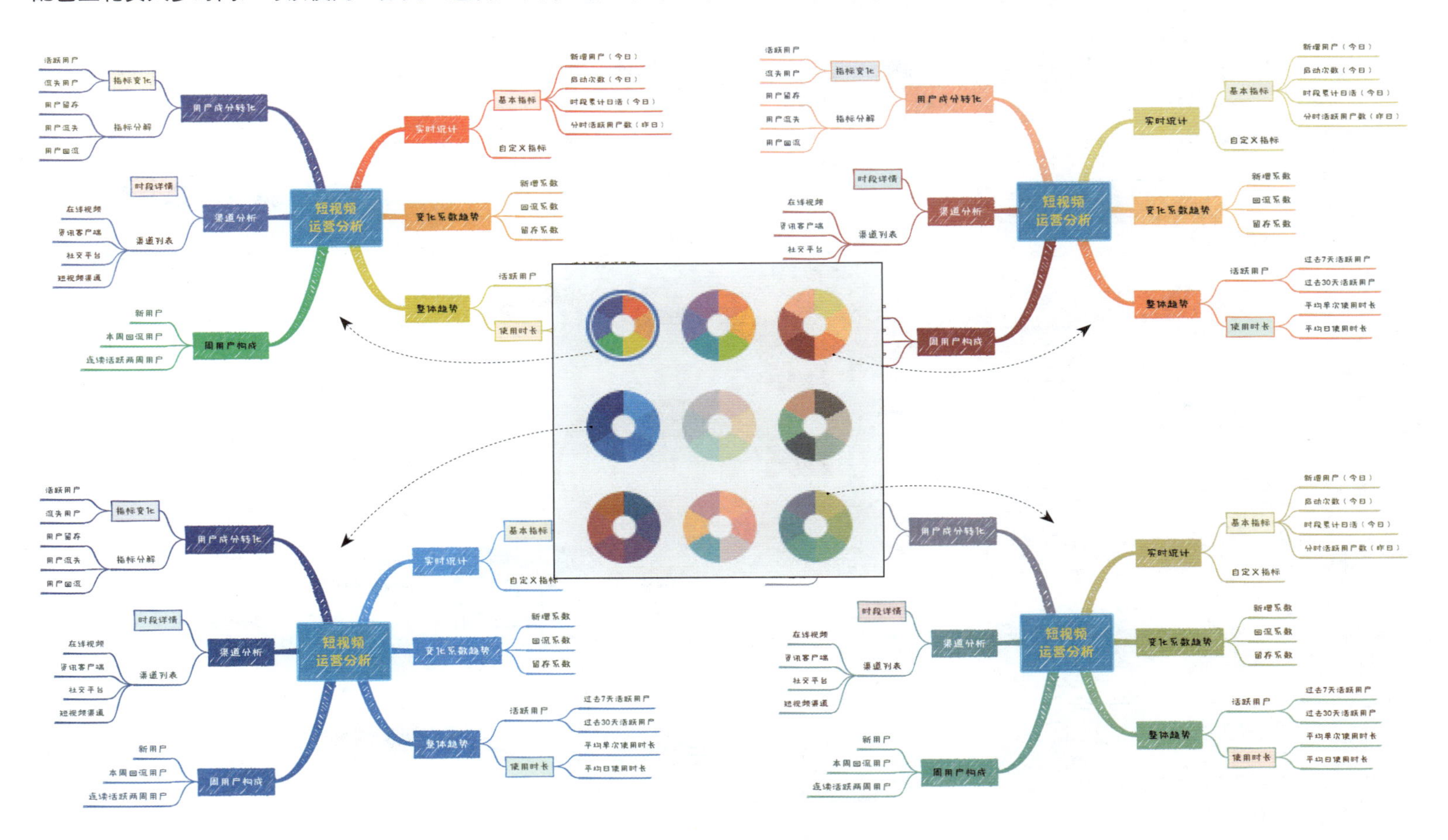

Q 提问

1. 修改主题格式的方法有哪些？

2. 如何修改主题的形状和边框格式？

通过上面的学习，读者应该已经初步掌握了设置主题格式的方法。下面介绍几个设置主题格式的小技巧：

1. 完成某个主题的格式设置后，如果想要将设置的格式快速应用到相同级别的所有主题上，可以单击“样式”选项卡中的“更新”按钮，在弹出的列表中选择相同级别的主题，如下图所示。

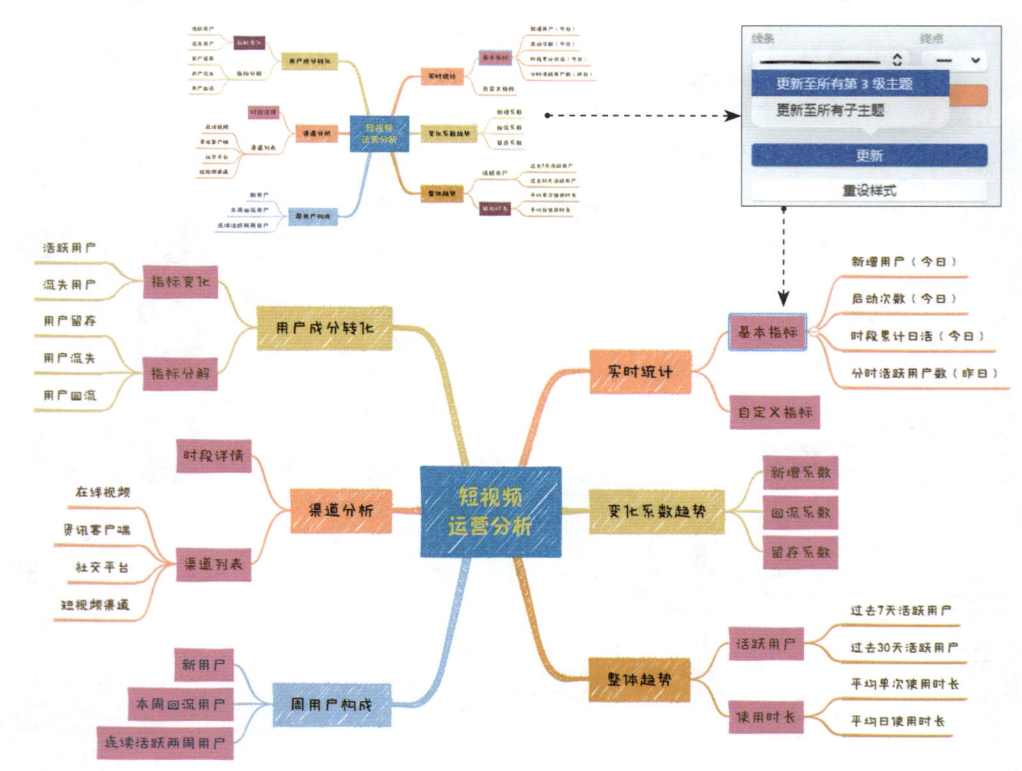

2. 如果只想将格式同步更新到指定的个别主题上，可以选中并右击已设置好格式的主题，在弹出的快捷菜单中单击“拷贝样式”命令，然后选中并右击需要同步格式的主题，在弹出的快捷键菜单中单击“粘贴样式”命令。

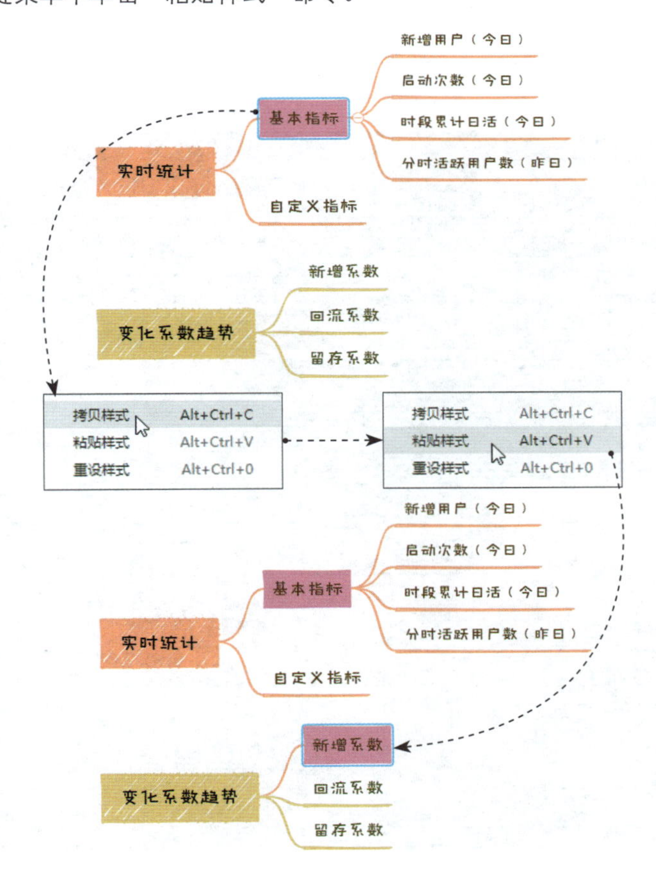

T 思考

把不熟悉的内容写下来吧。

设置思维导图的骨架

Xmind 提供多种骨架结构，让用户可以根据自己的需求选择合适的骨架结构来发散灵感或梳理思路。下面以“网店推广”思维导图为例，讲解骨架结构的设置方法。

[实例文件] 02 / 实例文件 / 网店推广.xmind

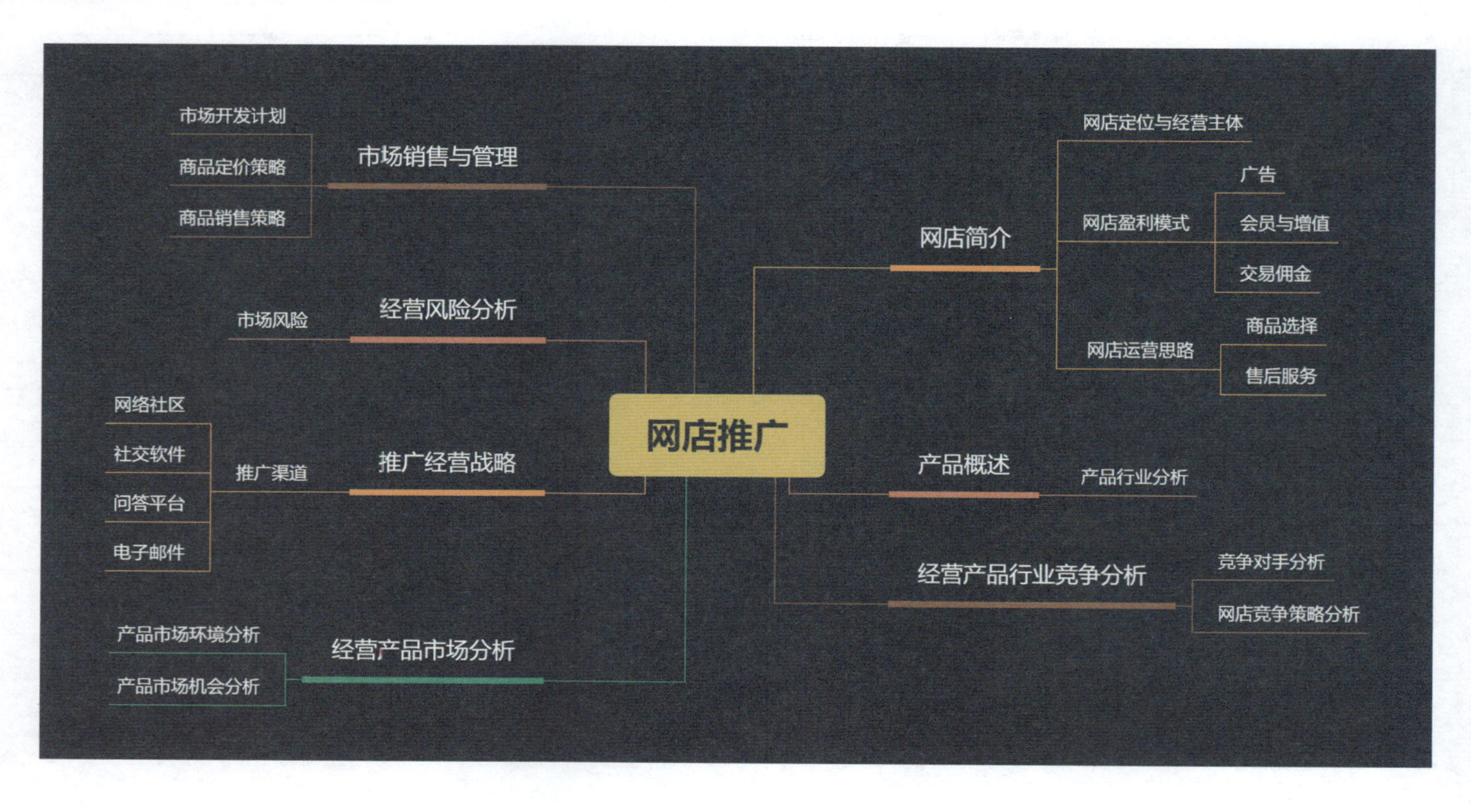

打开要更改骨架结构的思维导图，在“格式”面板中切换至“骨架”选项卡，在展开的列表中可以看到 9 种骨架结构：思维导图、逻辑图、括号图、组织结构图、树形图、时间轴、鱼骨图、树型表格、矩阵图。每种骨架结构还包含多种风格的样式，单击一种骨架结构样式即可将其应用到当前思维导图上。

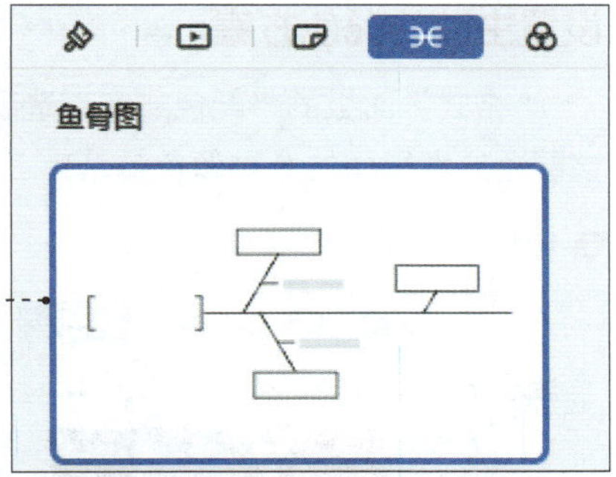

鱼骨图

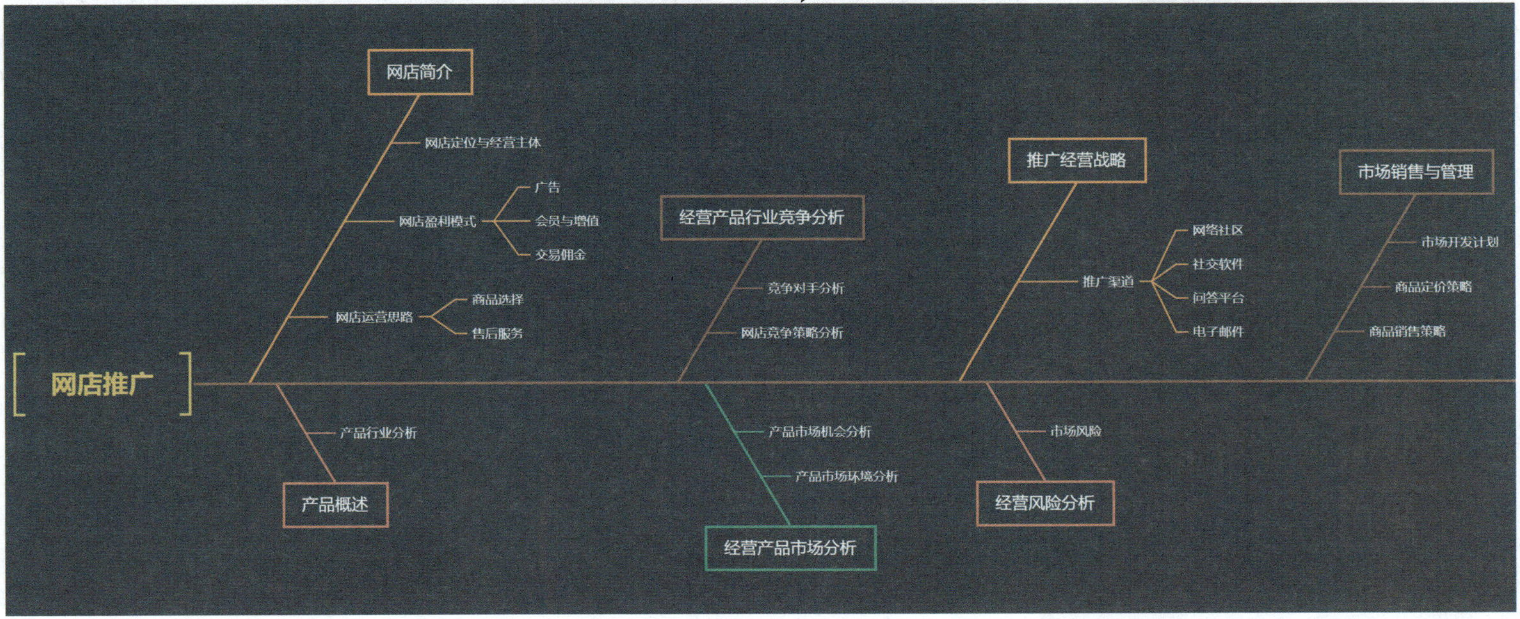

网店推广
网店简介
网店定位与经营主体
网店盈利模式
广告
会员与增值
交易佣金
网店运营思路
商品选择
售后服务
产品概述
产品行业分析
经营产品行业竞争分析
竞争对手分析
网店竞争策略分析
经营产品市场分析
产品市场机会分析
产品市场环境分析
推广经营战略
推广渠道
网络社区
社交软件
问答平台
电子邮件
经营风险分析
市场风险
市场销售与管理
市场开发计划
商品定价策略
商品销售策略

设置主题的配色方案

“格式”面板的“配色方案”选项卡中预设了多套由专业设计师精心组合的配色方案。用户只需要单击一种配色方案，Xmind 就会在该配色方案提供的 6 种颜色的基础上进行智能优化，通过算法自动调整思维导图的背景、主题、线条、文本的颜色。

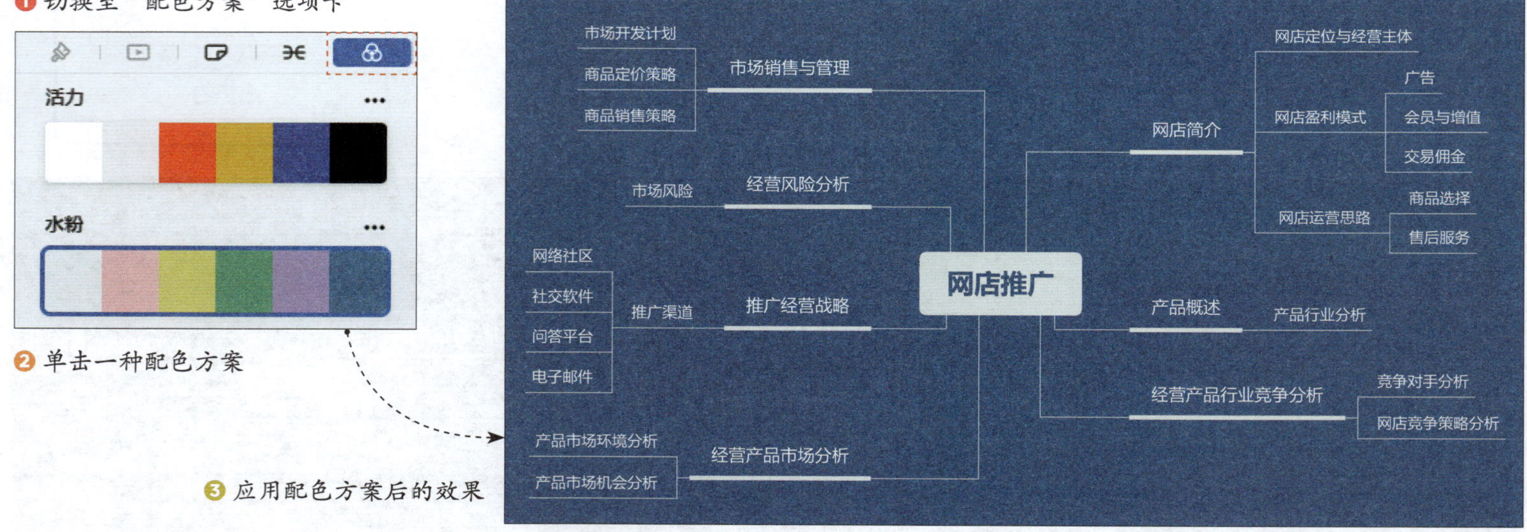

每组配色方案都包含几种不同的配色效果。将鼠标指针放在配色方案上，当显示“切换”字样时单击鼠标，即可在不同的配色效果之间进行切换。

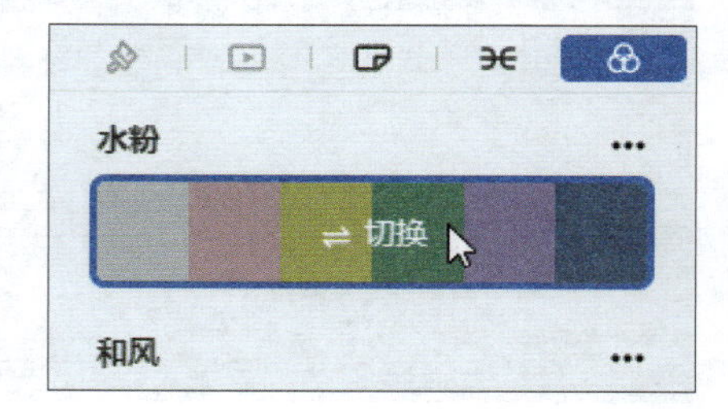

另一种切换配色效果的方法是单击配色方案右侧的 ⋯ 按钮，在展开的面板中查看和选择配色效果。

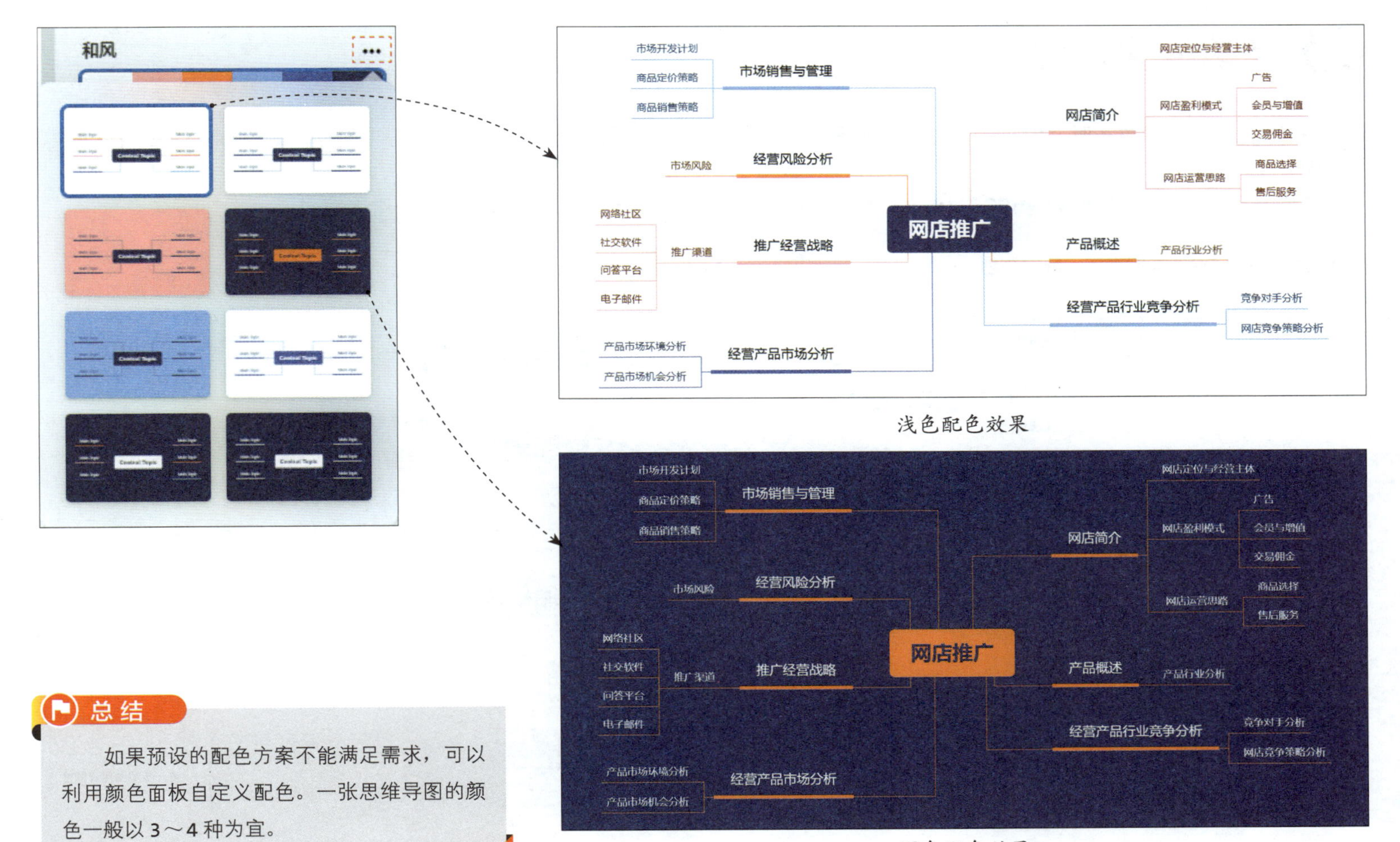

浅色配色效果

深色配色效果

总结

如果预设的配色方案不能满足需求，可以利用颜色面板自定义配色。一张思维导图的颜色一般以 3～4 种为宜。

逻辑元素的操作

用 Xmind 绘制思维导图时，用户可以通过添加联系、概要、外框、笔记、标注、标签、链接、附件等丰富的逻辑元素来对主题进行分类、补充和强调。

下面以“社群策划”思维导图为例，讲解在思维导图中添加逻辑元素的操作方法。

[实例文件] 02 / 实例文件 / 社群策划.xmind

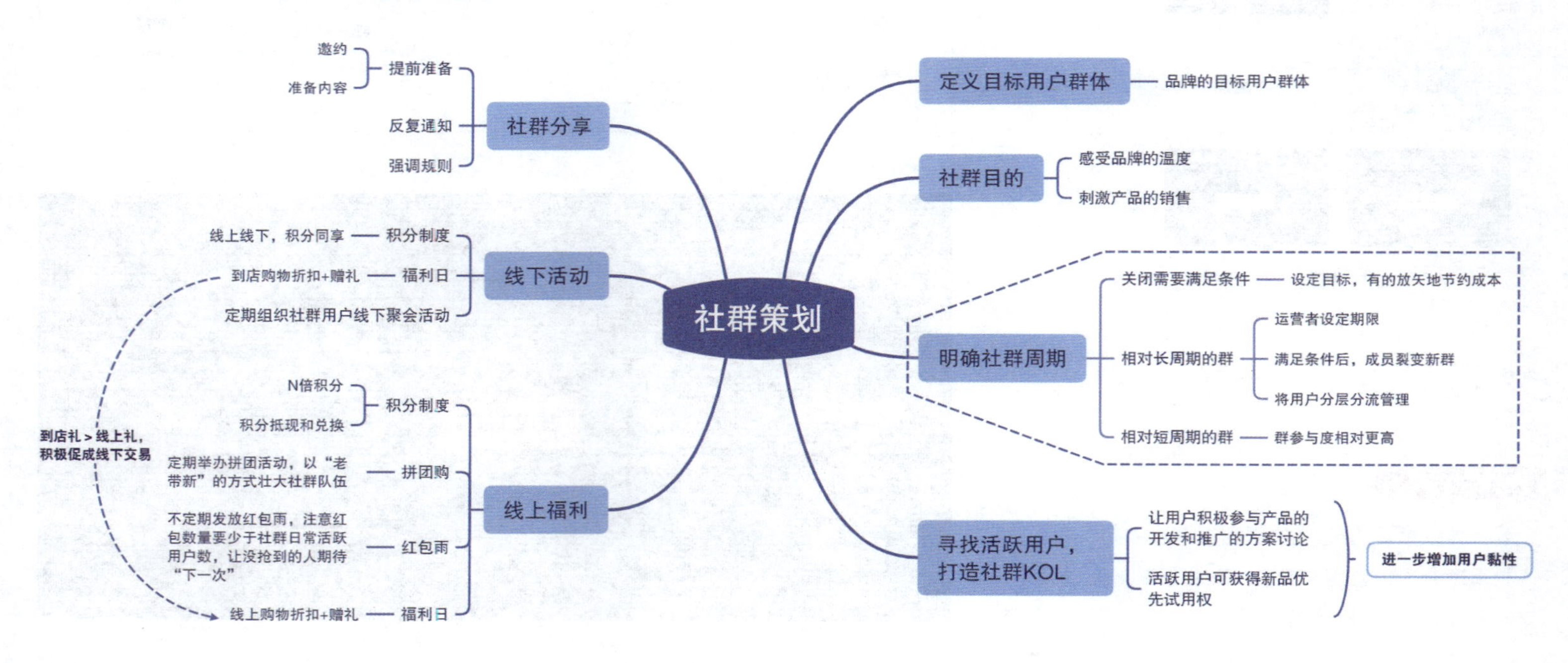

联系

联系是用于显示任意两个主题之间的特殊关系的自定义连接线。如果两个主题之间有一定的关联性，就可以用联系将它们连接起来，并添加描述文字来定义这种关联。

● 创建联系

按住 Ctrl 键，依次单击要添加联系的两个主题以将它们同时选中，然后单击工具栏中的“联系”按钮或执行“插入 > 联系”菜单命令，即可创建联系。

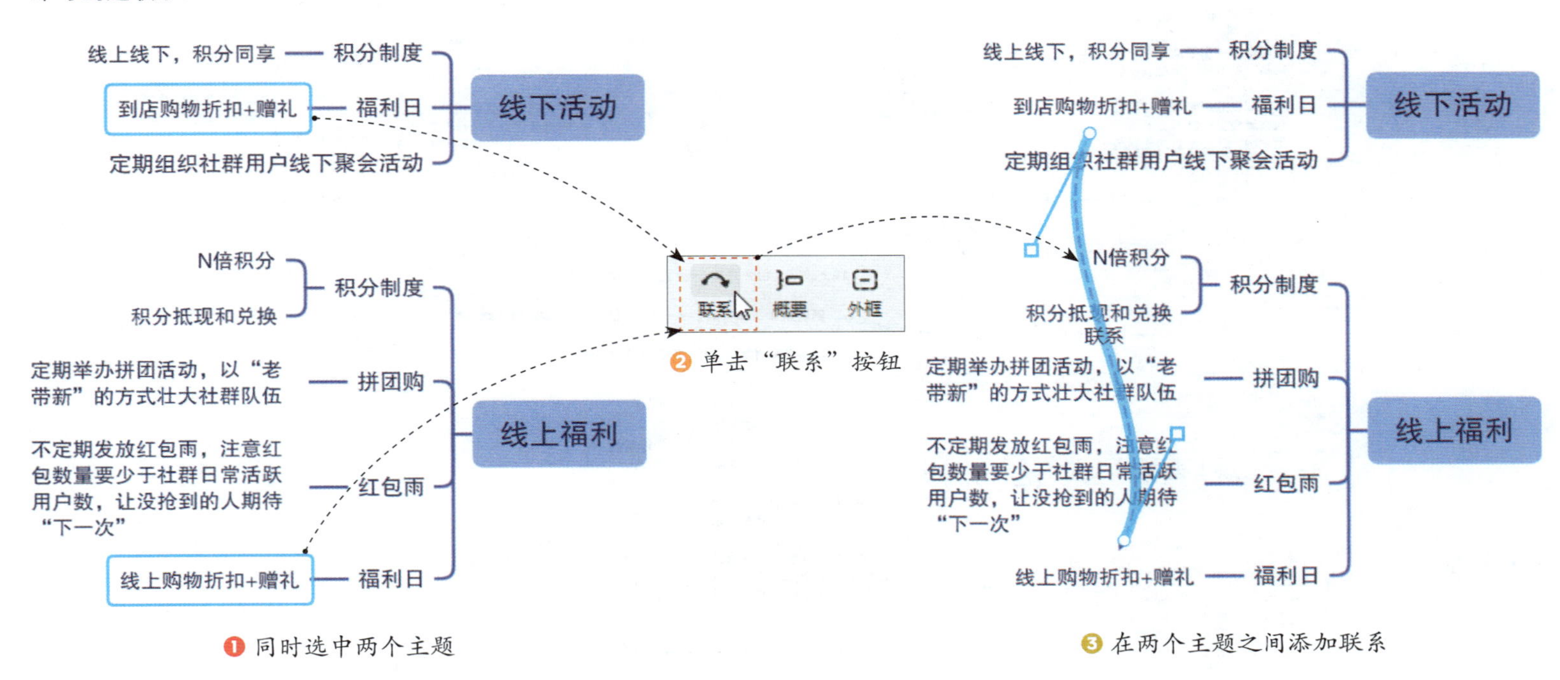

❶ 同时选中两个主题

❷ 单击“联系”按钮

❸ 在两个主题之间添加联系

联系线条的两端各有一根控制柄，通过拖动控制柄可以调整联系线条的形状，使线条更美观，或者避免线条遮挡其他元素。通过拖动联系线条的两个端点可以调整线条与主题的连接位置，甚至可以更换创建关联的两个主题。

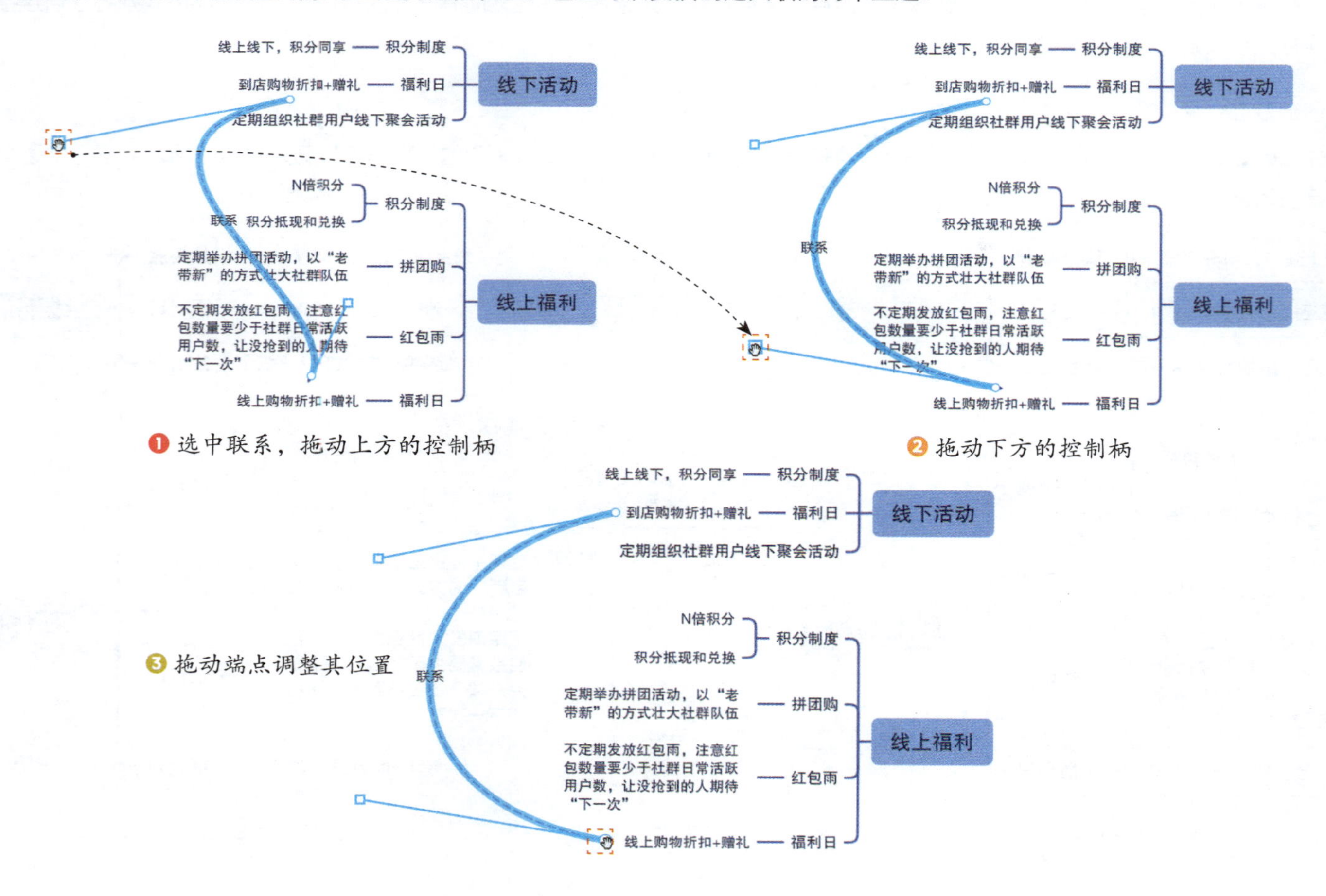

❶ 选中联系，拖动上方的控制柄

❷ 拖动下方的控制柄

❸ 拖动端点调整其位置

● 在联系上添加描述文字

选中联系后，双击联系线条，即可进入文字编辑状态，输入描述文字的内容。

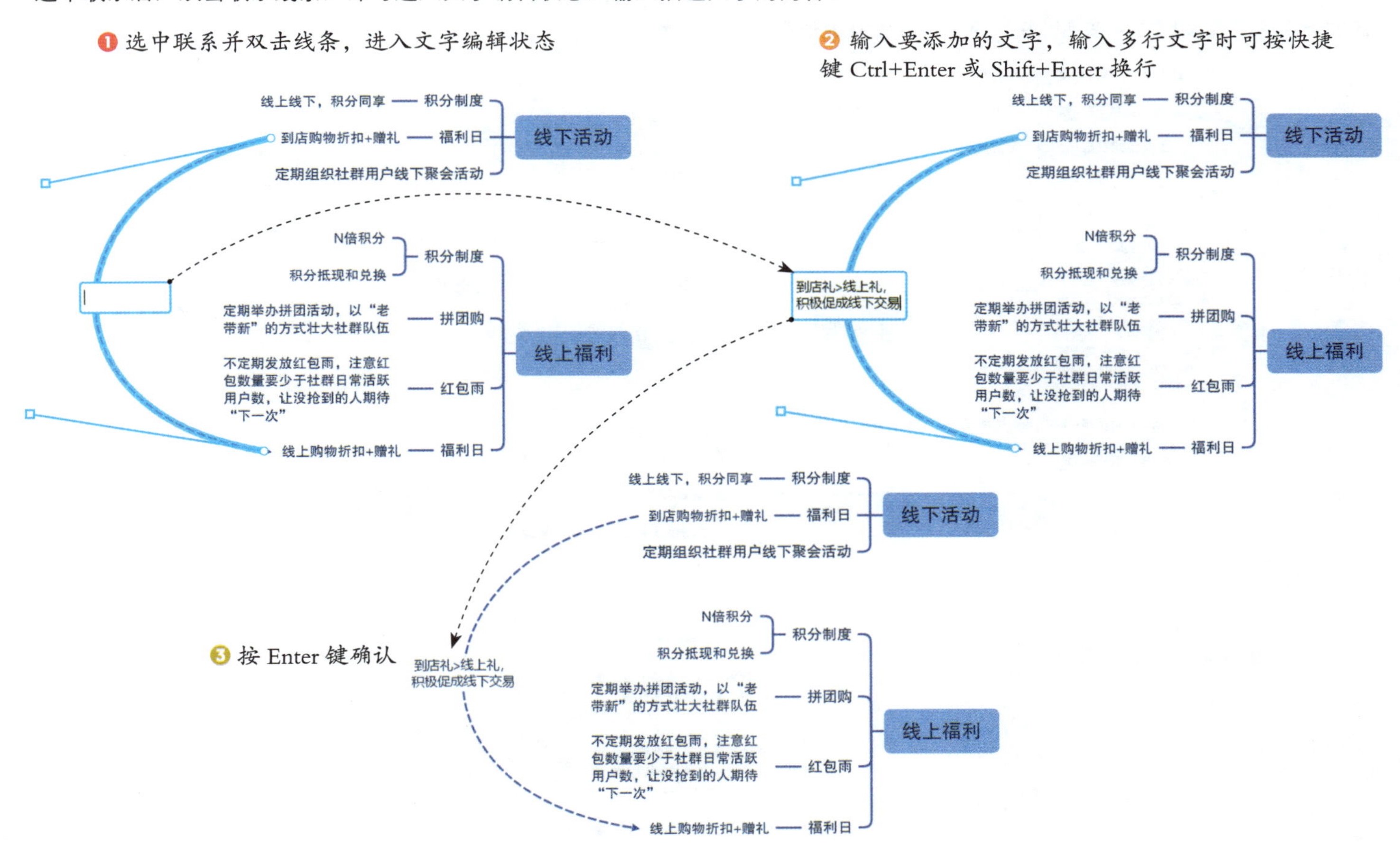

- **设置联系的格式**

选中联系后，可以通过“样式”选项卡中的选项设置联系的线条格式和描述文字的格式。如果对修改后的效果不太满意，可以单击“样式”选项卡中的“重设样式”按钮，将联系的格式恢复成模板的默认设置。

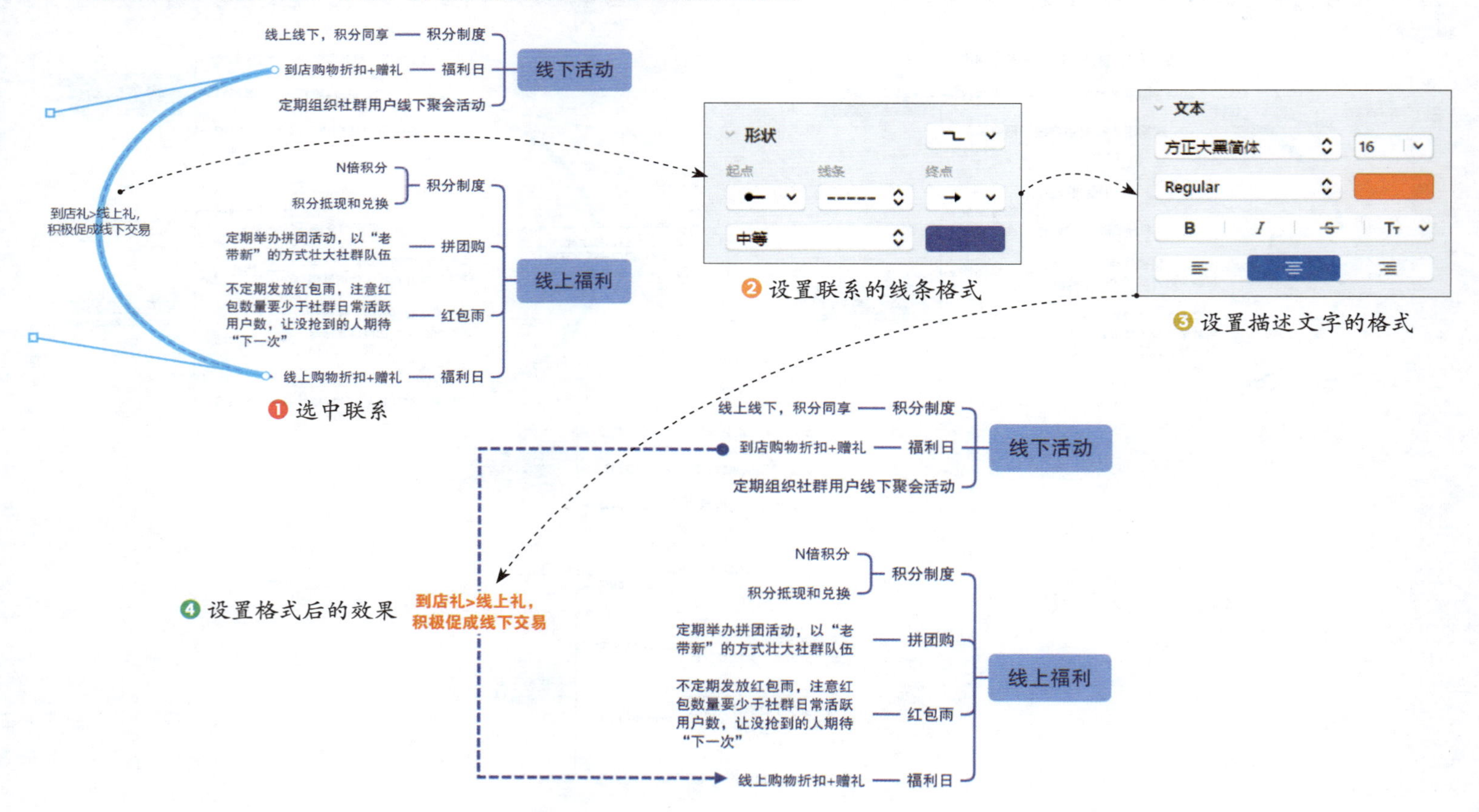

❶ 选中联系

❷ 设置联系的线条格式

❸ 设置描述文字的格式

❹ 设置格式后的效果

- **删除联系**

如果想要删除两个主题之间的联系，可以在选中联系后按 Delete 键。

概要

顾名思义，概要就是对思维导图中的一个或多个主题的内容所做的概括和总结。

- **添加概要**

选中要添加概要的主题，然后单击工具栏中的“概要”按钮或执行“插入 > 概要”菜单命令，即可添加概要。

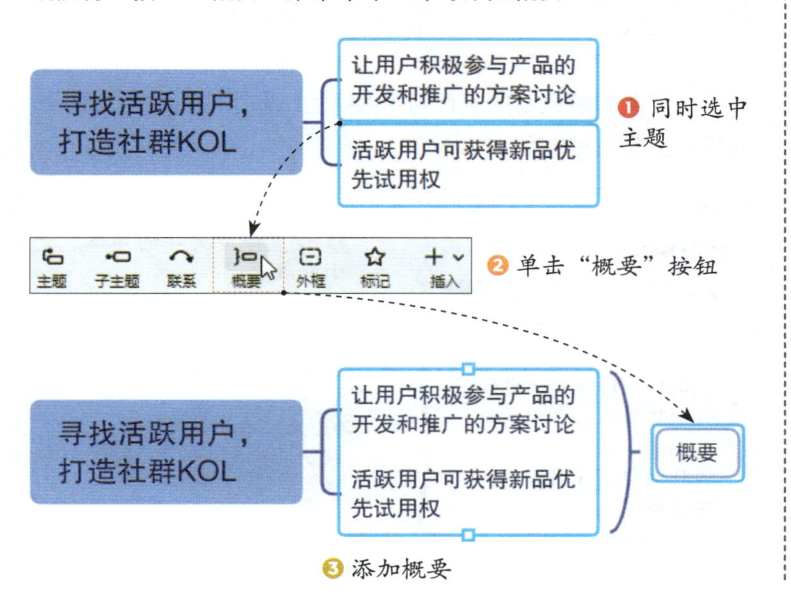

- **输入概要的内容**

选中概要后，双击概要文字，即可进入文字编辑状态，输入概要的内容。

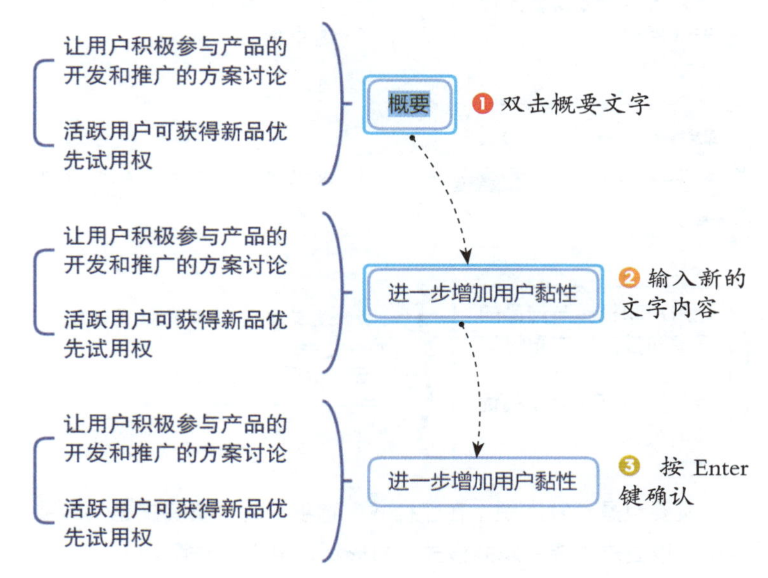

- **设置概要的格式**

概要的格式包括概要的线型、概要主题的格式、概要文字的格式、分支的格式等方面。

在“样式”选项卡的“概要线型”选项组中可以更改概要线条的形状（如圆括号、方括号、花括号等）、样式、颜色和粗细等属性。

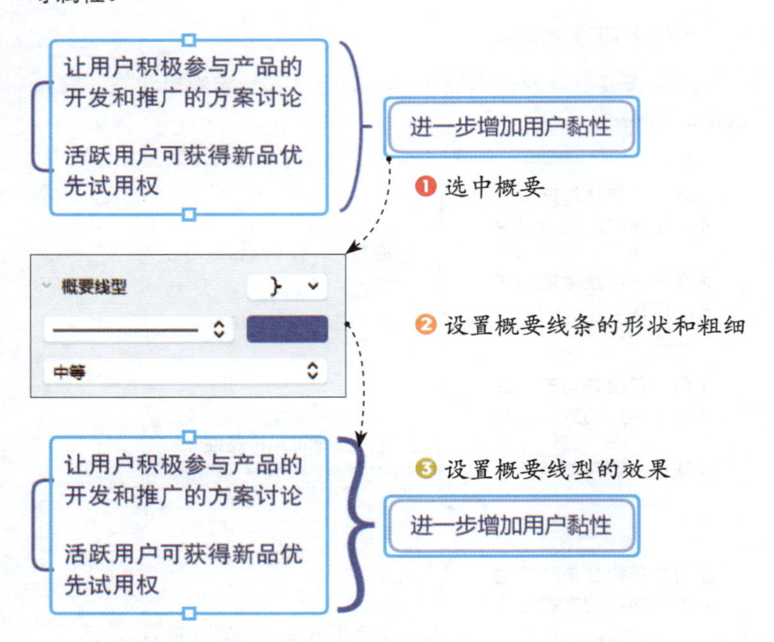

概要也是一种主题。在“样式”选项卡的“概要主题”选项组中可以更改概要主题的格式，如形状、填充格式等属性。

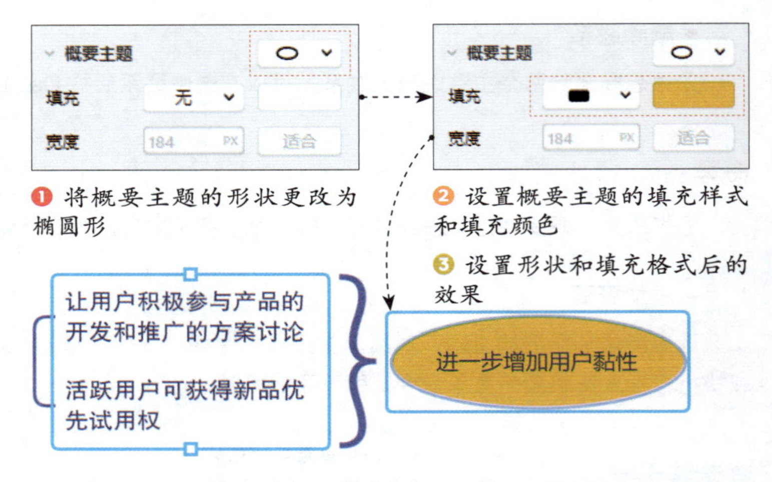

为了突出概要文字，可以利用“样式”选项卡中的“文本”选项组设置概要文字的格式。

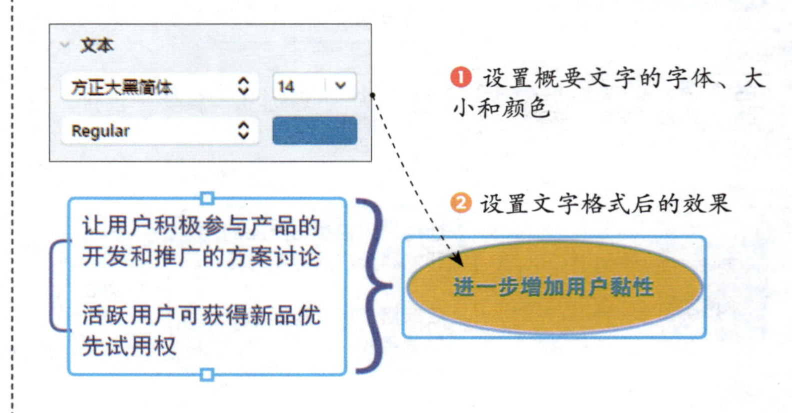

与其他类型的主题一样，可以为概要主题添加子主题，并利用“样式”选项卡中的“分支”选项组设置子主题分支线的形状、粗细和颜色等属性。

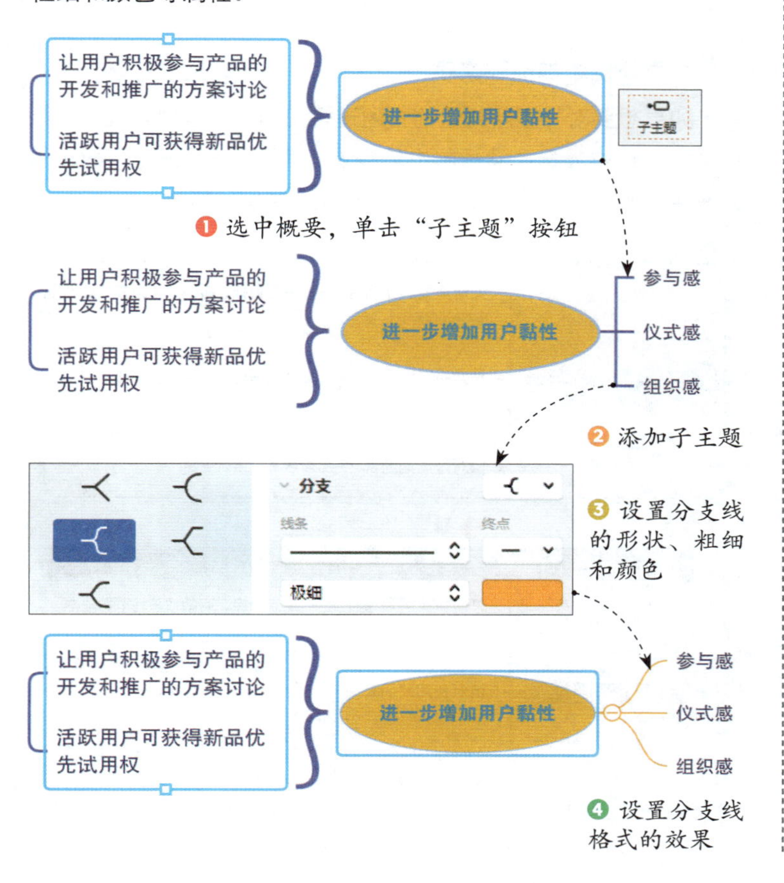

如果对修改后的效果不满意，可以单击“重设样式”按钮，将概要的格式恢复成模板的默认设置。

● 调整概要的范围

在概要所囊括的主题的顶部和底部有调节范围的滑块，拖动滑块即可扩大或缩小概要的范围。

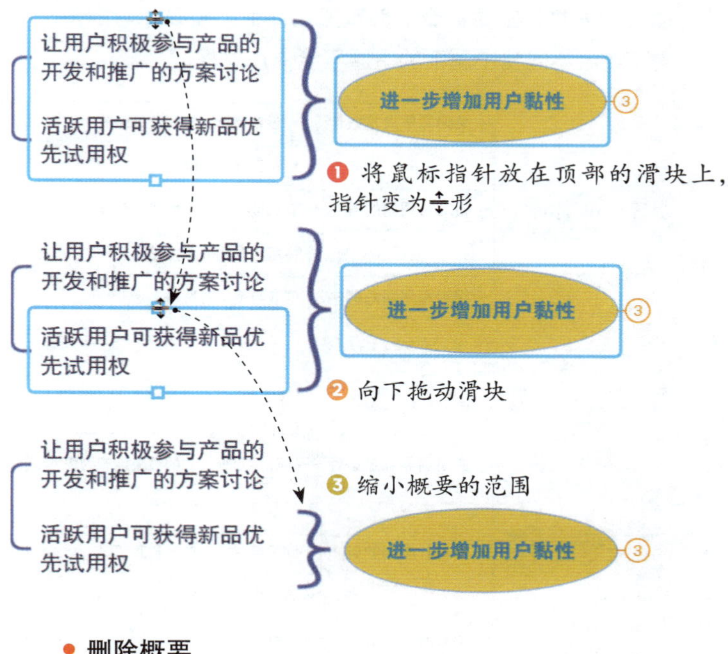

● 删除概要

如果想要删除概要，可以在选中概要后按 Delete 键。

外框

外框是一个围绕主题的封闭区域。如果想要强调和突显某些主题，就可以用外框将这些主题框在一起。不同的外框可通过形状、颜色、线条、文字等来加以区分。

● 添加外框

选中要添加外框的主题，单击工具栏中的“外框”按钮或执行“插入 > 外框”菜单命令，即可添加外框。需要注意的是，不同分支下或者不同父主题下的主题不能添加外框。

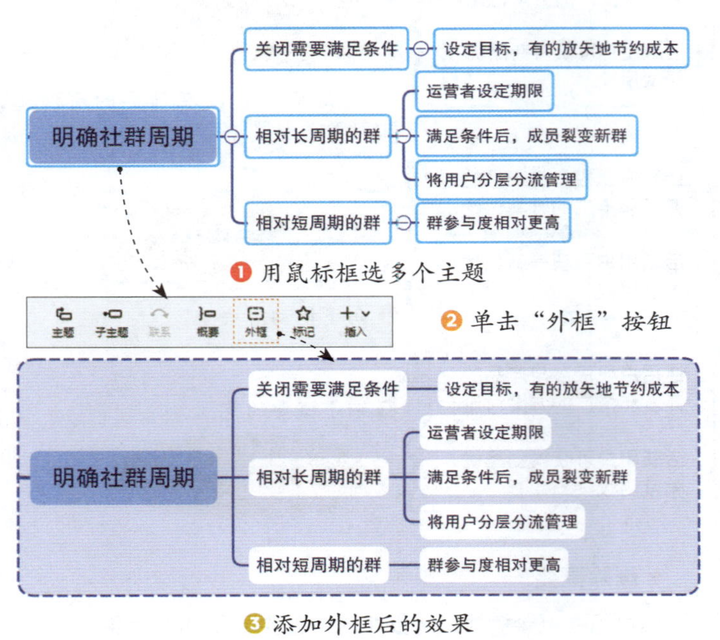

● 为外框添加描述文字

如果想要对外框所框选的主题进行说明，可以为外框添加描述文字。选中外框，然后单击外框左上角的“+”按钮，即可输入文字，还可以使用“文本”选项组设置文字的格式。

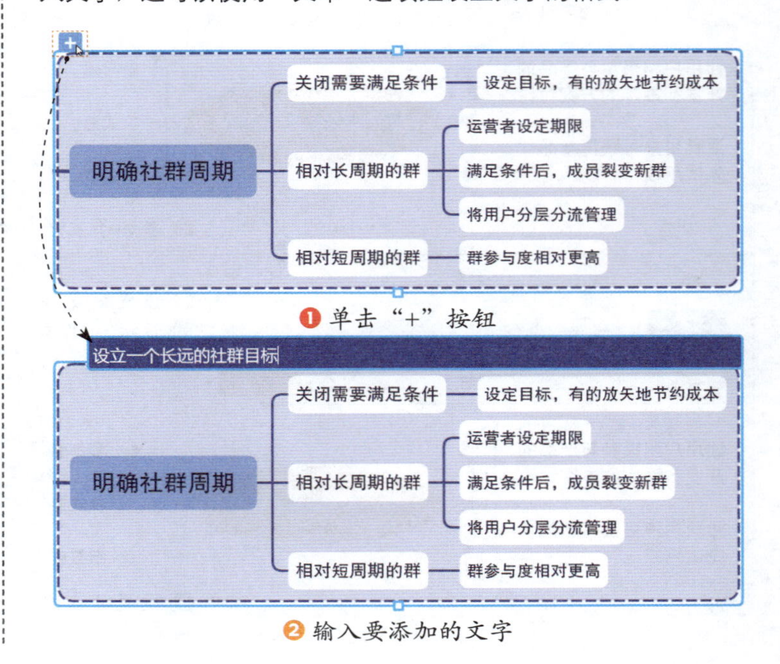

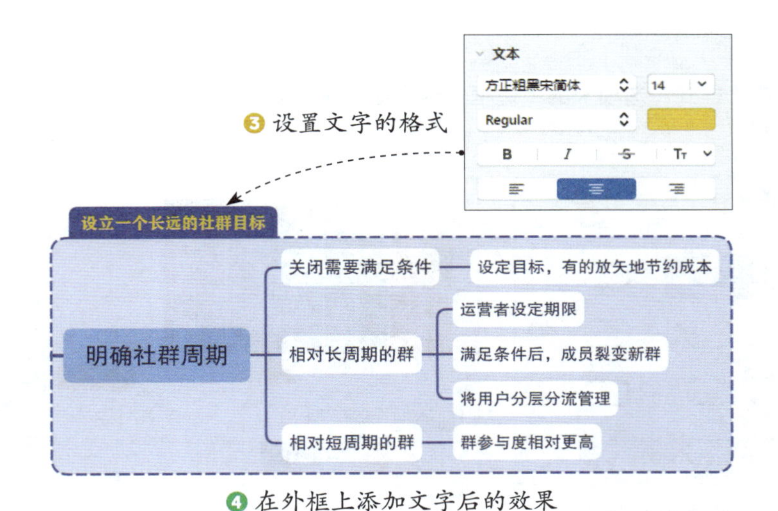

❹ 在外框上添加文字后的效果

对于已经添加了描述文字的外框，如果想要修改描述文字，可以双击外框，进入文字编辑状态，修改完毕后按 Enter 键确认。

- **删除外框**

如果想要删除外框，可以在选中外框后按 Delete 键。

- **设置外框的形状和填充格式**

默认的外框形状为圆角矩形。如果需要修改外框的形状，可先选中外框，然后在“样式”选项卡的“形状”选项组中为外框选择预设的其他形状。除此之外，在该选项组中还可以设置外框的填充格式。

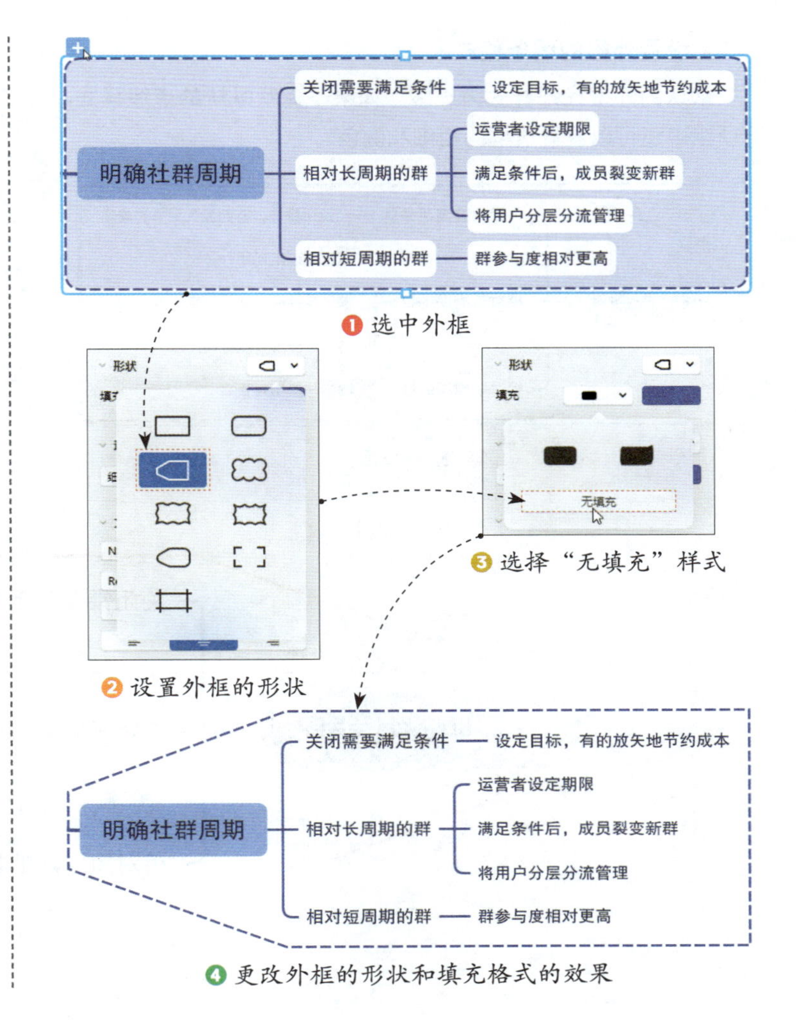

❹ 更改外框的形状和填充格式的效果

- **设置外框的线条格式**

默认的外框线条样式为虚线。如果不喜欢默认的虚线样式，可以在“样式”选项卡的“边框”选项组中进行更改。除此之外，在该选项组中还可以设置边框的粗细和颜色。

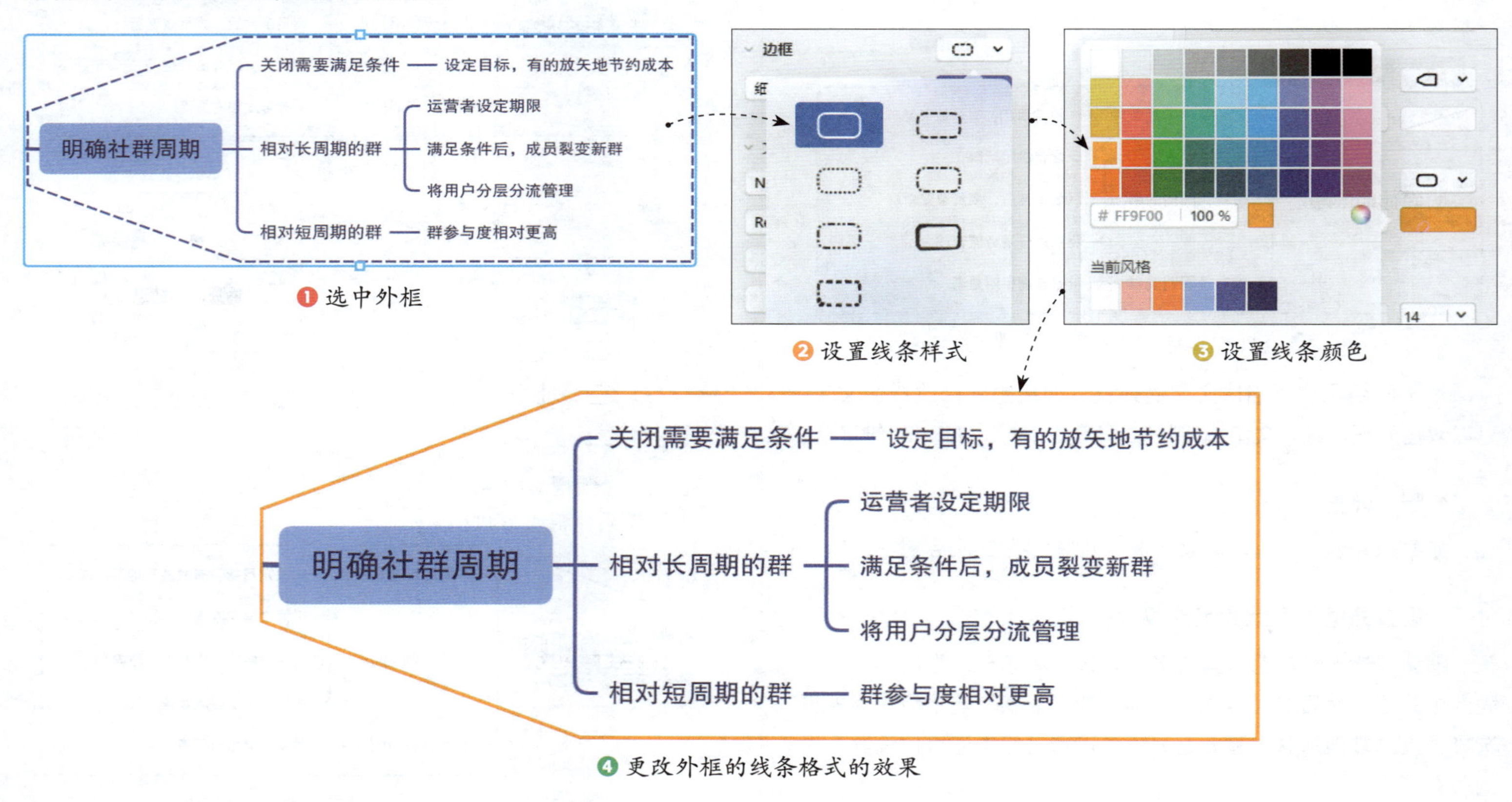

❶ 选中外框

❷ 设置线条样式

❸ 设置线条颜色

❹ 更改外框的线条格式的效果

笔记

笔记可以理解成主题的注释文字。如果要更详细、更深入地阐述一个主题的内容，又不想影响整张思维导图的简洁性，可以通过添加笔记来达到目的。

下面以“Python 运算符”思维导图为例，讲解添加笔记和标注等逻辑元素的操作方法。

[实例文件] 02 / 实例文件 / Python运算符.xmind

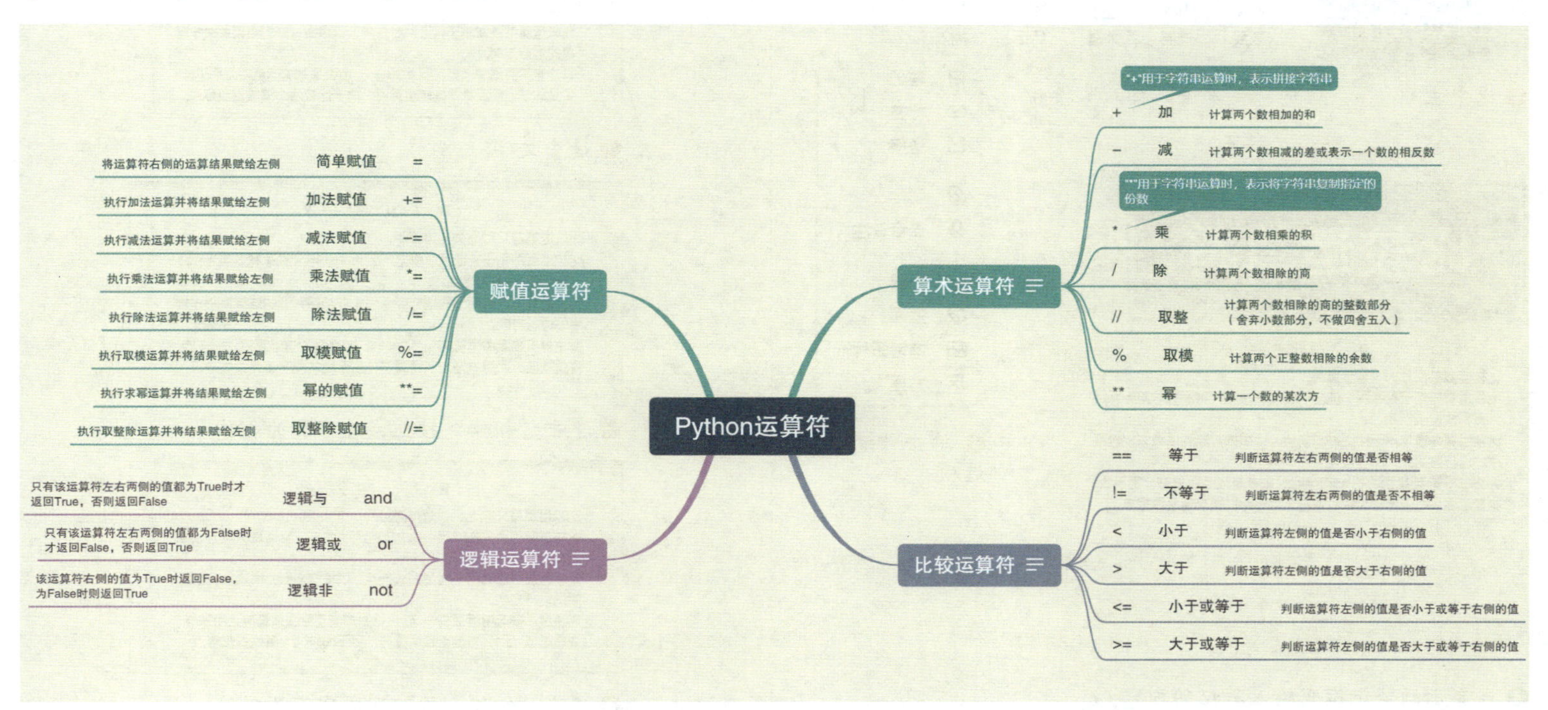

● 添加笔记

选中主题后，单击工具栏中的“插入”按钮，并在展开的下拉列表中选择“笔记”选项，或者执行“插入 > 笔记”菜单命令，都可以为主题添加笔记。

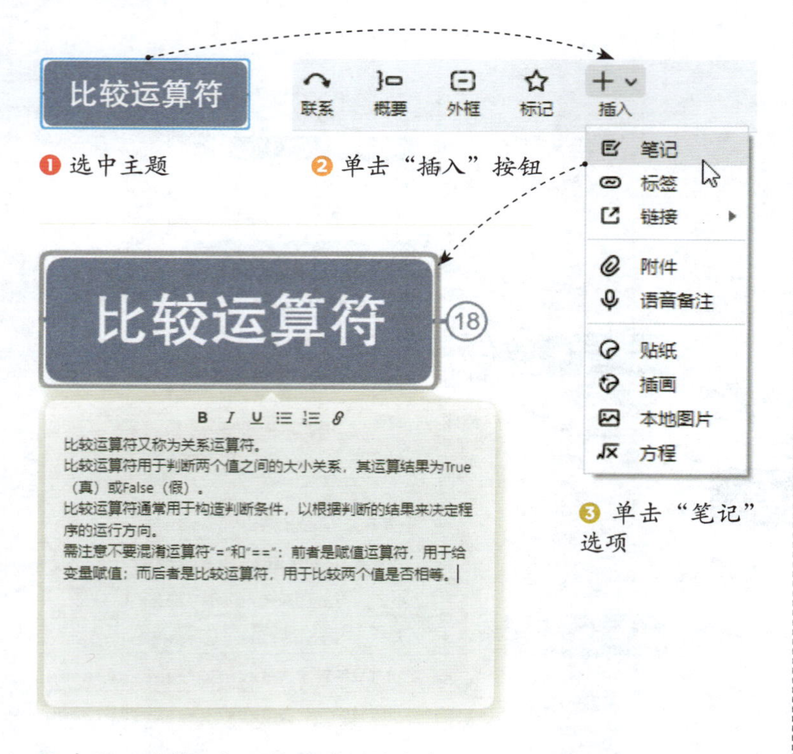

❶ 选中主题

❷ 单击“插入”按钮

❸ 单击“笔记”选项

❹ 在显示的笔记框里输入笔记的内容

● 对笔记内容进行排版

输入笔记内容后，可以对笔记文字进行粗体、斜体、下画线等设置，以突出重点内容。

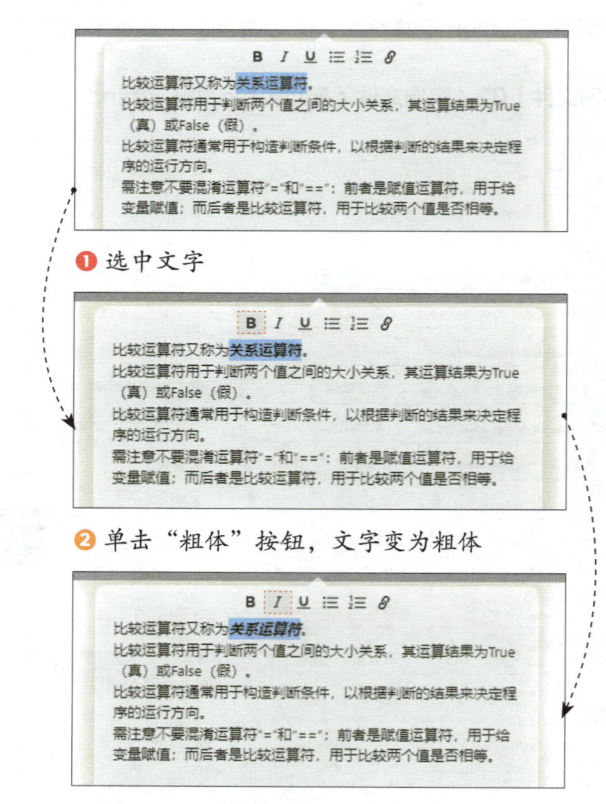

❶ 选中文字

❷ 单击“粗体”按钮，文字变为粗体

❸ 单击“斜体”按钮，文字变为斜体

此外，还可以利用“无序排列”按钮和“有序排列”按钮创建无序列表或有序列表，对笔记内容进行分点阐释。

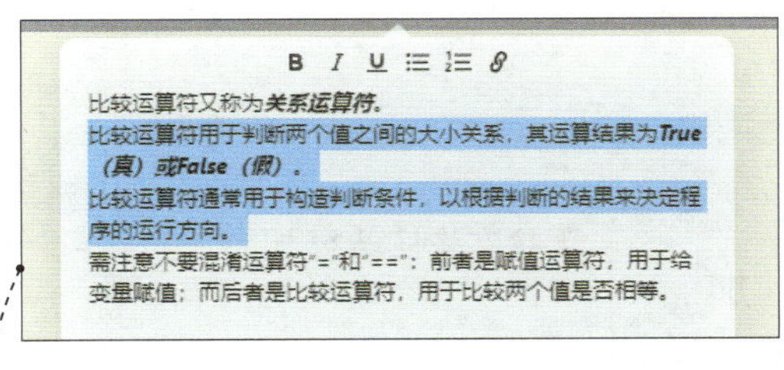

❶ 选中文本

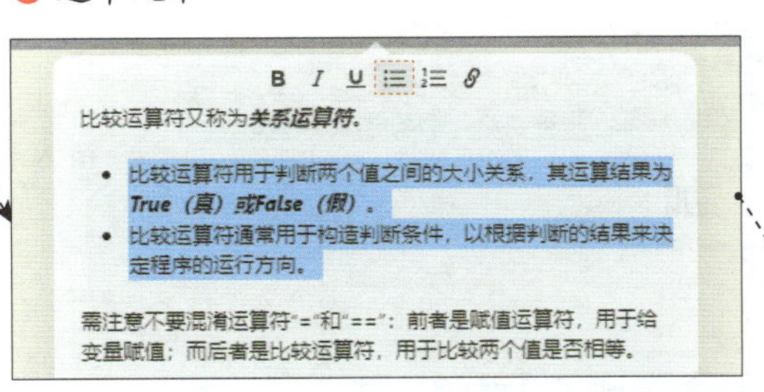

❷ 单击“无序排列”按钮，创建无序列表

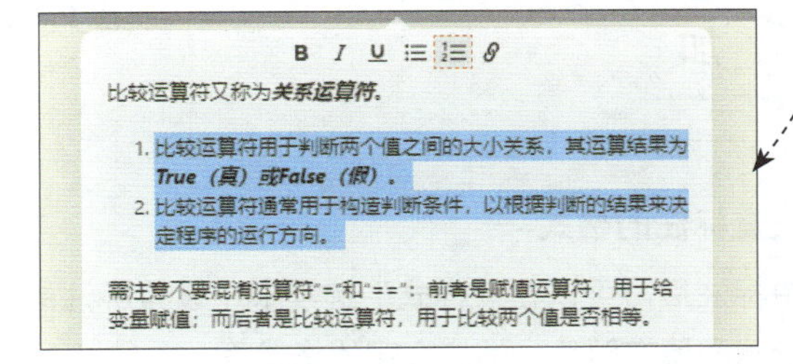

❸ 单击“有序排列”按钮，创建有序列表

- **删除笔记**

删除笔记的第 1 种方法是选中主题后，将鼠标指针放在主题中的笔记图标上，再右击图标，在弹出的快捷菜单中选择“删除”命令。

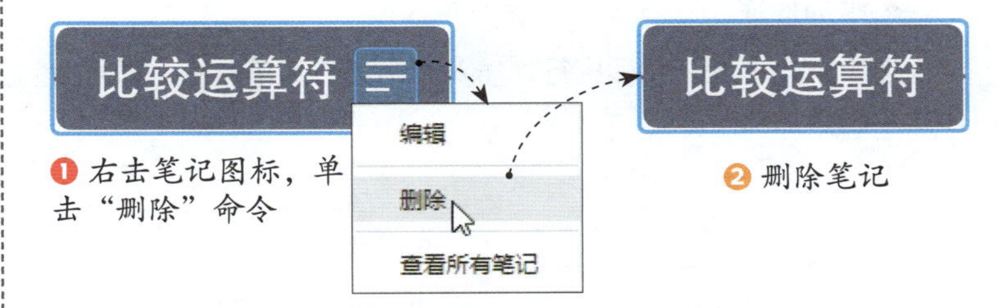

❶ 右击笔记图标，单击“删除”命令

❷ 删除笔记

删除笔记的第 2 种方法是单击笔记图标以展开笔记框，然后将插入点放在笔记框中，按快捷键 Ctrl+A 全选笔记内容，然后按 Delete 键删除所选内容，这样对应的笔记也就被删除了。

- **浏览笔记**

右击主题中的笔记图标，在弹出的快捷菜单中选择“查看所有笔记”命令，将在窗口左侧显示所有笔记的列表，供用户浏览。

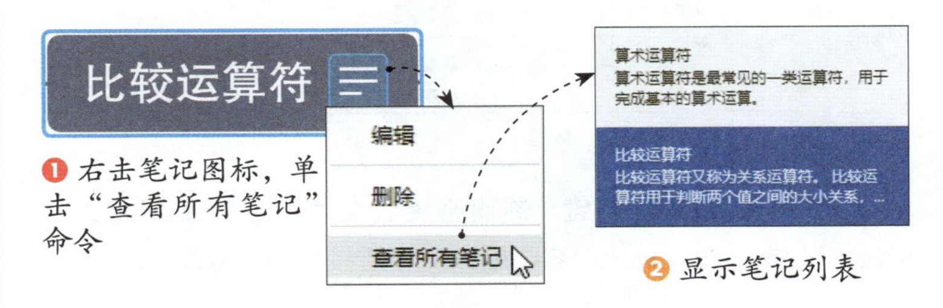

❶ 右击笔记图标，单击“查看所有笔记”命令

❷ 显示笔记列表

标注

如果需要对主题内容进行补充说明，可以使用标注。标注和笔记的区别是，标注默认始终显示在思维导图中，而笔记默认不显示，需要通过单击主题中的笔记图标来查看笔记内容。

- **添加标注**

选中一个主题，然后执行“插入 > 标注”菜单命令，即可为所选主题添加标注。

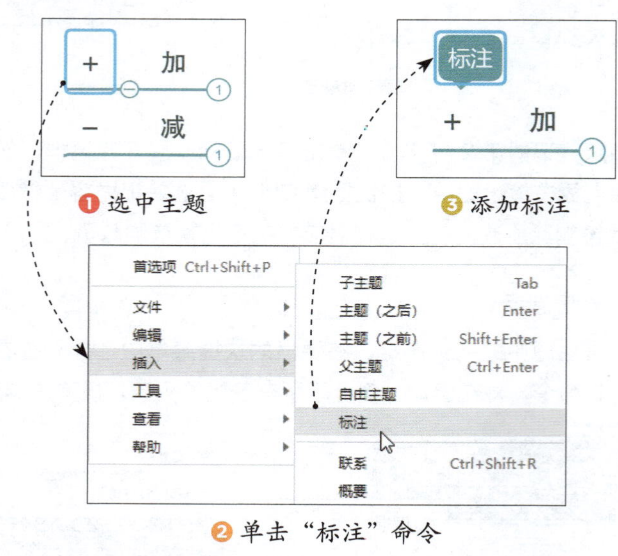

选中标注后按空格键，或者直接双击“标注”，即可进入文字编辑状态，输入标注内容，输入完毕后按 Enter 键确认。

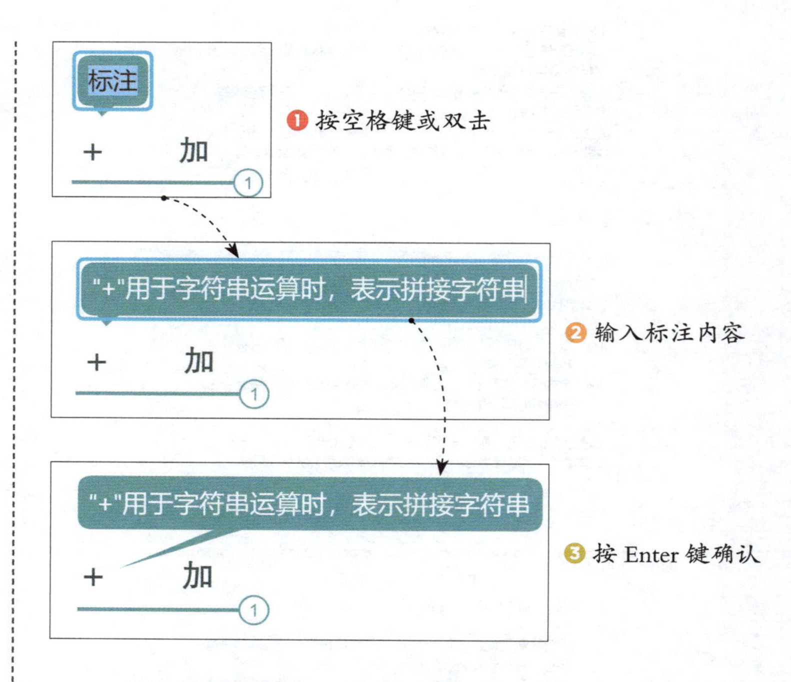

- **设置标注的格式**

选中标注后，可以在“样式”选项卡中设置标注的格式，如标注的形状和填充颜色、标注文字的格式等。

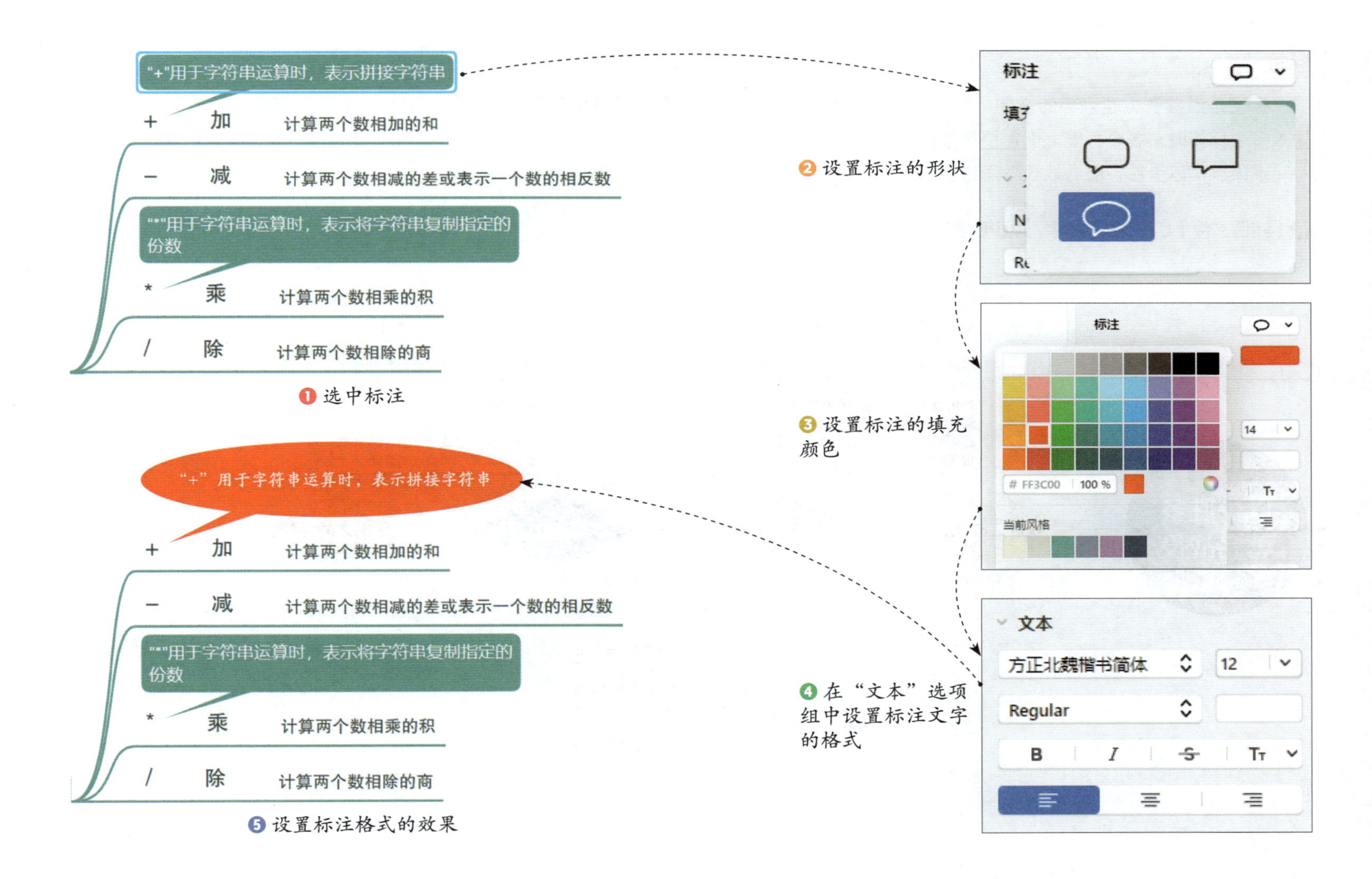
"+"用于字符串运算时，表示拼接字符串
+ 加 计算两个数相加的和
− 减 计算两个数相减的差或表示一个数的相反数
"*"用于字符串运算时，表示将字符串复制指定的份数
* 乘 计算两个数相乘的积
/ 除 计算两个数相除的商
❶ 选中标注
标注
❷ 设置标注的形状
标注
FF3C00 100 %
当前风格
❸ 设置标注的填充颜色
"+"用于字符串运算时，表示拼接字符串
+ 加 计算两个数相加的和
− 减 计算两个数相减的差或表示一个数的相反数
"*"用于字符串运算时，表示将字符串复制指定的份数
* 乘 计算两个数相乘的积
/ 除 计算两个数相除的商
文本
方正北魏楷书简体 12
Regular
B I S Tт
❹ 在"文本"选项组中设置标注文字的格式
❺ 设置标注格式的效果

标签

标签是附着在主题底部的文字，用于标识主题的分类，以帮助读图者更轻松地识别主题的内容。一个主题可以同时拥有多个标签，输入多个标签时，各个标签之间需要用半角逗号隔开。

下面以“以少胜多著名战役”思维导图为例，讲解添加标签、链接、附件等逻辑元素的操作方法。

[实例文件] 02 / 实例文件 / 以少胜多著名战役.xmind

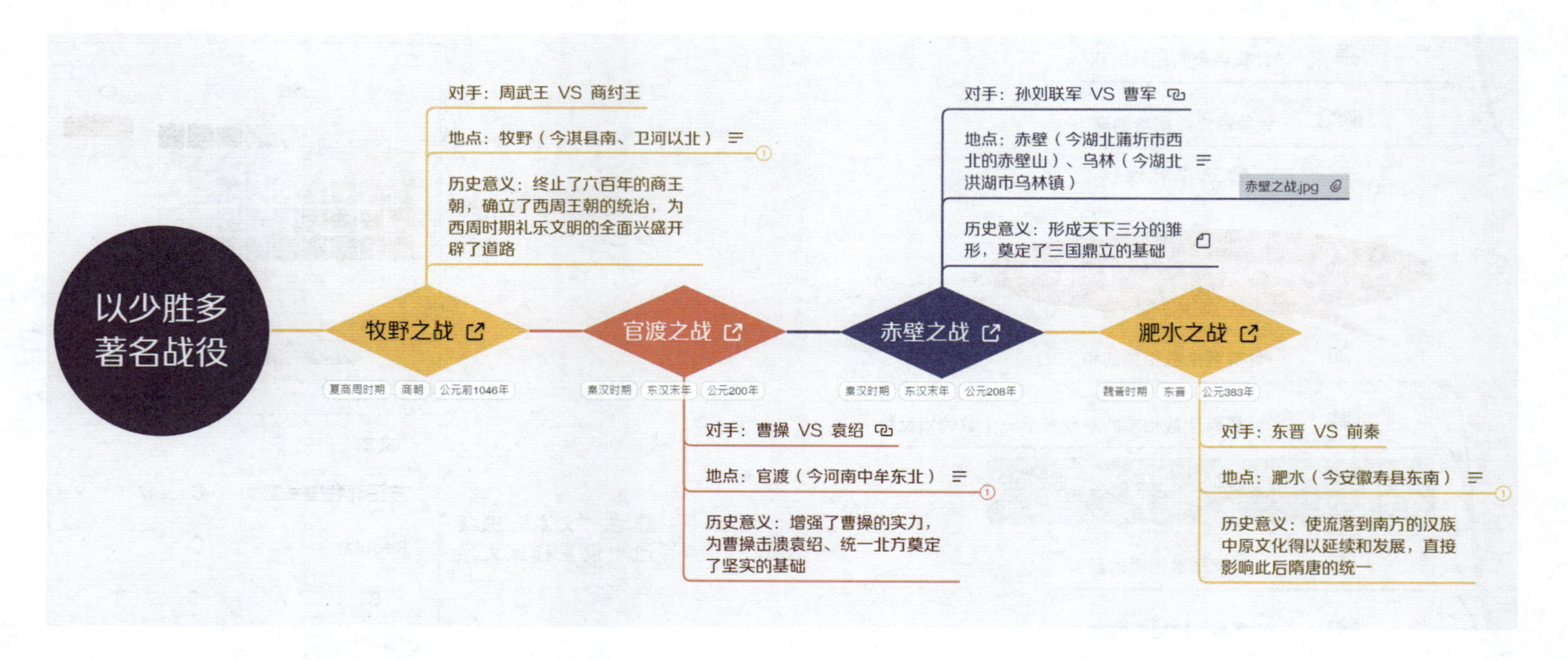

● **添加标签**

添加标签有两种方法：第 1 种方法是在工具栏中单击“插入”按钮，在展开的列表中选择“标签”选项；第 2 种方法是执行“插入 > 标签”菜单命令。

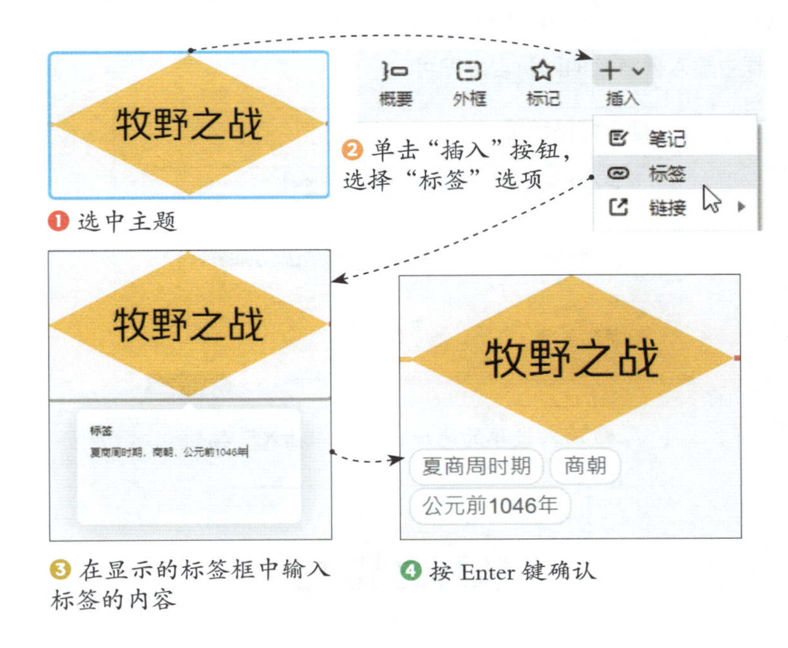

❶ 选中主题

❷ 单击“插入”按钮，选择“标签”选项

❸ 在显示的标签框中输入标签的内容

❹ 按 Enter 键确认

● **删除标签**

删除标签也有两种方法。第 1 种方法是在标签框中删除标签文字。

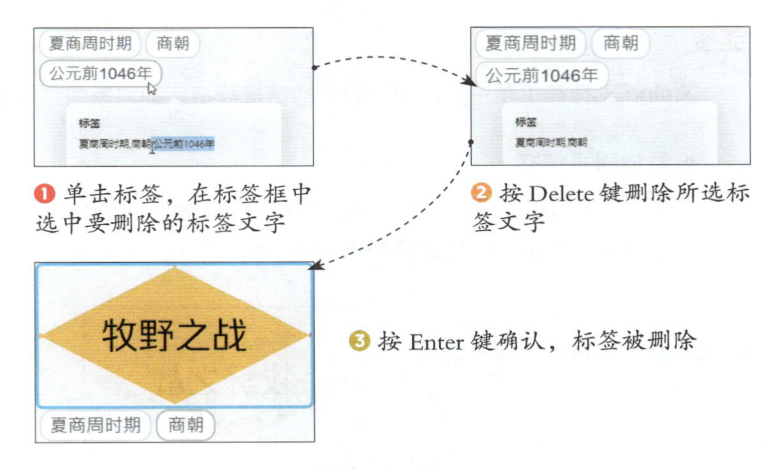

❶ 单击标签，在标签框中选中要删除的标签文字

❷ 按 Delete 键删除所选标签文字

❸ 按 Enter 键确认，标签被删除

第 2 种方法是利用右键快捷菜单删除标签。

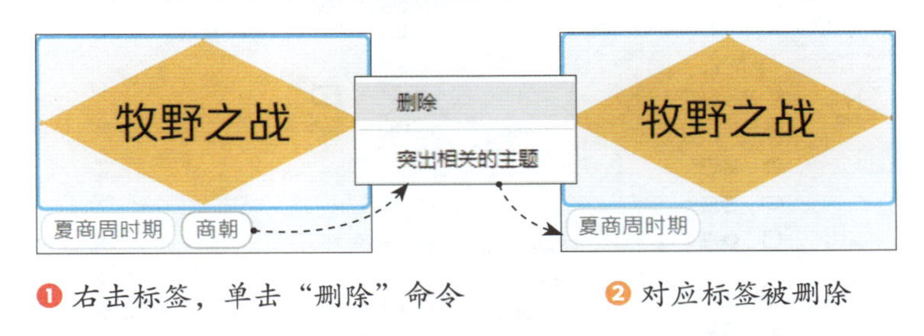

❶ 右击标签，单击“删除”命令

❷ 对应标签被删除

● **突出显示带有相同标签的主题**

右击某个标签，在弹出的快捷菜单中单击“突出相关的主题”命令，则带有此标签的所有主题都会被突出显示。

链接

Xmind 支持在主题中插入相关内容的链接，链接的对象包括网页、主题、本地文件、本地文件夹。

● 添加网页链接

选中主题，单击工具栏中的“插入”按钮，在展开的列表中选择“链接 > 网页”选项，或者右击主题，在弹出的快捷菜单中执行“插入 > 链接 > 网页”命令，随后会弹出“插入网站链接”对话框，在对话框中输入要链接的网页地址即可。

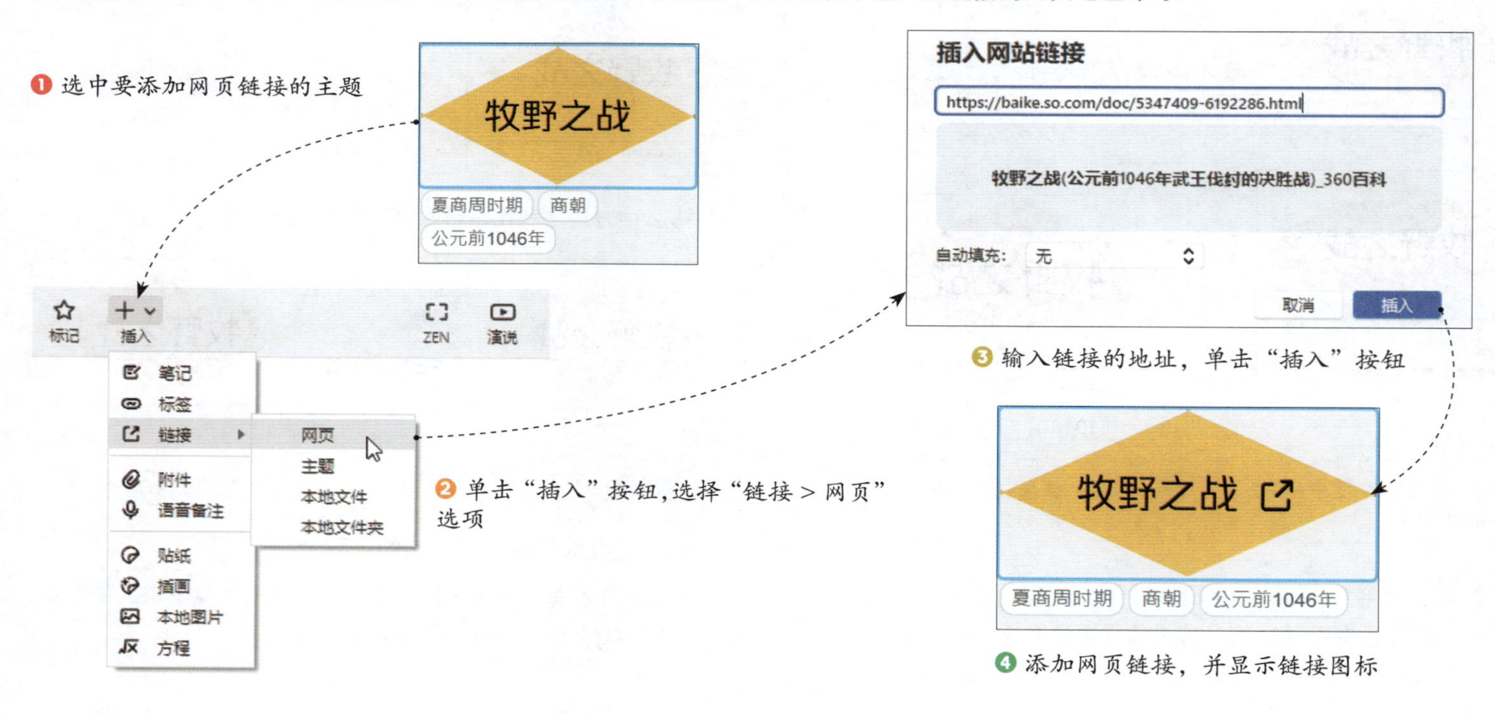

添加网页链接后，主题中会显示链接的图标，单击此图标将自动跳转到链接对应的网页。

如果要修改链接，可以右击链接图标，在弹出的快捷菜单中选择“编辑”命令，在打开的对话框中重新输入链接地址。如果要删除链接，则在右击链接图标后选择“删除”命令。

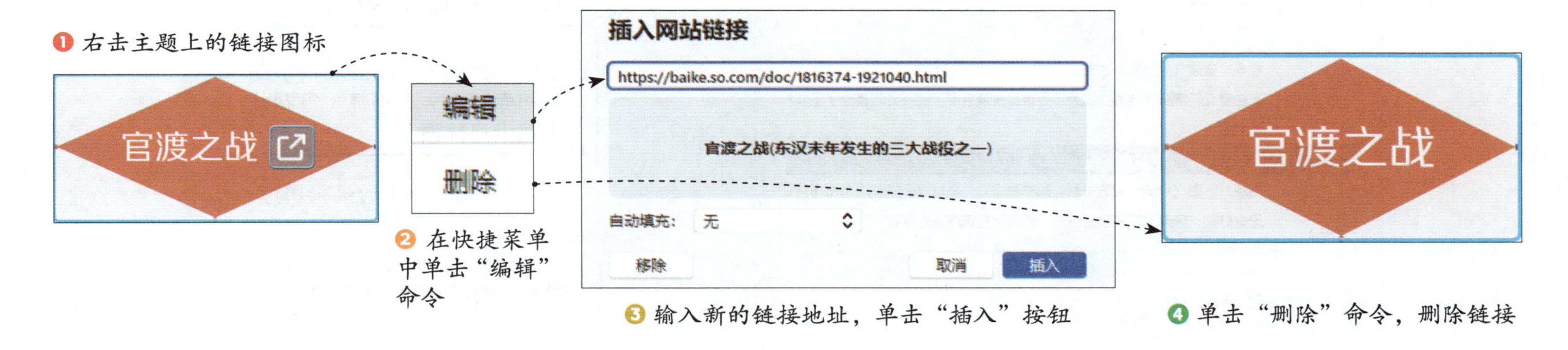

- **添加主题链接**

主题链接用于在一张或多张思维导图的不同主题之间进行相互跳转。添加主题链接的方法与添加网页链接的方法类似，不同的是，添加主题链接时需要选择要跳转的目标主题。

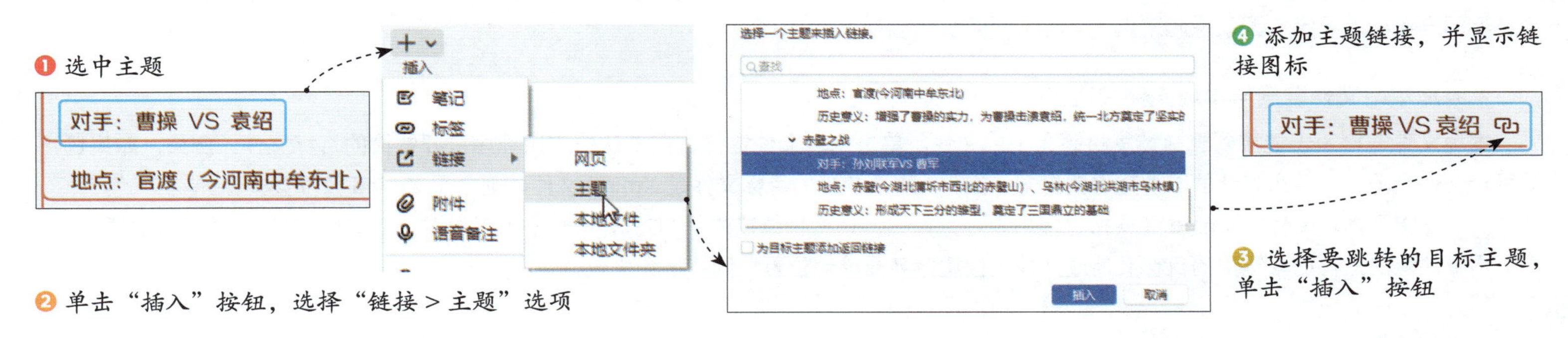

主题链接支持双向链接。在选择目标主题的对话框中勾选“为目标主题添加返回链接”复选框，即可创建双向链接。此时所选目标主题右侧也会出现一个链接图标，单击该图标即可返回原主题。

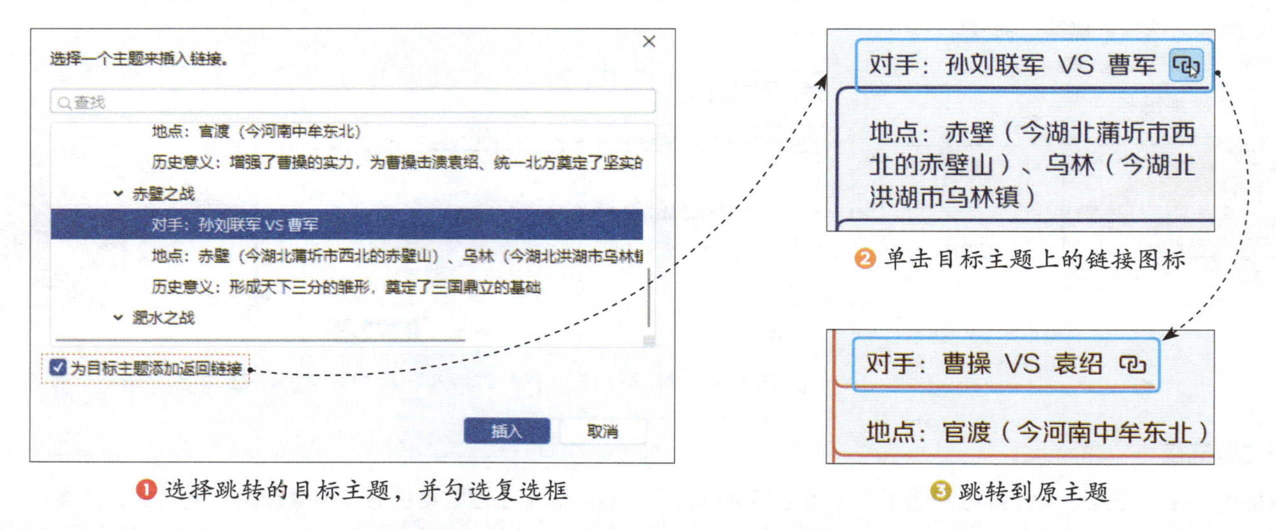

❶ 选择跳转的目标主题，并勾选复选框

❷ 单击目标主题上的链接图标

❸ 跳转到原主题

当一张思维导图的内容太多时，为增加其可读性，可以将内容拆分成多张思维导图，放在不同的画布中，再通过创建主题链接的方式将不同画布中的思维导图联系起来。

● 添加本地文件链接与本地文件夹链接

本地文件链接用于链接到当前计算机硬盘中的文件。单击本地文件链接将用默认的应用程序打开链接的目标文件。例如，如果链接的目标文件是图片，会用默认的图片查看器打开该文件；如果链接的目标文件是 Xmind 文件，则会用 Xmind 打开该文件。

除了链接到本地文件，Xmind 还支持链接到本地文件夹。这两种链接的添加方法是类似的，所以这里只介绍本地文件链接的添加。

需要注意的是，如果链接的目标文件或文件夹被重命名或移动位置，则链接会失效。

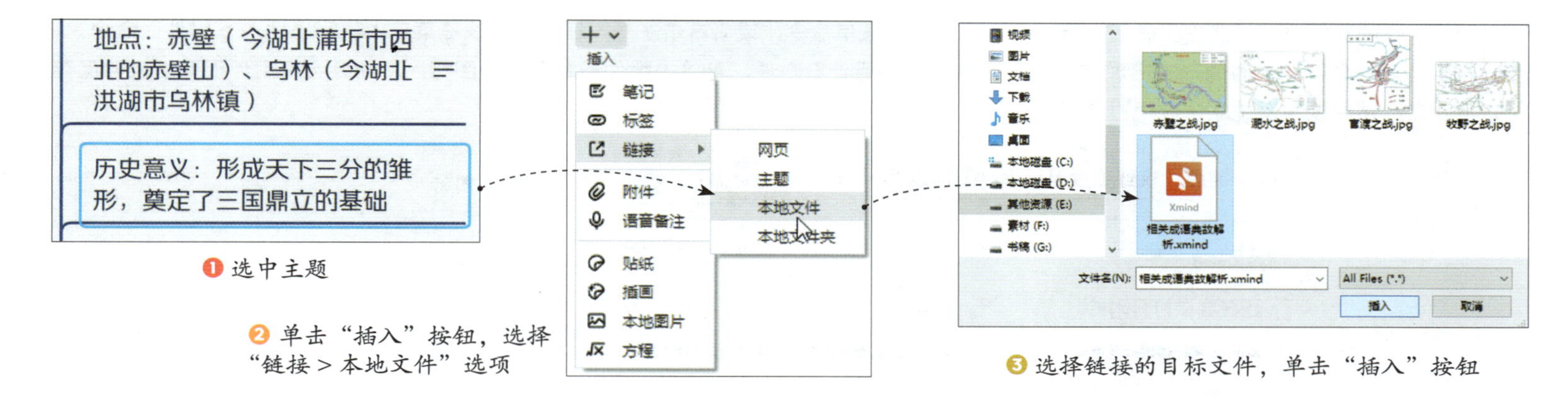

❶ 选中主题

❷ 单击“插入”按钮，选择“链接 > 本地文件”选项

❸ 选择链接的目标文件，单击“插入”按钮

附件

以链接的方式添加的文件会因重命名或移动位置等操作而失效，要解决这一问题，可将文件以附件的方式嵌入 Xmind 文件中。添加附件最常用的方法是单击工具栏中的“插入”按钮，在展开的列表中选择“附件”选项。

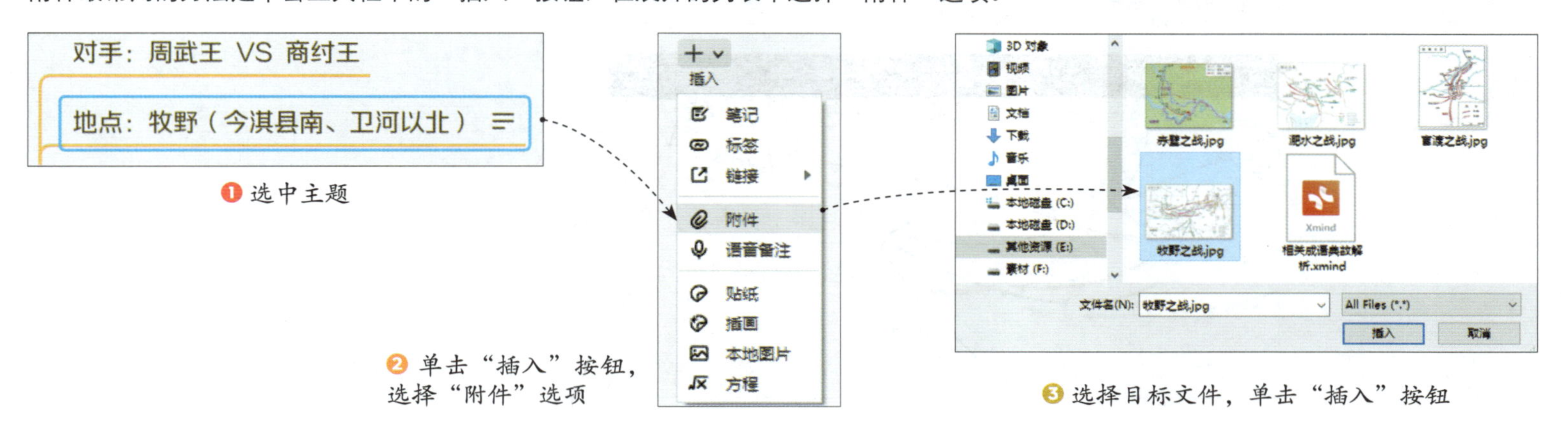

❶ 选中主题

❷ 单击“插入”按钮，选择“附件”选项

❸ 选择目标文件，单击“插入”按钮

添加附件的其他方法是选中主题后执行“插入 > 附件”菜单命令，或者右击主题，在弹出的快捷菜单中执行“插入 > 附件”命令。

添加的附件会以子主题的形式出现在思维导图中。如果要查看附件，可单击附件子主题上的图标，Xmind 会把附件提取出来并保存至本地硬盘，然后调用系统默认应用程序打开附件。

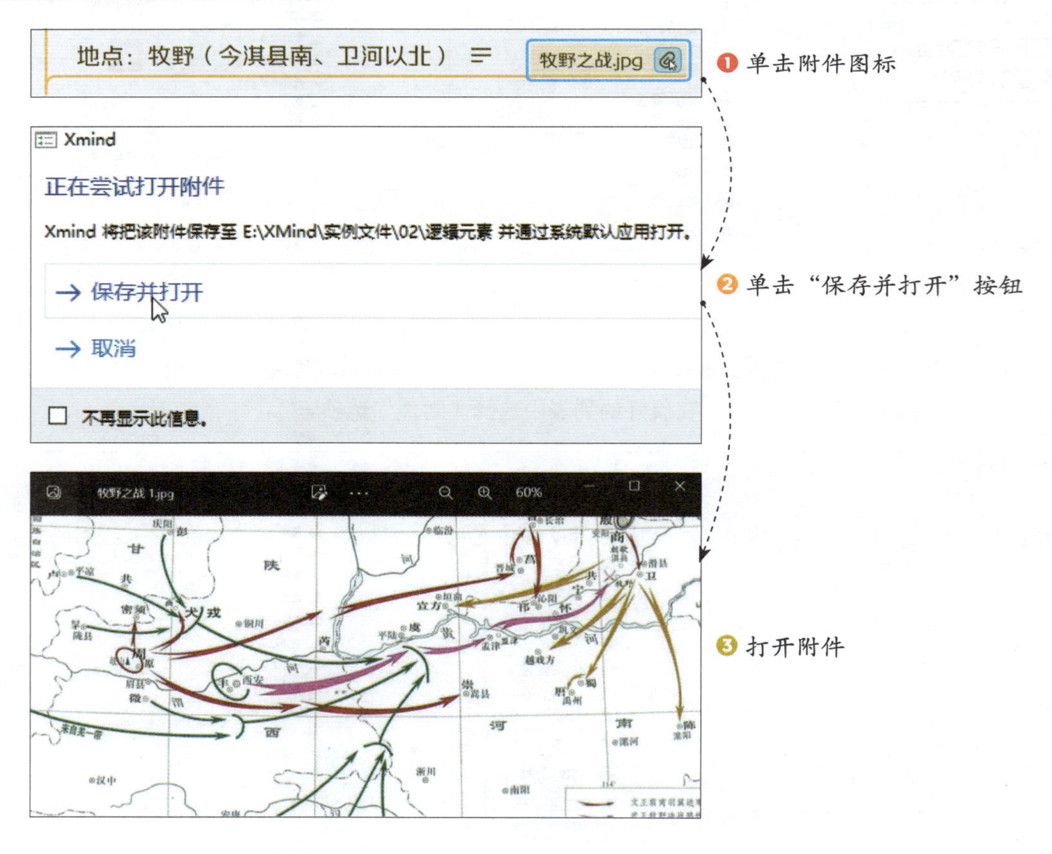

通过上面的学习，读者应该了解了如何在思维导图中添加和设置逻辑元素。下面介绍几个小技巧。

1. 为帮助用户提高效率，Xmind 为常用逻辑元素的添加操作预设了快捷键，见下表。

逻辑元素	快捷键（macOS）	快捷键（Windows）
联系	⇧ + ⌘ + R	Ctrl+Shift+R
外框	⇧ + ⌘ + B	Ctrl+Shift+B
笔记	⇧ + ⌘ + N	Ctrl+Shift+N
标签	⇧ + ⌘ + L	Ctrl+Shift+L
网页链接	⌘ + K	Ctrl+K

2. 如果要折叠某个主题的子主题，可以将鼠标指针放在主题上，然后单击分支节点处显示的“-”按钮，如下左图所示；已被折叠的子主题的数量会显示在节点处，如下右图所示，单击数字即可展开被折叠的子主题。

总结

在思维导图中添加逻辑元素是为了更清晰地呈现各级主题之间的逻辑关系。因此，添加逻辑元素前要仔细斟酌主题之间的关系，再选择合适的逻辑元素，并根据思维导图的整体结构调整逻辑元素的格式。

Q 提问

1. 添加逻辑元素的方法有哪些？

2. 如何编辑逻辑元素中的文字内容？

3. 如何删除思维导图中的逻辑元素？

T 思考

把不熟悉的内容写下来吧。

第3章

让思维导图锦上添花

大脑对图像的敏感度远高于文字，对图像的记忆也远比文字深刻，因此，Xmind 允许用户在思维导图中添加标记、贴纸、插画、图片、方程等种类丰富的图像元素，以提升思维导图的信息传播效果。此外，Xmind 还提供多种工作模式，以更好地满足用户在不同的工作场景中的需求。本章就将介绍如何在思维导图中添加图像元素及切换 Xmind 的工作模式。

插入图像元素

Xmind 不仅内置了许多设计精美、可直接使用的标记、贴纸、插画，还支持在思维导图中添加本地计算机中的图片，让用户可以轻松地设计出既美观又易读的思维导图。

下面以“工作计划”思维导图为例，讲解在思维导图中添加标记、贴纸等图像元素的操作方法。

[实例文件] 03 / 实例文件 / 工作计划.xmind

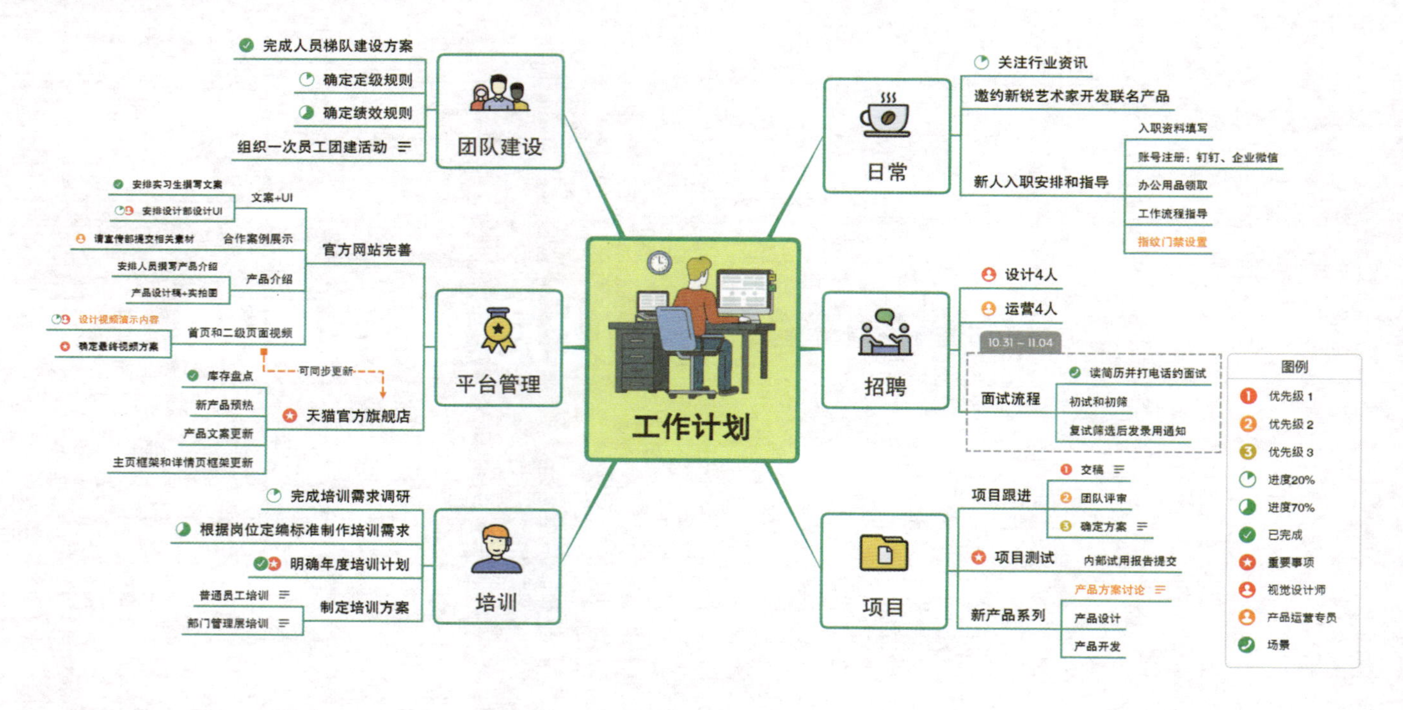

标记

标记是具有特殊含义的图标，常用于标记任务的优先级、完成顺序、完成程度，被广泛应用在需要掌控时间节点、进度和人员安排的思维导图中，如日程规划、项目管理等。

- **添加标记**

选中主题后，单击工具栏中的“标记”按钮，打开“标记”面板，即可在面板中选择要插入主题中的标记。

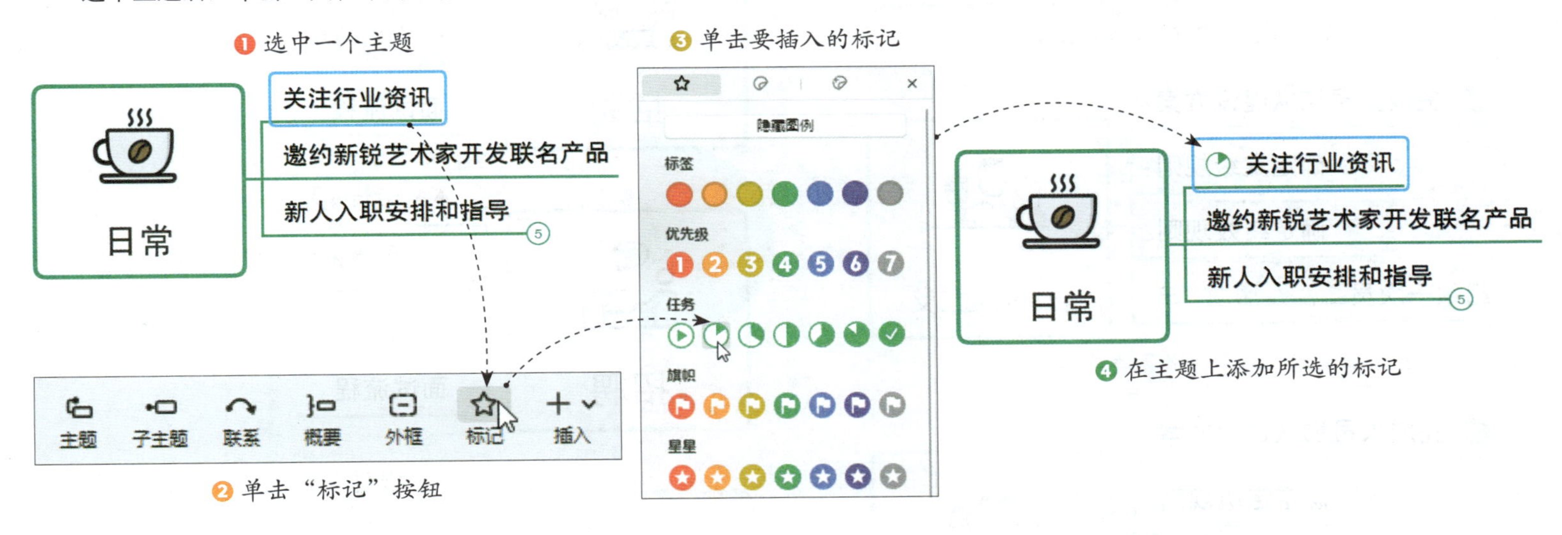

- **替换标记**

为主题添加标记之后，可以根据实际情况的变化将标记替换成同类型的其他标记。例如，替换表示任务完成程度的标记，使其能够反映任务的最新进展。

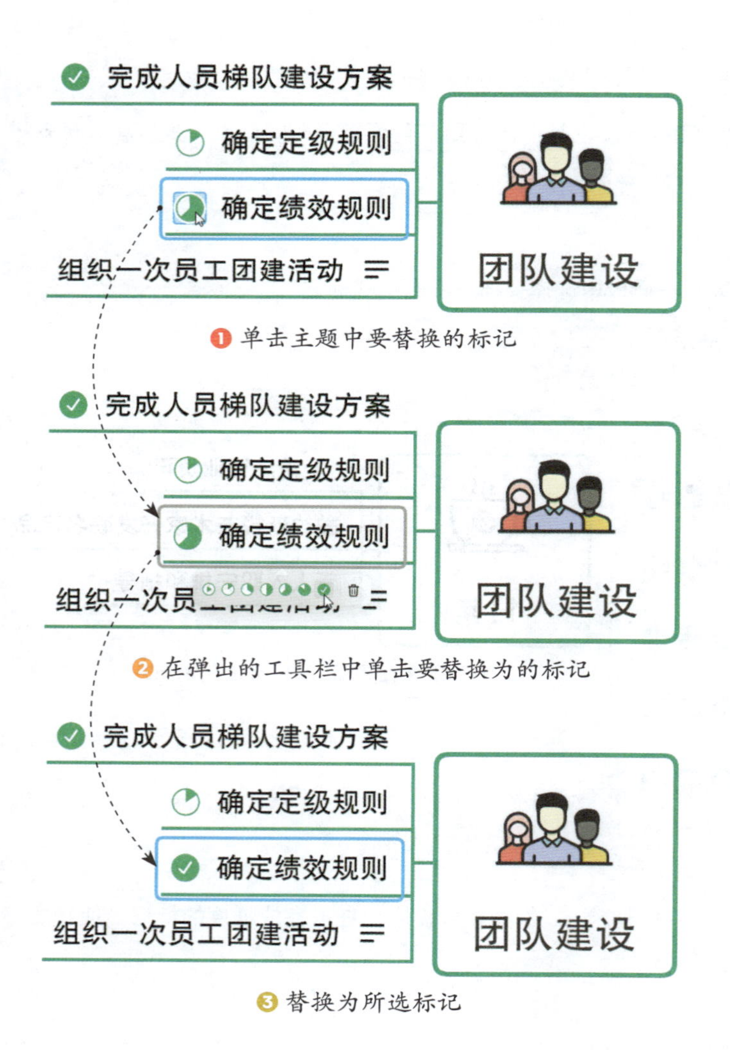

- **删除标记**

如果要取消标记，或者将标记替换成另一类型的标记，就需要删除标记。

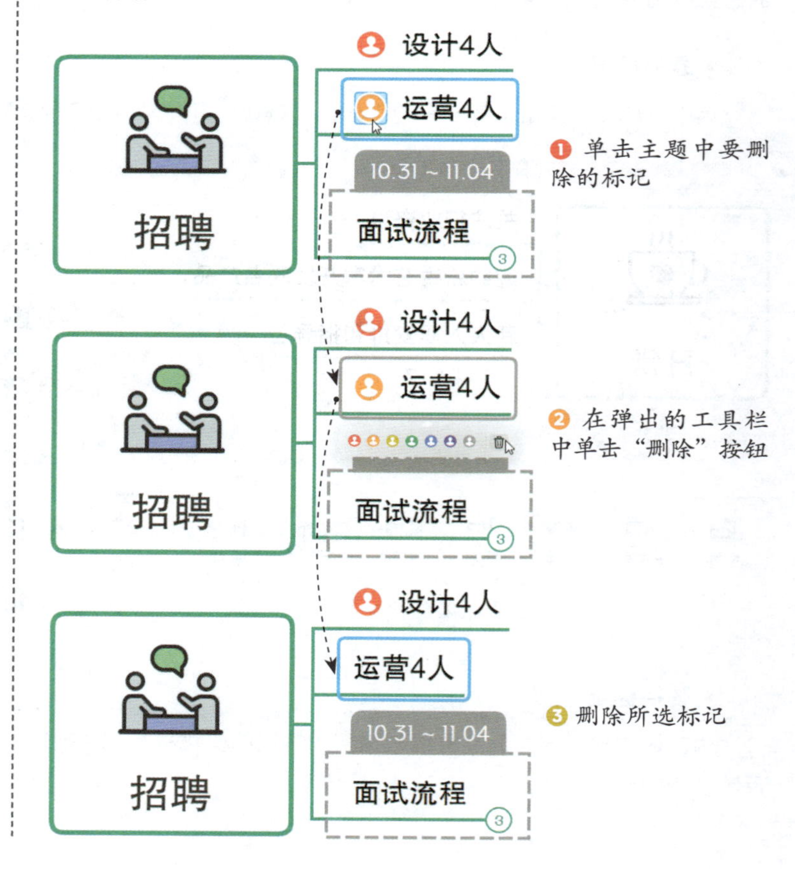

删除标记的另一种方法是使用右键快捷菜单。

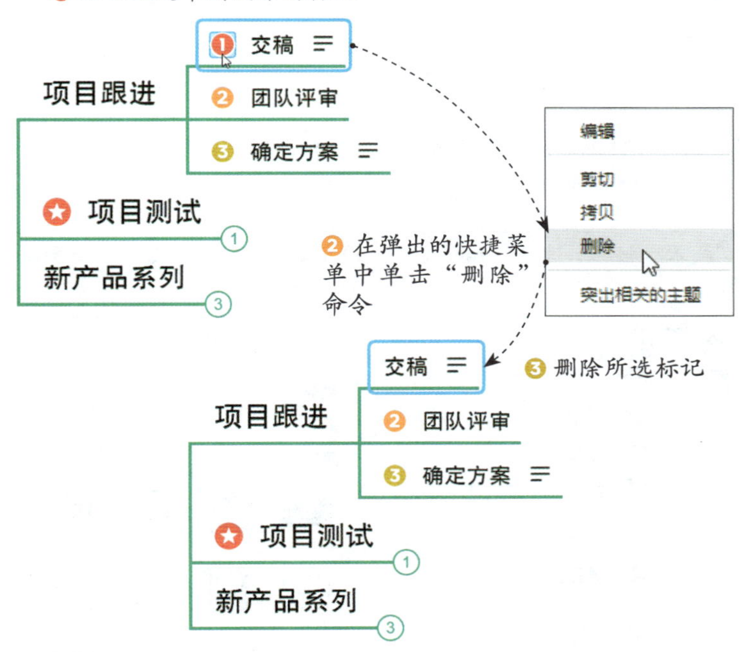

● 创建标记的图例

如果思维导图中添加的标记类型较多，可以通过创建图例来描述标记的含义，从而提高思维导图的可读性。Xmind 支持根据当前思维导图中所使用的标记自动生成图例，用户还可以修改图例中描述标记含义的文字。

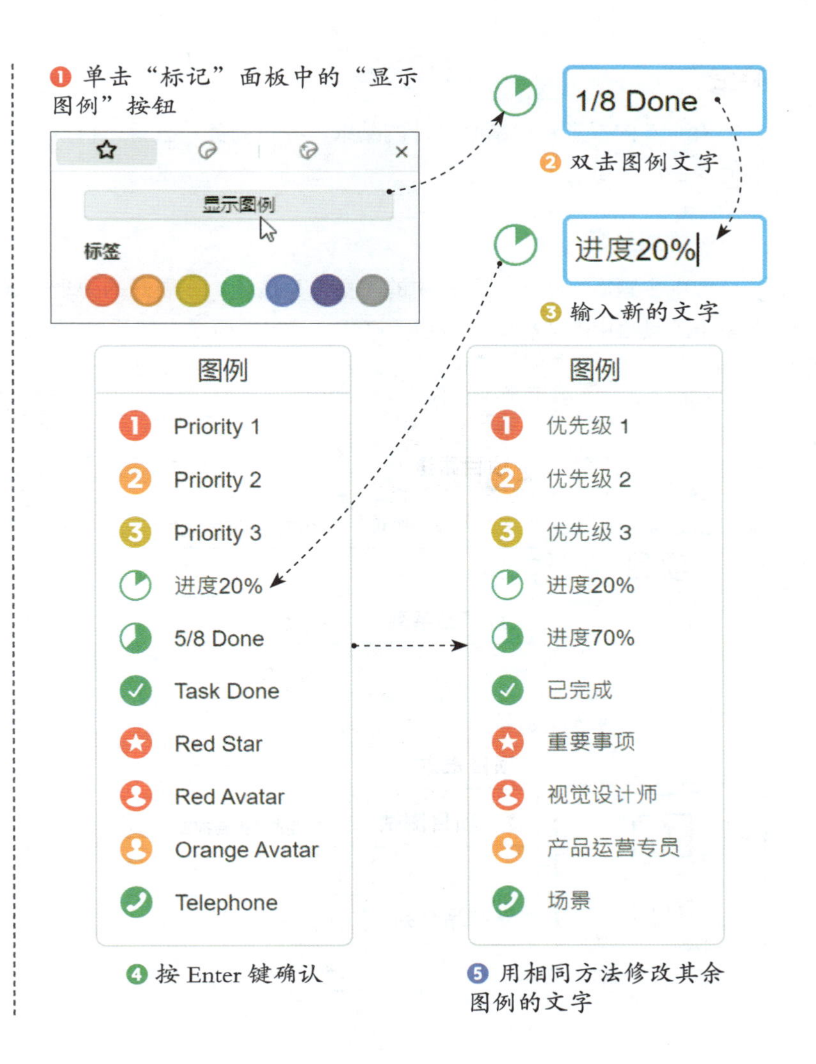

贴纸

Xmind 内置了经过精心设计的贴纸，并按商务、教育、科技、旅行等多种应用场景分类存放，能够帮助用户快速创建内容丰富、外观时尚的思维导图。

- **添加贴纸**

选中主题后，单击工具栏中的“插入”按钮，在展开的列表中选择“贴纸”选项，即可打开“贴纸”面板，供用户选择贴纸。也可以单击工具栏中的“标记”按钮，打开“标记”面板，然后单击面板顶部的“贴纸”按钮来切换至“贴纸”面板。

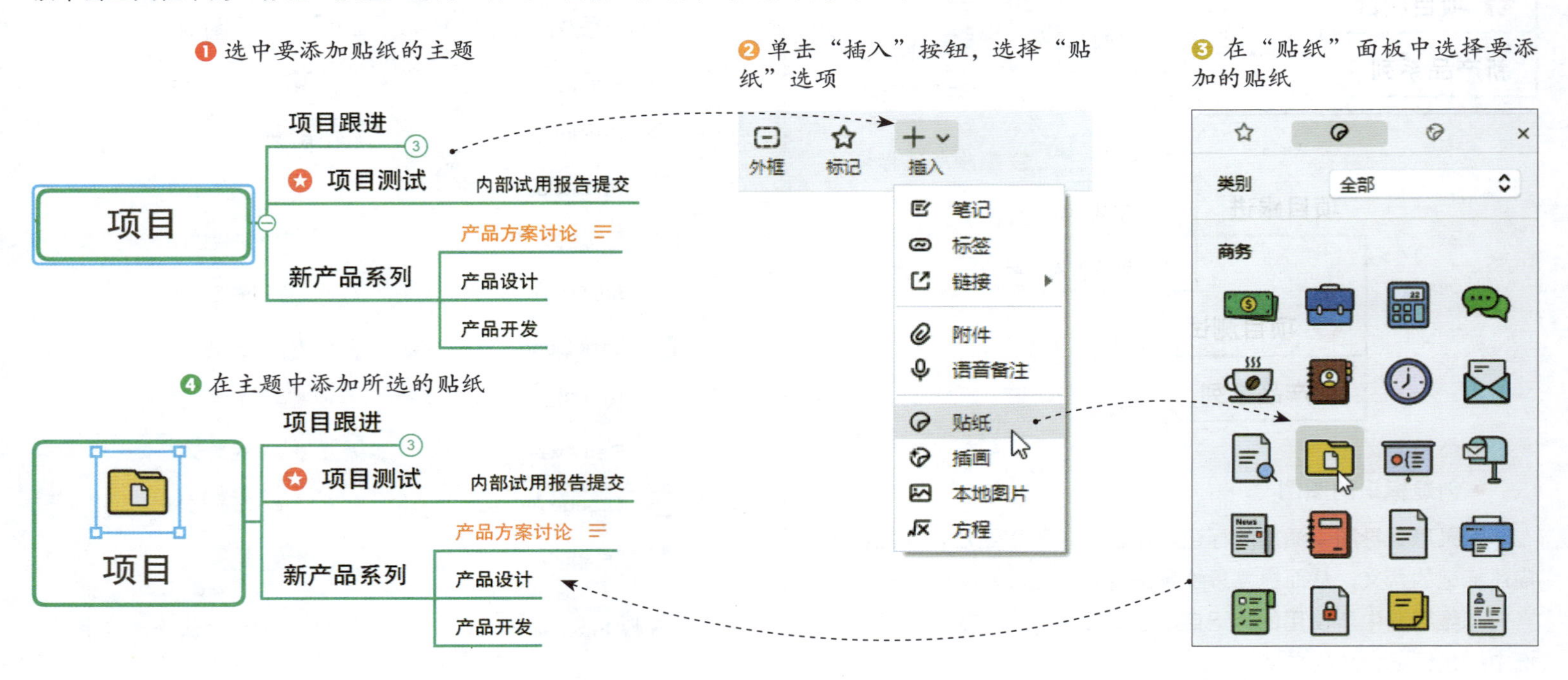

- **调整贴纸的位置和大小**

添加贴纸之后，可以根据思维导图的设计需求调整贴纸的位置和大小。

调整贴纸位置的方法是用鼠标拖动贴纸，将其移到主题文字的上、下、左、右等位置。

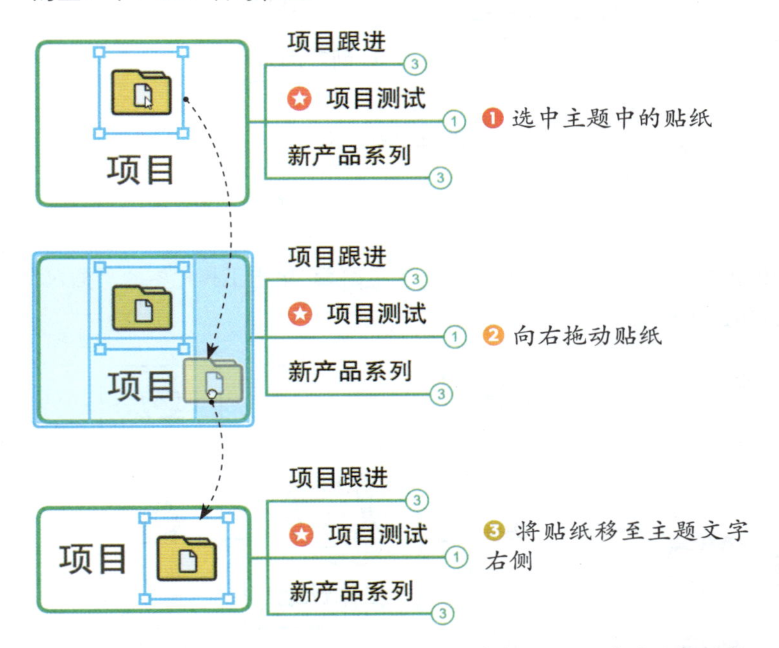

调整贴纸大小的方法有两种：第 1 种方法是通过手动拖动控制柄来调整大小；第 2 种方法是在选中贴纸后，通过“样式”选项卡中的“大小”选项来精确设置大小。

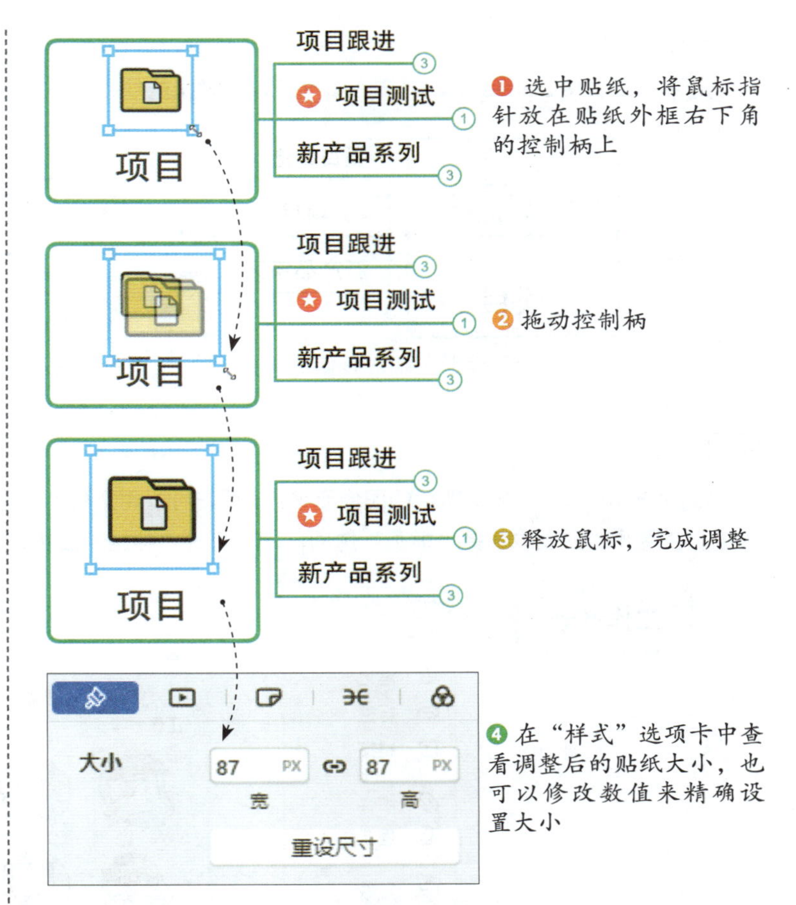

如果对调整后的大小不满意，可以单击“样式”选项卡中的“重设尺寸”按钮，将贴纸恢复至原始大小。

- **删除贴纸**

选中贴纸后按 Delete 键，或者右击贴纸，在弹出的快捷菜单中执行“删除”命令，即可删除贴纸。

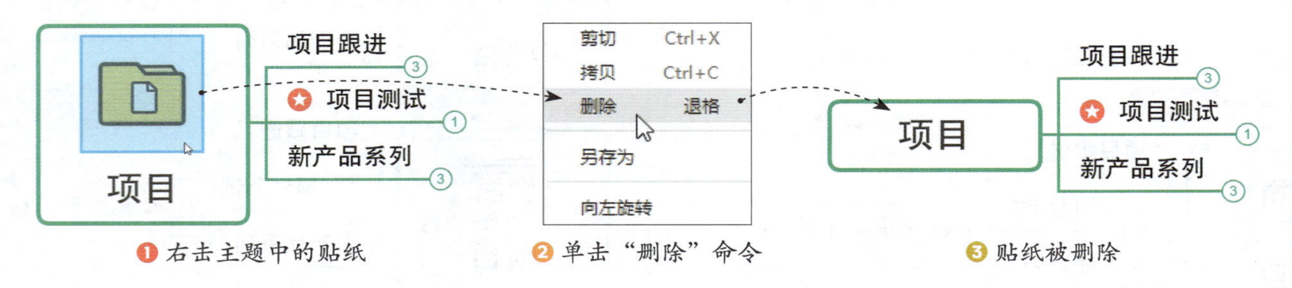

❶ 右击主题中的贴纸　❷ 单击“删除”命令　❸ 贴纸被删除

插画

插画是 Xmind 2022 中新增的图像元素，让用户可以用更生动有趣的视觉语言去设计思维导图。选中主题后，单击工具栏中的“插入”按钮，在展开的列表中选择“插画”选项，即可打开“插画”面板，供用户选择插画。

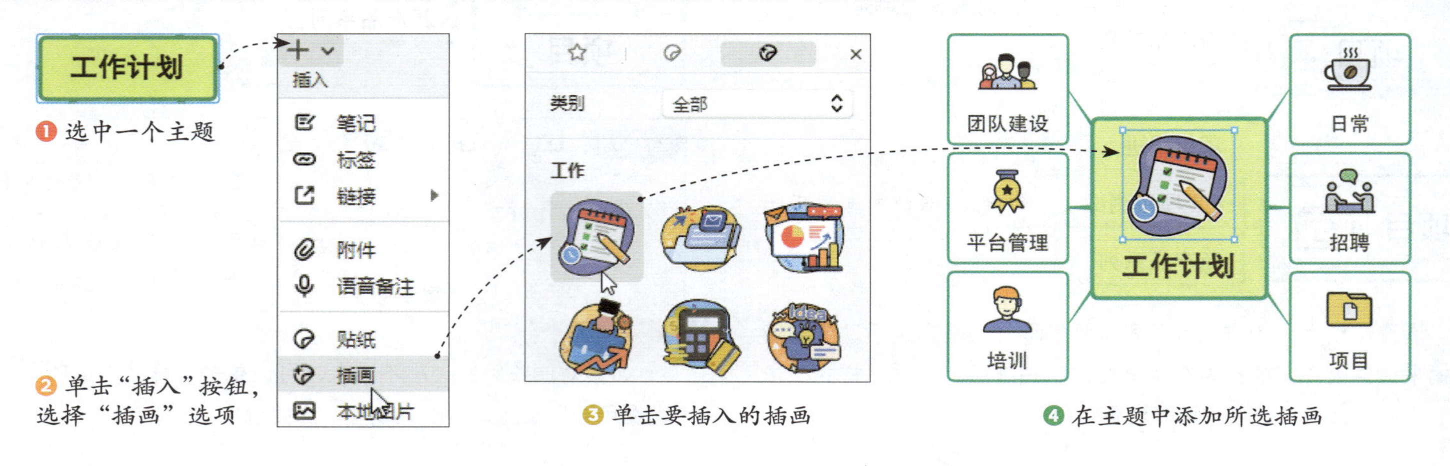

❶ 选中一个主题　❷ 单击“插入”按钮，选择“插画”选项　❸ 单击要插入的插画　❹ 在主题中添加所选插画

本地图片

如果内置的标记、贴纸和插画都无法满足设计需求，还可以插入自己拍摄或绘制的图片。选中主题后，单击工具栏中的“插入”按钮，在展开的列表中选择“本地图片”选项，然后在弹出的对话框中选择所需的图片，即可将其添加到主题中。

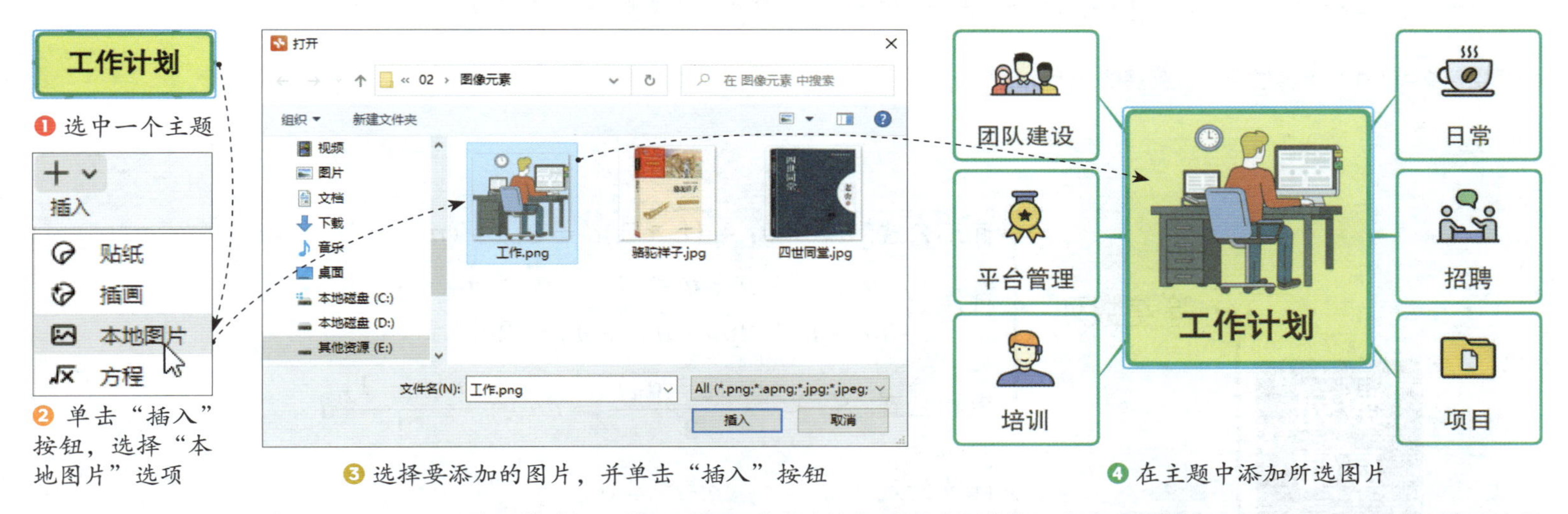

❶ 选中一个主题

❷ 单击“插入”按钮，选择“本地图片”选项

❸ 选择要添加的图片，并单击“插入”按钮

❹ 在主题中添加所选图片

在添加插画或本地图片后，还可以像对待贴纸一样，对插画和图片执行删除或调整位置和大小等操作，具体方法也是类似的，这里不再赘述。

方程

在一些包含数学、物理、化学等学科内容的思维导图中，可能需要插入数学方程或化学方程。Xmind 桌面端从 2020 版开始支持插入方程，用户通过输入 LaTeX 数学命令来定义方程，Xmind 会将用户输入的 LaTeX 数学命令实时渲染成方程。

在学习具体操作之前，先来简单介绍一下 LaTeX 数学命令。LaTeX 是基于 TeX（一种宏语言）开发的一种排版系统，用它编排的文档具有版式美观规范、印刷质量高、通用性强等优点，因而受到许多学术期刊的欢迎。LaTeX 提供的数学命令具备强大的公式排版能力。与在 Word 的公式编辑器中通过鼠标点选可视化地编排公式不同，用 LaTeX 数学命令编排公式的过程不够直观，但熟悉其语法之后就能流畅地编排出复杂的公式了。

了解完 LaTeX 数学命令，下面以“数列基础”思维导图为例，讲解在思维导图中添加数学方程的方法。

[实例文件] 03 / 实例文件 / 数列基础.xmind

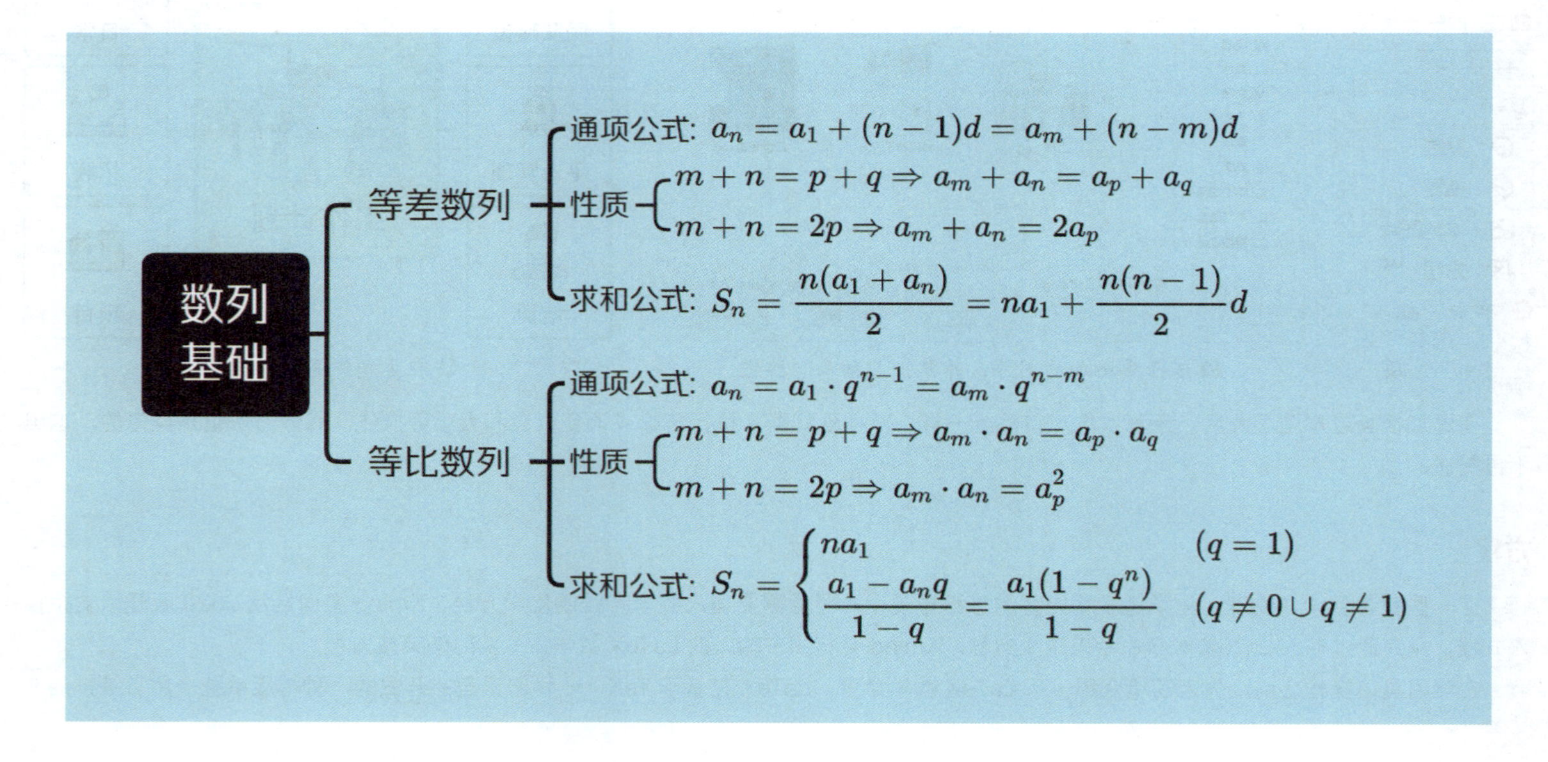

● 添加方程

选中主题后，单击工具栏中的“插入”按钮，在展开的列表中选择“方程”选项，或者执行“插入 > 方程”菜单命令，然后在显示的方程编辑框中输入 LaTeX 数学命令。

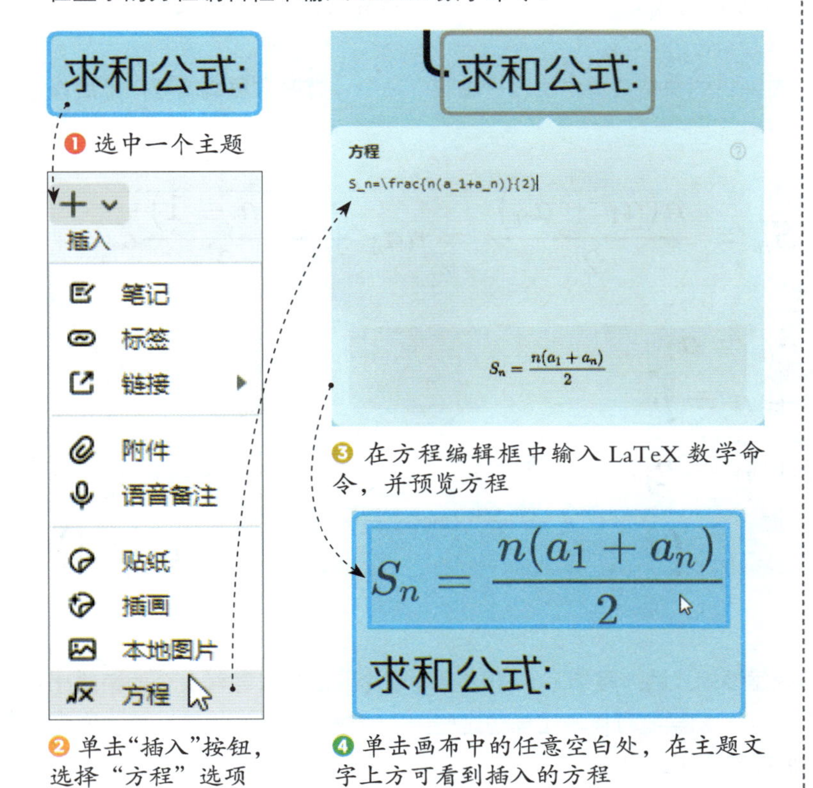

❶ 选中一个主题

❷ 单击“插入”按钮，选择“方程”选项

❸ 在方程编辑框中输入 LaTeX 数学命令，并预览方程

❹ 单击画布中的任意空白处，在主题文字上方可看到插入的方程

● 调整和修改方程

插入的方程默认位于主题文字上方，可以用鼠标拖动方程，将其移到主题文字的左方、右方或下方。

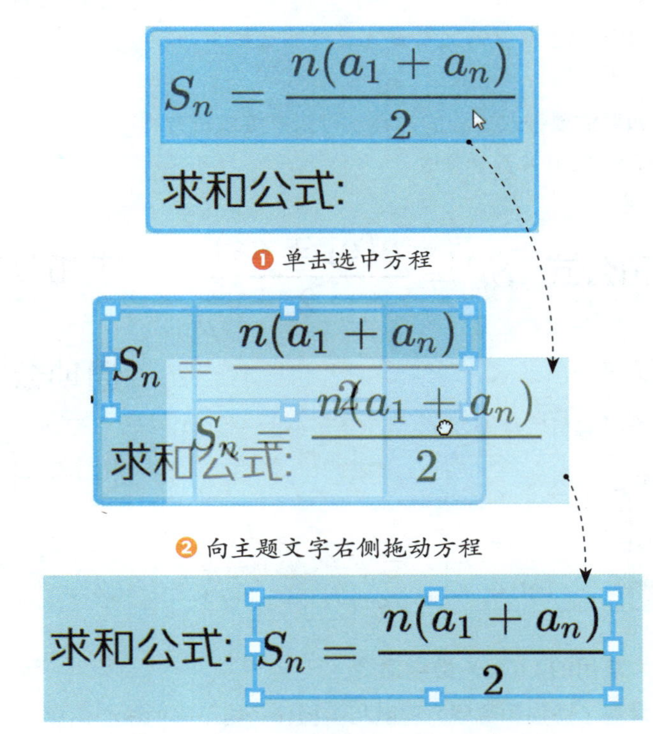

❶ 单击选中方程

❷ 向主题文字右侧拖动方程

❸ 释放鼠标，方程被移至主题文字右侧

选中方程后拖动其外框上的控制柄，即可调整方程的大小。

❶ 选中方程，将鼠标指针放在其外框右下角的控制柄上

❷ 向内拖动控制柄

❸ 释放鼠标，方程被缩小

如果需要修改方程的内容，可以直接双击方程，或者右击方程，在弹出的快捷菜单中执行“编辑”命令，打开方程编辑框，然后修改相应的 LaTeX 数学命令。

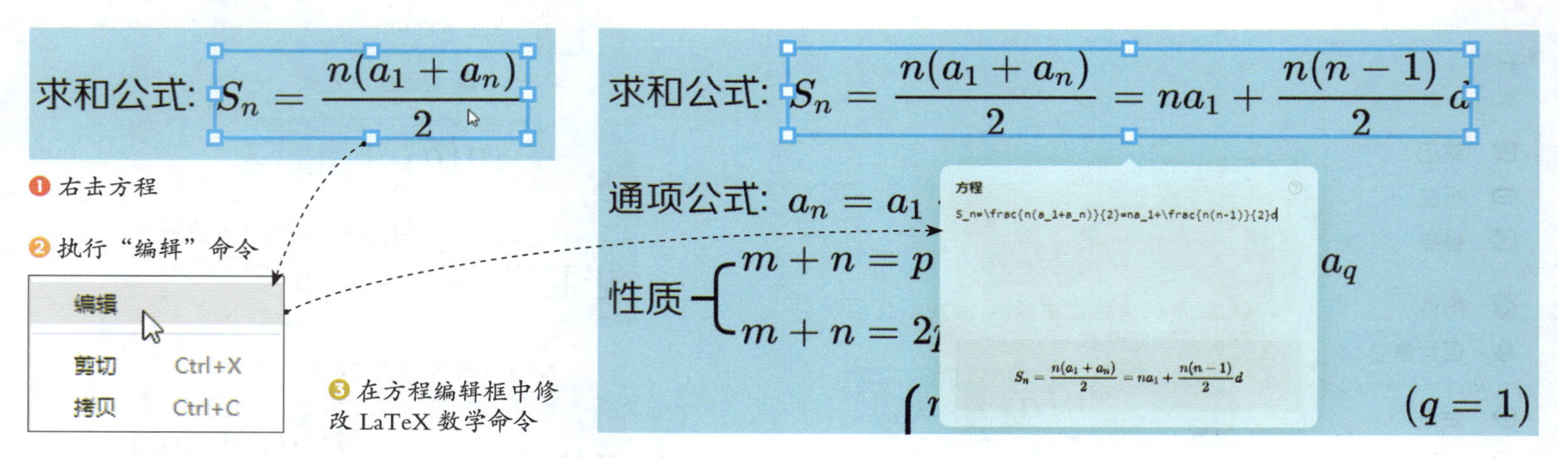

- **常用的 LaTeX 数学命令**

掌握了添加和编辑方程的相关操作，接下来的核心问题就是如何根据要输入的方程编写 LaTeX 数学命令。LaTeX 数学命令的语法比较复杂，本书限于篇幅不能完整地介绍。下表列出了一些常用命令的例子，初学者可以通过模仿这些例子来进行入门，也可以单击方程编辑框右上角的 ? 按钮来查看 Xmind 官方文档中对 LaTeX 数学命令的完整介绍。

LaTeX 数学命令	符号	说明	LaTeX 数学命令	符号	说明
a^2	a^2	上标	\pm	$\pm$	加减号
a_2	a_2	下标	\neq	$\neq$	不等于号
a^{n+1}	a^{n+1}	组合	\geq	$\geqslant$	大于或等于号
a_2^3	a_2^3	结合上下标	\leq	$\leqslant$	小于或等于号
\sqrt{3}	$\sqrt{3}$	平方根	\sum_{k=1}^N k^2	$\sum_{k=1}^N k^2$	求和
\sqrt[n]{3}	$\sqrt[n]{3}$	n 次方根			
\frac{1}{2}=0.5	$\frac{1}{2}=0.5$	分数	\prod_{i=1}^N x_i	$\prod_{i=1}^N x_i$	求积
\dfrac{k}{k-1}=0.5	$\dfrac{k}{k-1}=0.5$	大型分数			

LaTeX 数学命令	符号	说明
f(n) = \begin{cases} \dfrac{n}{2}, & n\in \mathbb{E} \\ 3n+1, & n\in \mathbb{O} \end{cases}	$f(n)=\begin{cases}\dfrac{n}{2}, & n\in \mathbb{E} \\ 3n+1, & n\in \mathbb{O}\end{cases}$	条件定义
\begin{cases} x + y &= -4 \\ z - 2y &= -1 \\ x + y - z &= -1 \end{cases}	$\begin{cases}x+y &= -4 \\ z-2y &= -1 \\ x+y-z &= -1\end{cases}$	方程组

切换工作模式

第 1 章中提到过，Xmind 针对用户在不同工作场景中的需求设计了多种工作模式，包括帮助用户保持专注的 ZEN 模式、能以动画效果放映思维导图的演说模式、能将思维导图转换成文本大纲的大纲模式。

下面以《骆驼祥子》读书笔记的思维导图为例，讲解不同工作模式的使用方法。

[实例文件] 03 / 实例文件 / 骆驼祥子.xmind

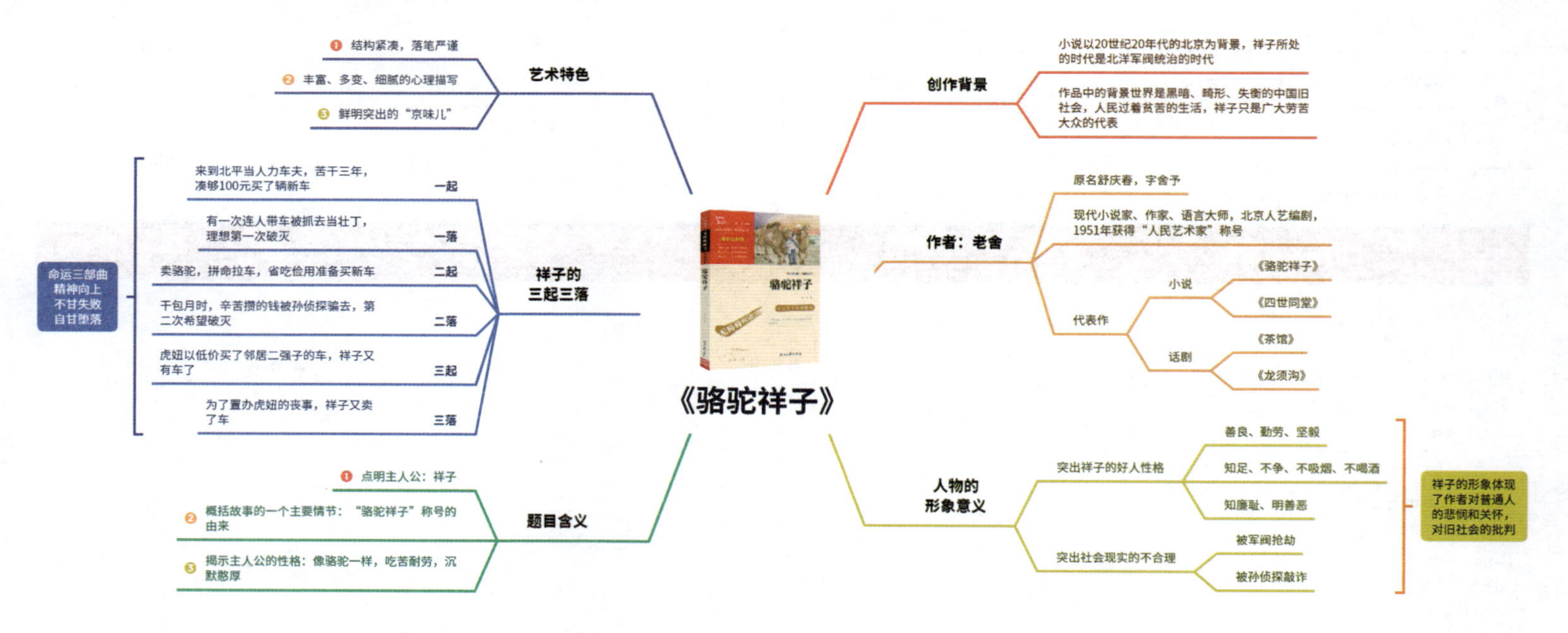

ZEN 模式

单击工具栏中的“ZEN”按钮即可进入 ZEN 模式。此时窗口变为全屏显示，界面中多余的元素都会被隐藏起来，以最大限度地降低对用户的干扰，让用户可以全神贯注地利用思维导图发散和梳理思路。用户在 ZEN 模式中可操作的对象除了思维导图，就是窗口右上角的工具栏。该工具栏平时处于半透明状态，只有将鼠标指针放在它上面时才会完全显示出来。单击工具栏中的“退出”按钮或按 Esc 键，可退出 ZEN 模式。

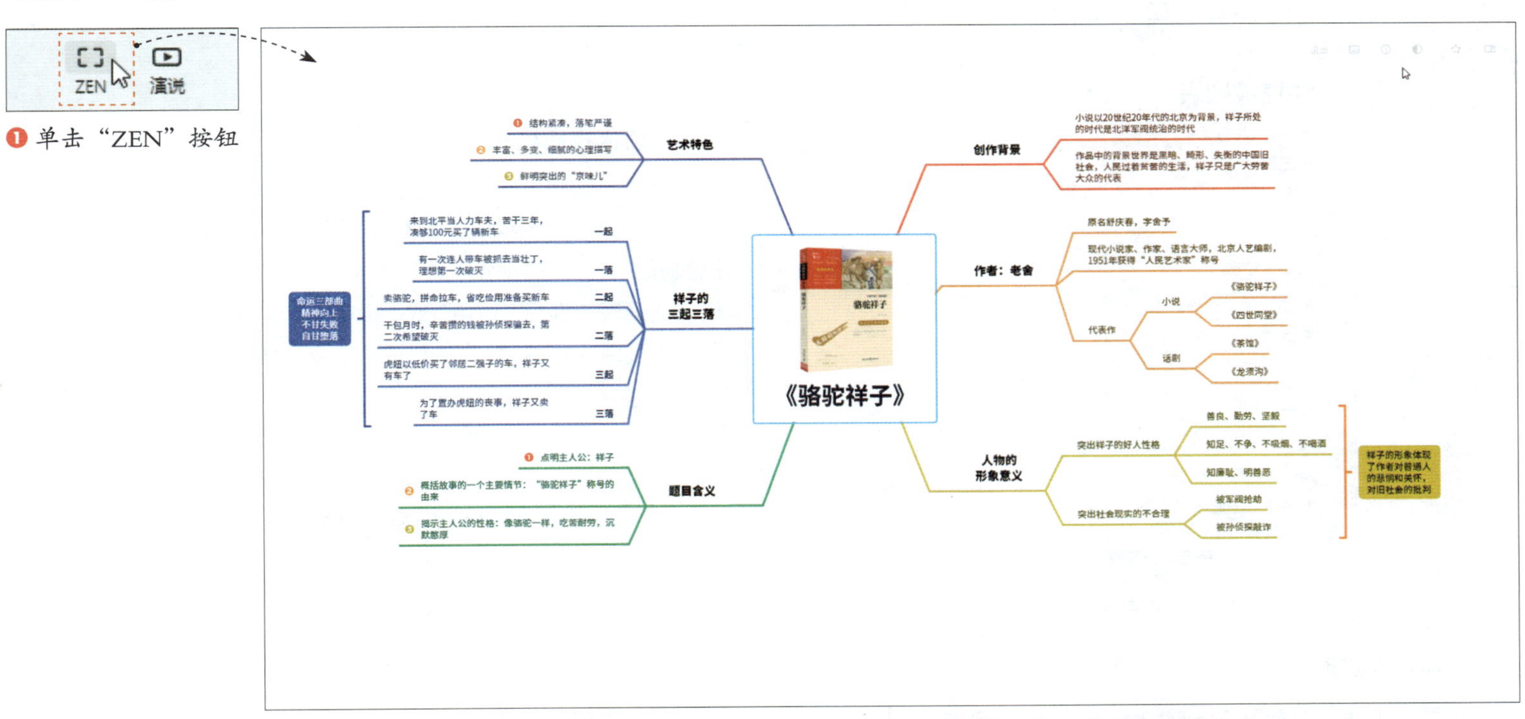

❶ 单击“ZEN”按钮

❷ 进入 ZEN 模式，窗口变为全屏显示，界面中的多余元素被隐藏

- **显示快捷键列表**

ZEN 模式隐藏了大部分界面元素，所以在该模式下主要依靠快捷键和右键快捷菜单进行编辑操作。如果想不起某些操作的快捷键，可以单击右上角工具栏中的▦按钮来查看快捷键列表。

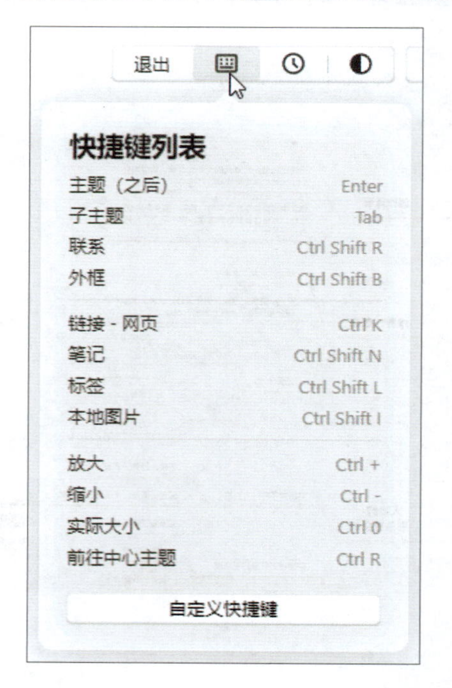

- **显示专注时间**

单击右上角工具栏中的◷按钮，可以查看使用 ZEN 模式的时长，让用户了解自己的工作状态，从而起到自我督促或激励的作用，更好地提高效率。

- **切换夜间模式**

夜间模式相当于一个暗色的模板，对于喜欢在夜间工作的用户非常实用。这种模式不仅有助于保护视力，而且能营造出一种更加沉浸、舒适的视觉氛围。单击右上角工具栏中的◐按钮，在展开的列表中选择“深色”或“极简黑”选项，即可进入夜间模式，选择“浅色（原始）”选项则可退出夜间模式。

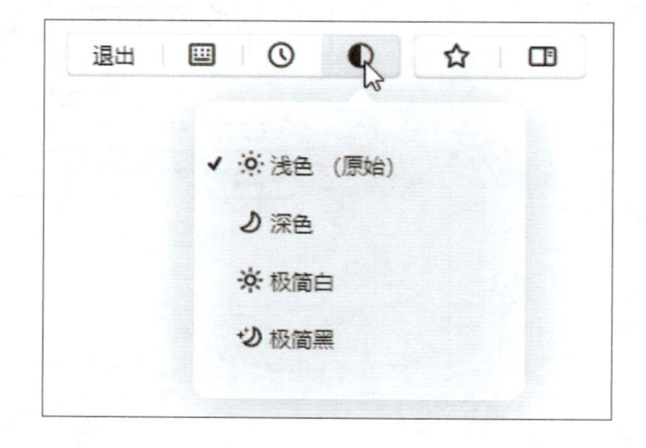

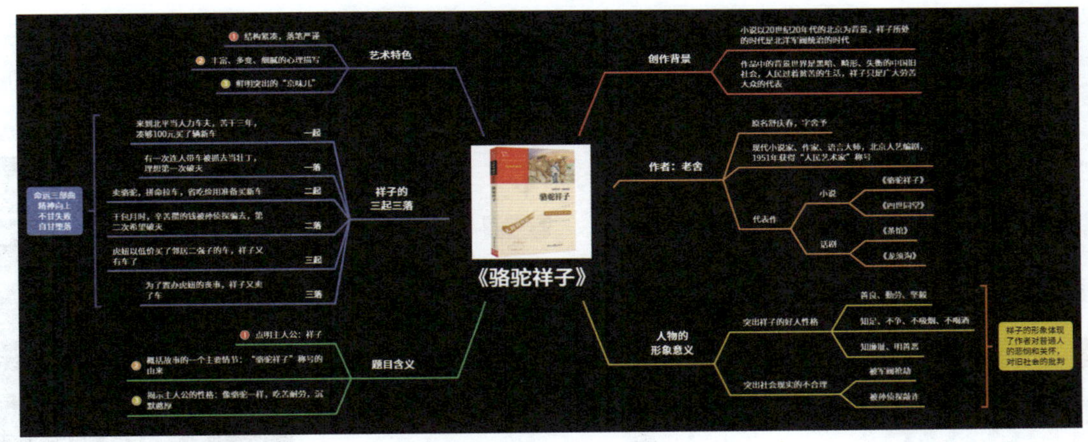

“深色”选项的显示效果

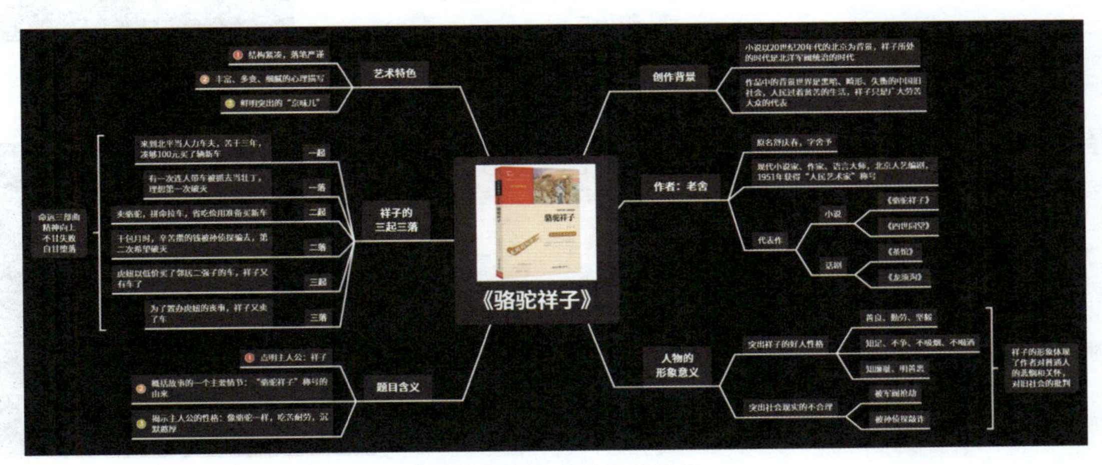

“极简黑”选项的显示效果

- **调出“标记”或“格式”面板**

在 ZEN 模式下，单击右上角工具栏中的☆按钮可以调出“标记”面板，用于添加标记、贴纸、插画等图像元素；单击工具栏中的◫按钮可以调出“格式”面板，用于进行格式设置。需要注意的是，“格式”面板在夜间模式下暂不可用。

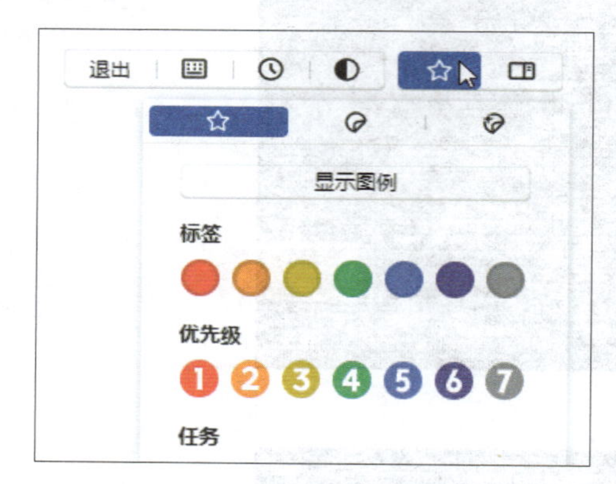

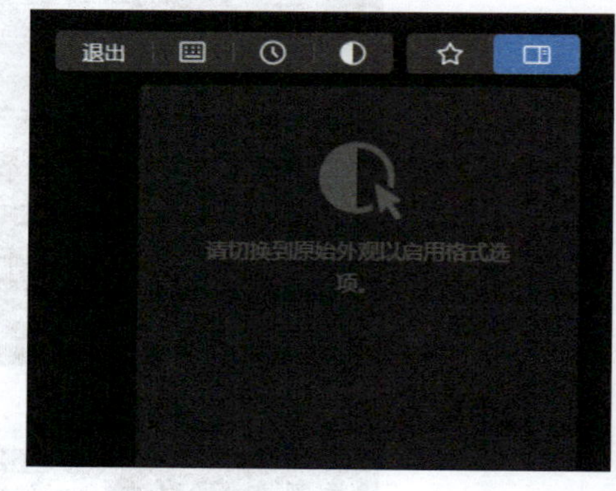

演说模式

演说模式可以自动生成优雅的版式布局和转场动画，动态呈现思维导图的逻辑脉络，让读图者真正聚焦于思维本身。

单击工具栏中的“演说”按钮即可进入演说模式。此时界面右上角会显示一个用于控制放映效果的工具栏，单击工具栏中的“退出”按钮或按 Esc 键，可以退出演说模式。

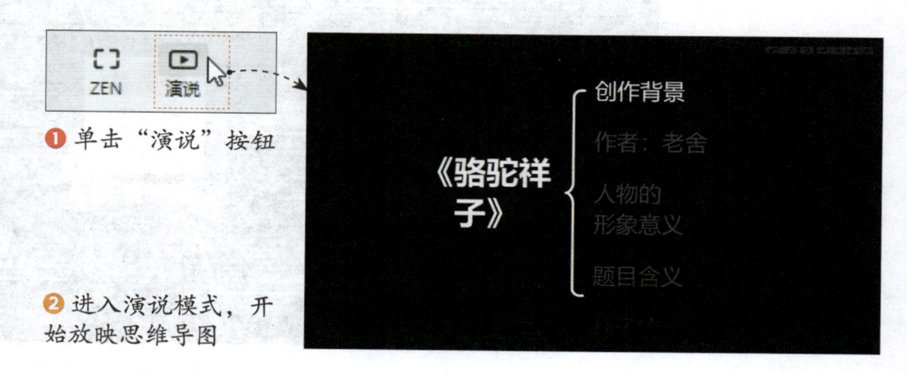

❶ 单击“演说”按钮

❷ 进入演说模式，开始放映思维导图

- **调整放映顺序**

在演说模式下，单击任意空白处即可放映下一页。默认按层级关系依次放映各个主题。如果要调整放映顺序，可以滑动鼠标滚轮以上下滚动主题列表，然后单击要放映的主题。

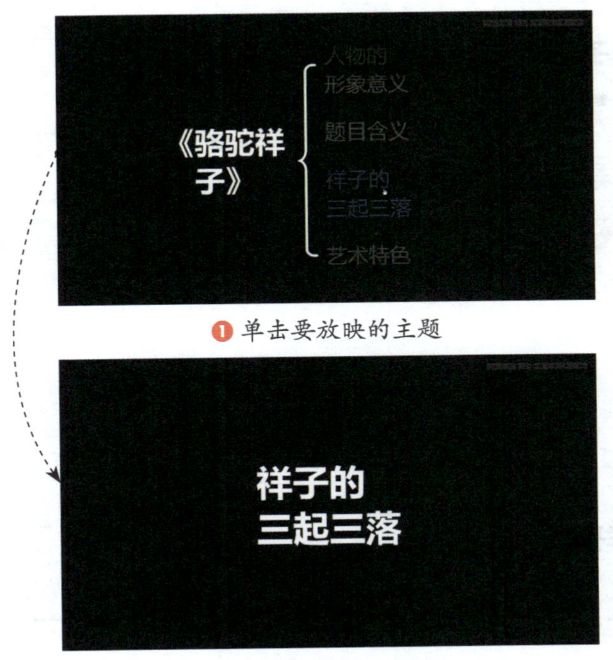

❶ 单击要放映的主题

❷ 切换至单击的主题

也可以在进入演说模式之前先选中某个主题，再进入演说模式，即可直接从所选主题开始放映。

使用右上角工具栏中的 4 个按钮可在不同的主题或页面之间跳转，包括返回上一级主题、上一页、下一页、跳过当前分支。

- **更换演说风格**

Xmind 为演说模式预设了 7 种演说风格，默认为“深色”风格。如果还未进入演说模式，可在“格式”面板中切换至“演说”选项卡，单击“更换风格”按钮来选择演说风格。然后进入演说模式，就会按所选风格放映思维导图。

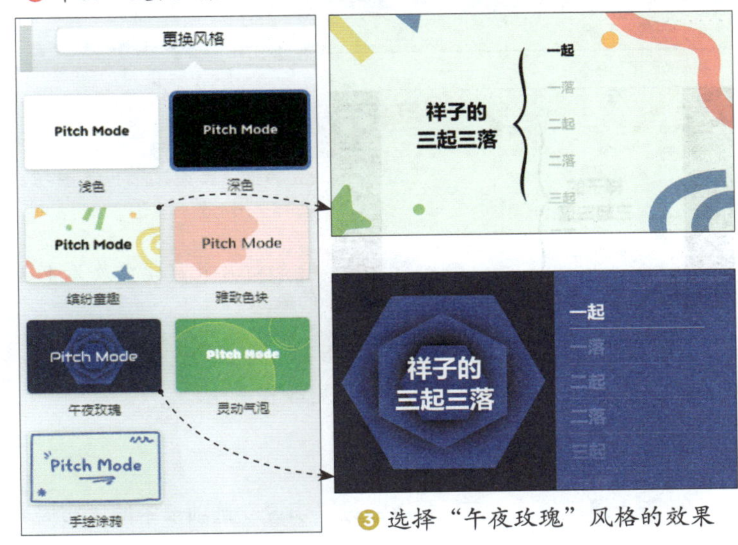

❶ 单击“更换风格”按钮

❷ 选择“缤纷童趣”风格的效果

❸ 选择“午夜玫瑰”风格的效果

如果已经进入演说模式，可以单击右上角工具栏中的⚙按钮，在弹出的面板中单击“更换风格”按钮进行演说风格的切换。

● 更换幻灯片长宽比

演说模式默认根据当前屏幕尺寸自动选择幻灯片长宽比，用户可通过“演说”选项卡中的“长宽比”选项自定义幻灯片长宽比。

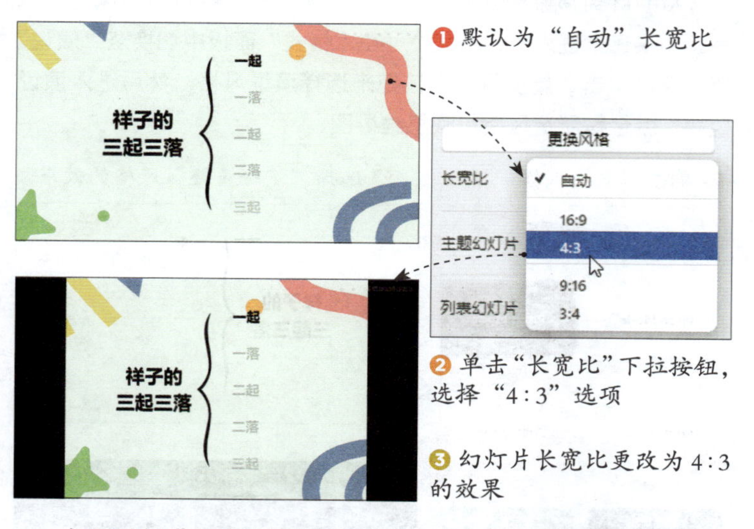

❶ 默认为“自动”长宽比

❷ 单击“长宽比”下拉按钮，选择“4:3”选项

❸ 幻灯片长宽比更改为 4:3 的效果

如果已经进入演说模式，可以单击右上角工具栏中的⚙按钮，在弹出的面板中利用“长宽比”选项更改长宽比。

● 调整幻灯片的布局样式

在进入演说模式之前，可以通过“演说”选项卡中的“布局”选项设置幻灯片的布局样式。Xmind 预设了括号式列表、要点式列表、歌词式列表、鱼骨图、时间轴 5 种布局样式，默认的布局样式为括号式列表。

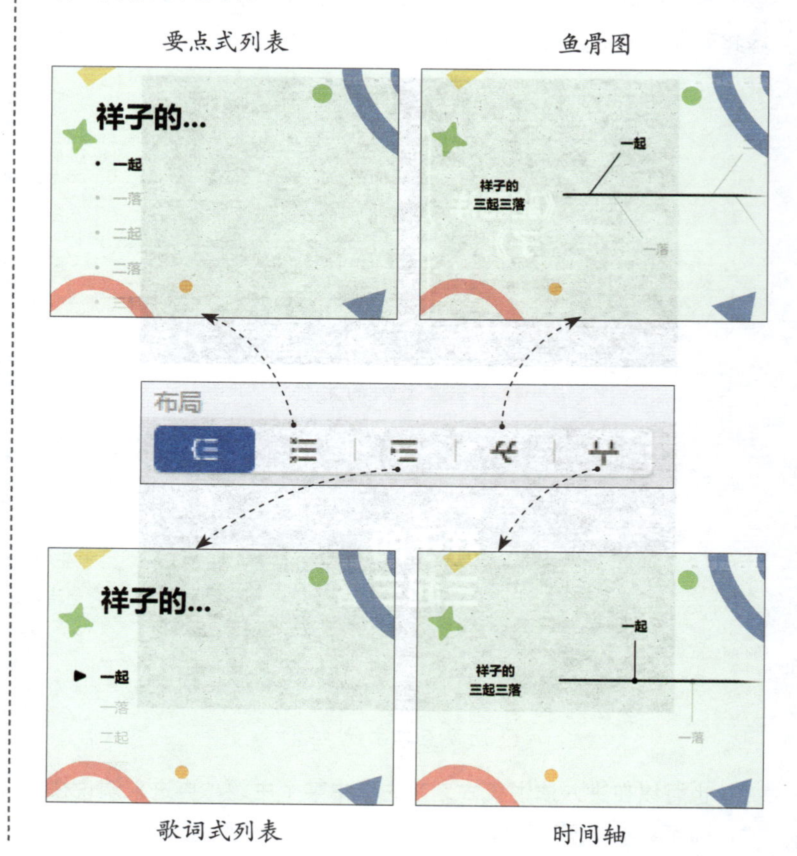

大纲模式

大纲模式类似于 Word 文档的大纲视图。默认的思维导图模式适合整体查看主题之间的逻辑关系，而大纲模式适合罗列主题。单击界面底部状态栏中的“大纲”按钮即可从思维导图模式切换到大纲模式，再单击状态栏中的“思维导图”按钮可返回思维导图模式。

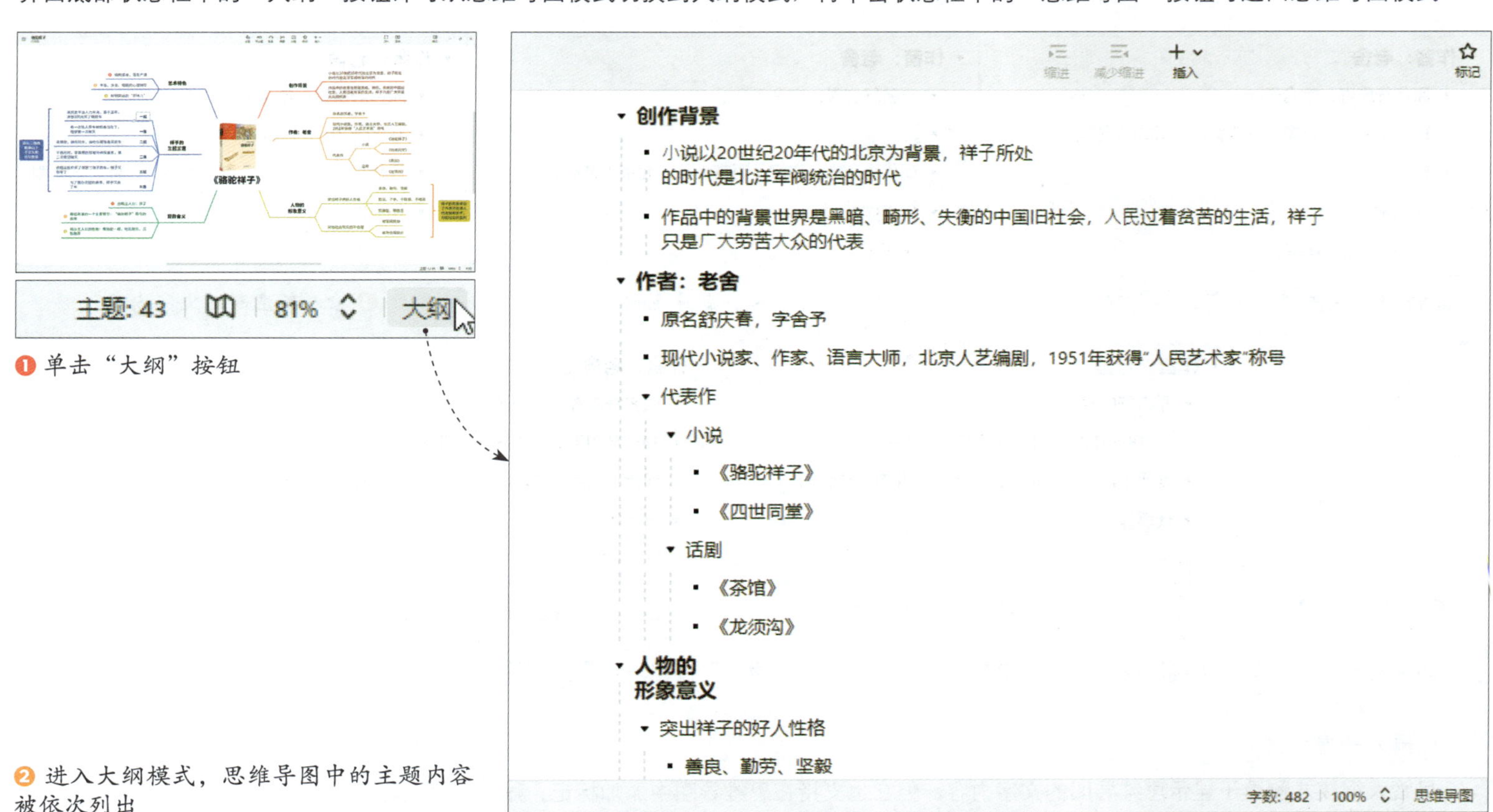

❶ 单击“大纲”按钮

❷ 进入大纲模式，思维导图中的主题内容被依次列出

- **利用快捷键快速输入**

在大纲模式下，用户仅使用键盘就能简单快捷地创建不同层级的主题，免去了在键盘和鼠标之间频繁切换的麻烦。按 Enter 键可以新建主题，按 Tab 键可将所选的主题降至下一层级，按快捷键 Shift+Tab 可将所选的主题升至上一层级。

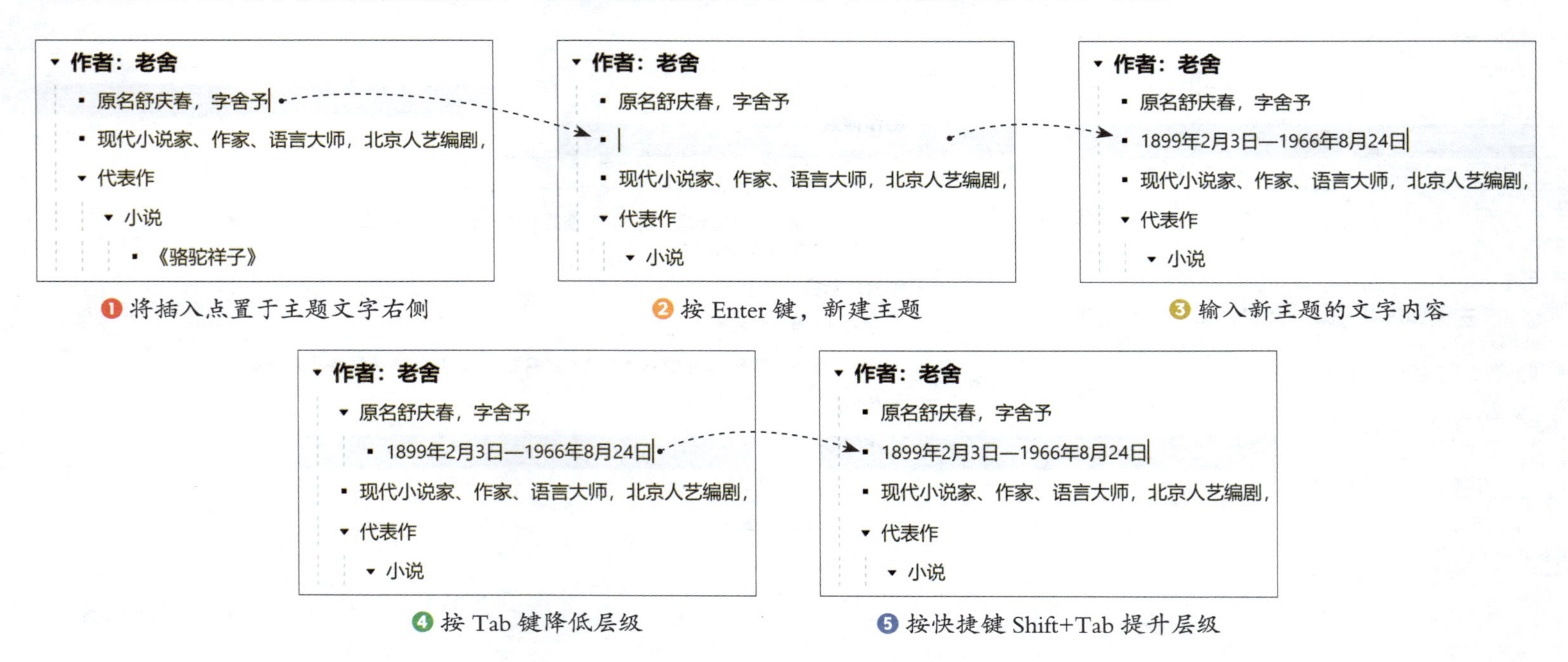

❶ 将插入点置于主题文字右侧　❷ 按 Enter 键，新建主题　❸ 输入新主题的文字内容

❹ 按 Tab 键降低层级　❺ 按快捷键 Shift+Tab 提升层级

如果记不住快捷键，也可以使用工具栏中的“缩进”和“减少缩进”按钮来调整主题的层级。

- **插入图像元素**

尽管大纲模式侧重于显示思维导图的文字内容，但它也支持在思维导图中添加标记、贴纸、插画等图像元素。

❶ 将插入点置于文字右侧

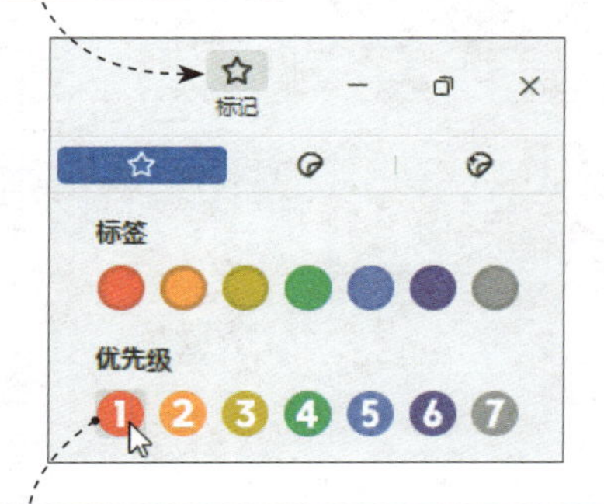

❷ 单击“标记”按钮，再单击要插入的标记

❸ 在主题上添加所选标记

在大纲模式下插入贴纸和插画的方法也是类似的，这里不再赘述。

除了添加 Xmind 内置的标记和贴纸等图像元素，在大纲视图下还可以添加本地图片。

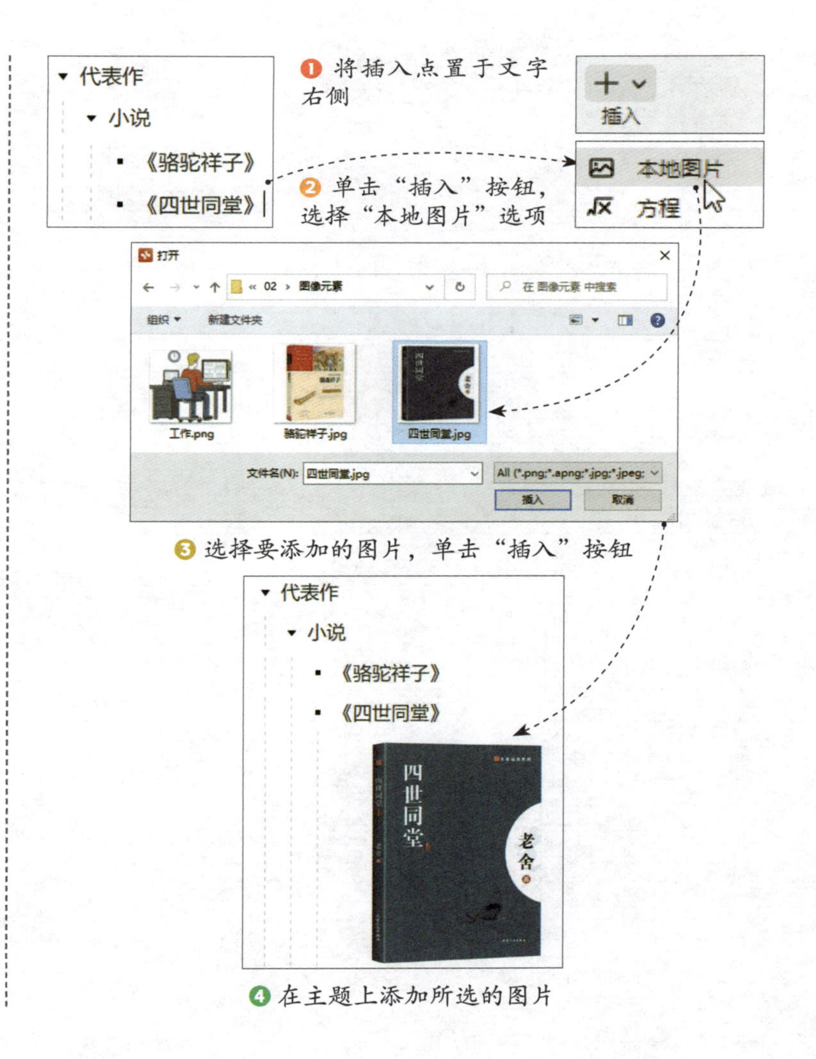

❶ 将插入点置于文字右侧

❷ 单击“插入”按钮，选择“本地图片”选项

❸ 选择要添加的图片，单击“插入”按钮

❹ 在主题上添加所选的图片

第4章

思维导图的表现形式

图形结构对于思维导图的信息传播效果有很大的影响。许多新手不知道如何根据要表达的内容选择合适的图形结构，本章就来介绍思维导图的常见表现形式，包括认知图、树形图、鱼骨图、概念图、流程图等，帮助读者快速适配应用场景。

认知图：展示过程或概念

认知图的概念最早是由心理学家爱德华·托尔曼提出的，后来也被用于视觉化思考。它是一种对特定过程或概念的心智模式进行的视觉化展现，可以帮助人们更好地梳理复杂的流程和概念。在 Xmind 中，认知图不属于任何一种图形结构，而是一种类型，包括多种结构图形，且每种结构图形都有自己的特点。下面将从最基础的认知图入手，对认知图进行介绍。

基础认知图的特点

认知图不受结构和形式的限制，绘制时不必遵循特定的格式。在 Xmind 中，认知图主要由多种结构呈现（思维导图、括号图、自由主题等），可以根据具体的应用情景灵活地混合流程、映射关系等多种形式。认识图的基本结构如下图所示。

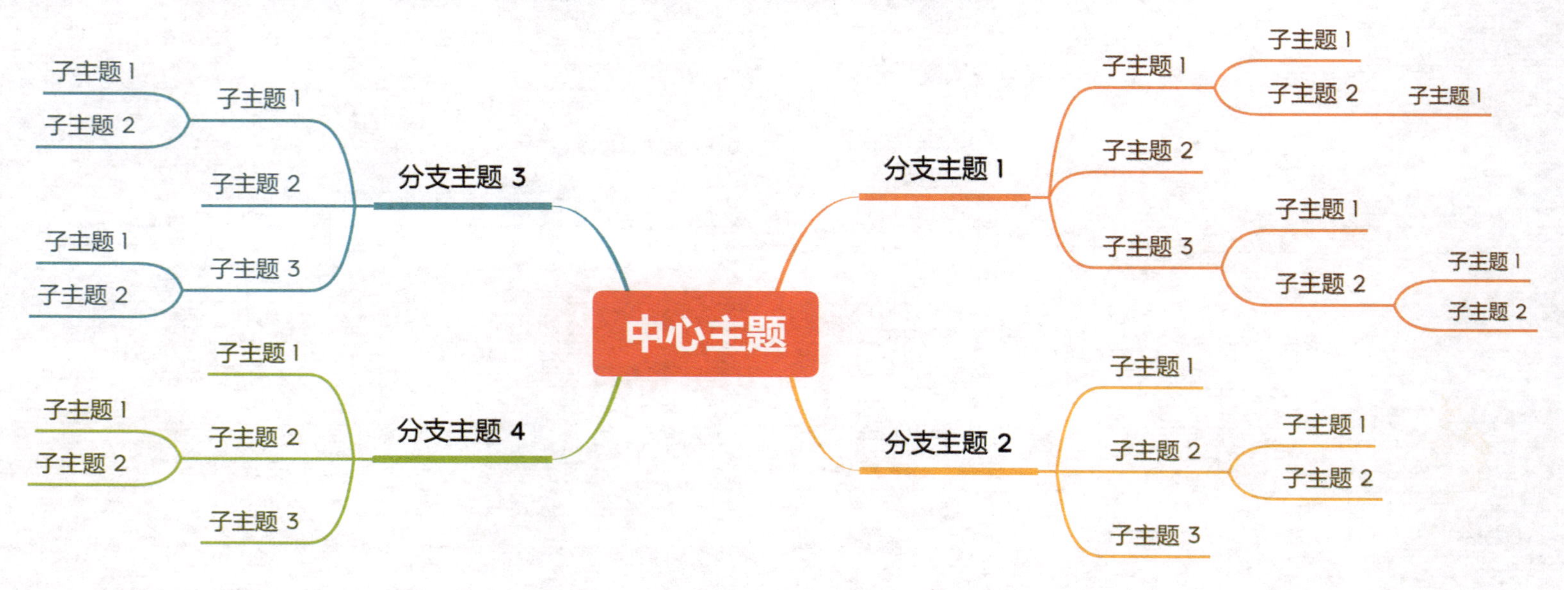

认知图的应用场景

认知图具有较大的自由度和发挥空间，因而被广泛应用于工作和生活中的各个场景，如构建用户画像、梳理复杂的概念、制定决策参考等。

- **构建用户画像**

认知图被广泛应用于构建用户画像，通过对用户进行识别和归类，再辅以相关数据，就可以精准地定位同类用户群体，然后围绕所定位群体的特点实施广告投放等商业行为。下图所示为使用认知图分析 App 用户画像数据。

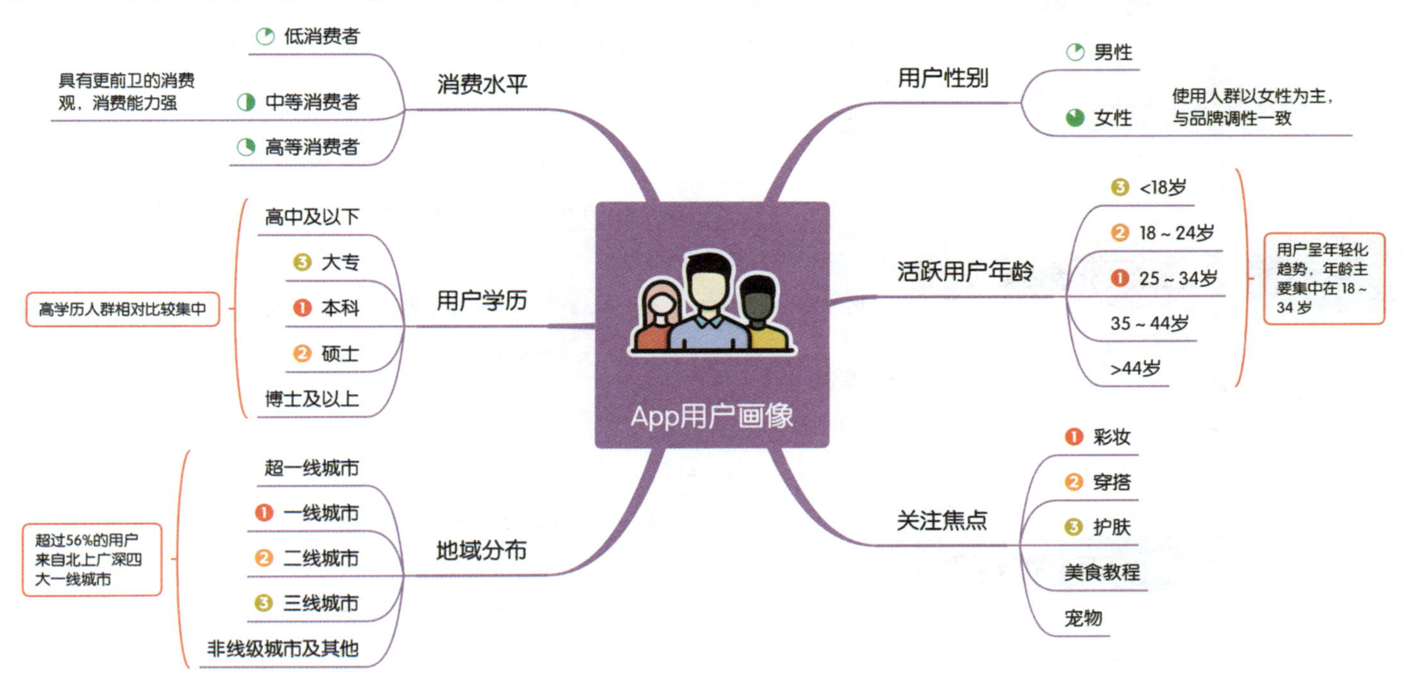

● 梳理复杂的概念

在学习中，认知图常常用于梳理复杂的概念。它可以将抽象的知识具象化，并构建出清晰的知识体系，从而更有利于对概念的理解和记忆。下图所示为使用认知图梳理分数的相关概念与知识。

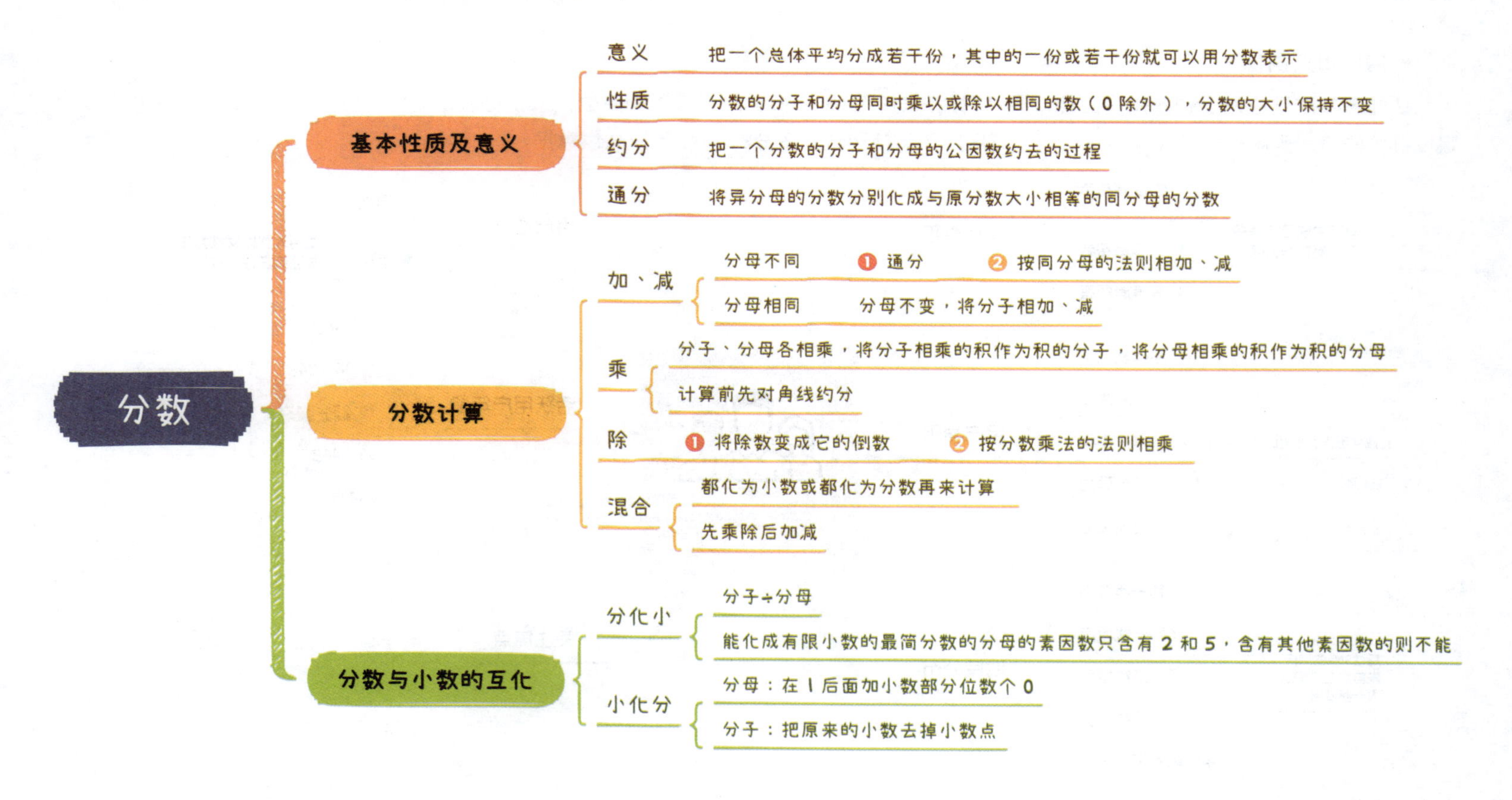

- **制定决策参考**

当需要制定决策时，可以将影响决策的主要因素用认知图表示出来，并利用收集到的数据进行分析，从而制定最终的决策方案。下图所示为使用认知图分析影响创业决策的各个因素。

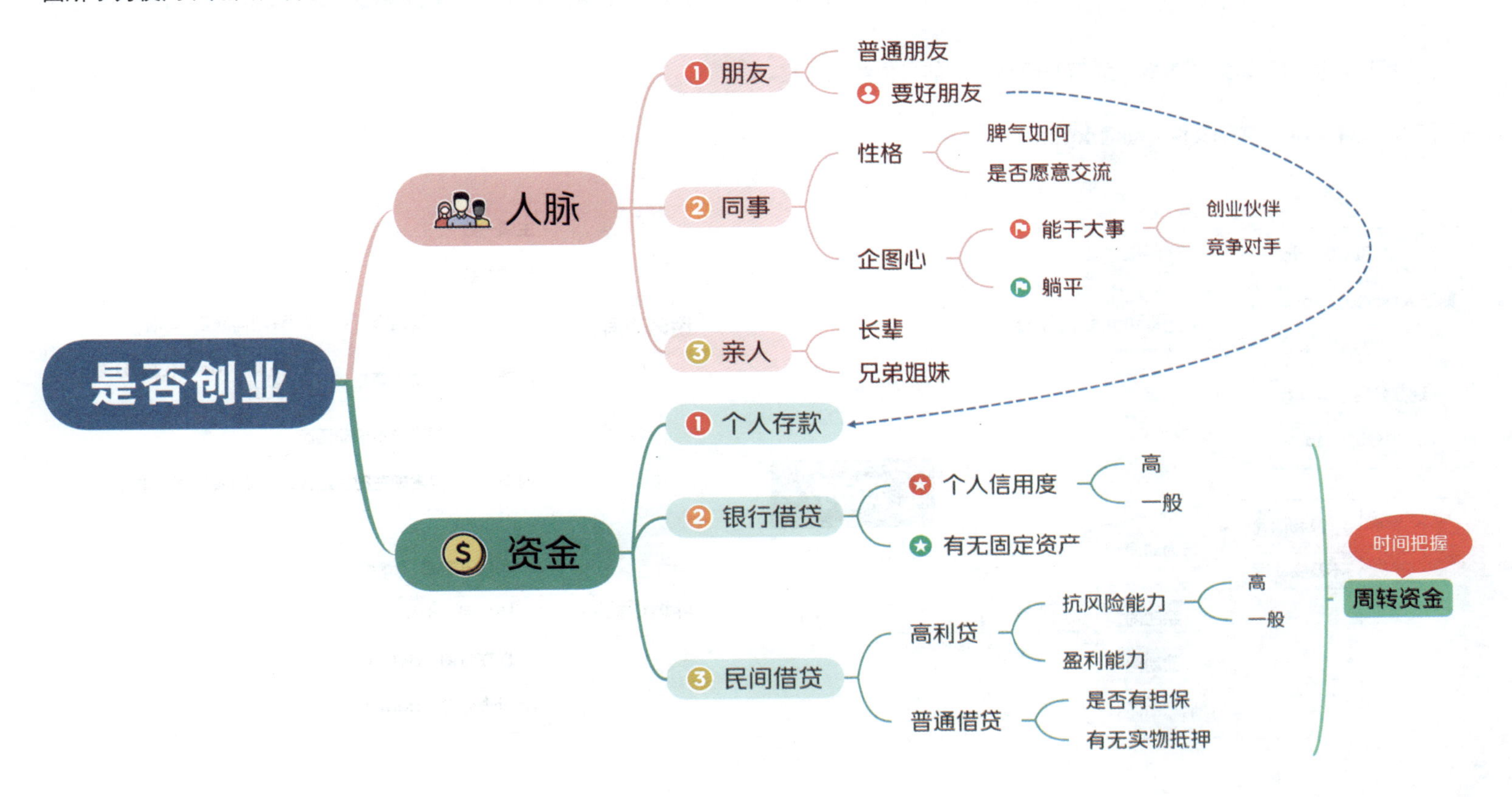

认知图的绘制流程

基础认知图相对比较简单，可以直接应用 Xmind 提供的思维导图、逻辑图、括号图等结构来绘制，而更高阶的认知图则需要通过创建自由主题来绘制。基础认知图的创作流程主要分为两个步骤：第 1 步，列出中心主题；第 2 步，根据中心主题发散思维列出分支主题和子主题。

下面以“动词”认知图为例，讲解基础认知图的具体绘制流程。

[实例文件] 04 / 实例文件 / 动词.xmind

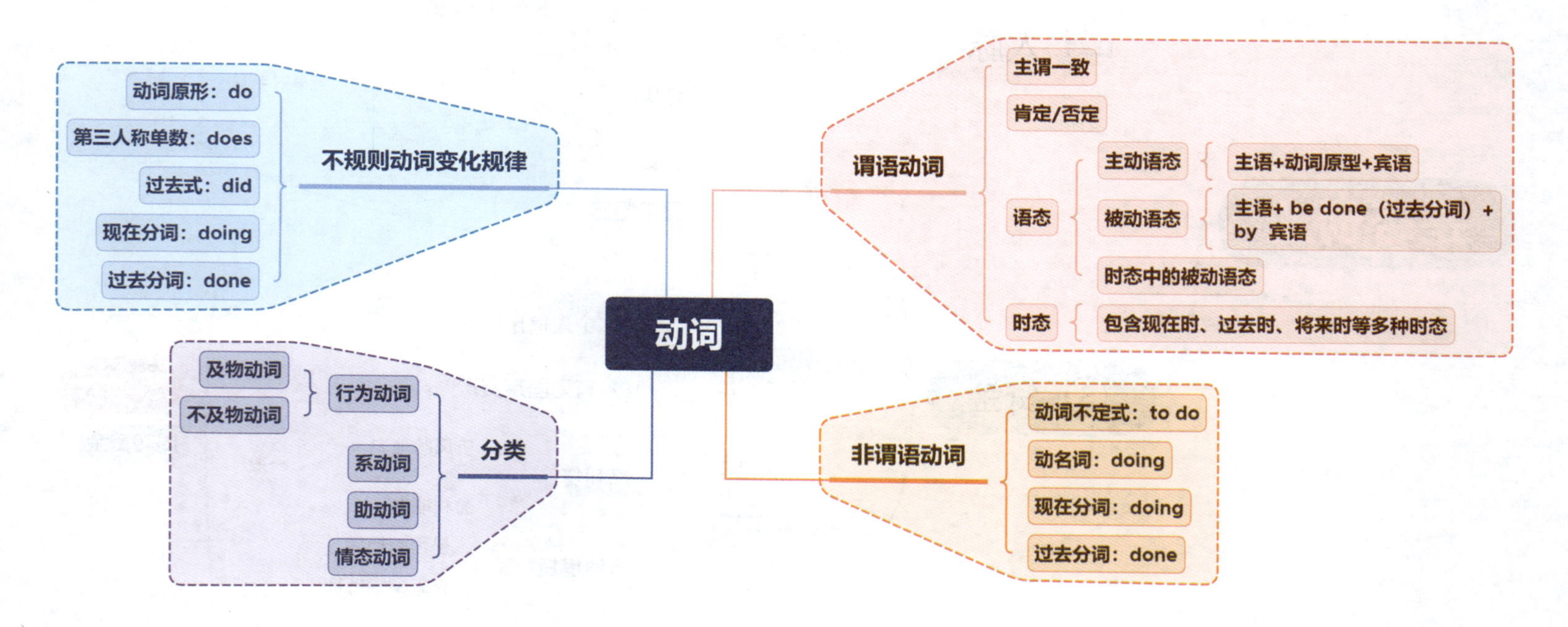

- **确定中心主题及结构**

基础认知图的绘制首先要明确其中心主题以及中心主题选用的结构。新建思维导图默认的结构就是“思维导图”，以此为基础，通过修改中心主题的内容和格式，完成认知图的绘制。

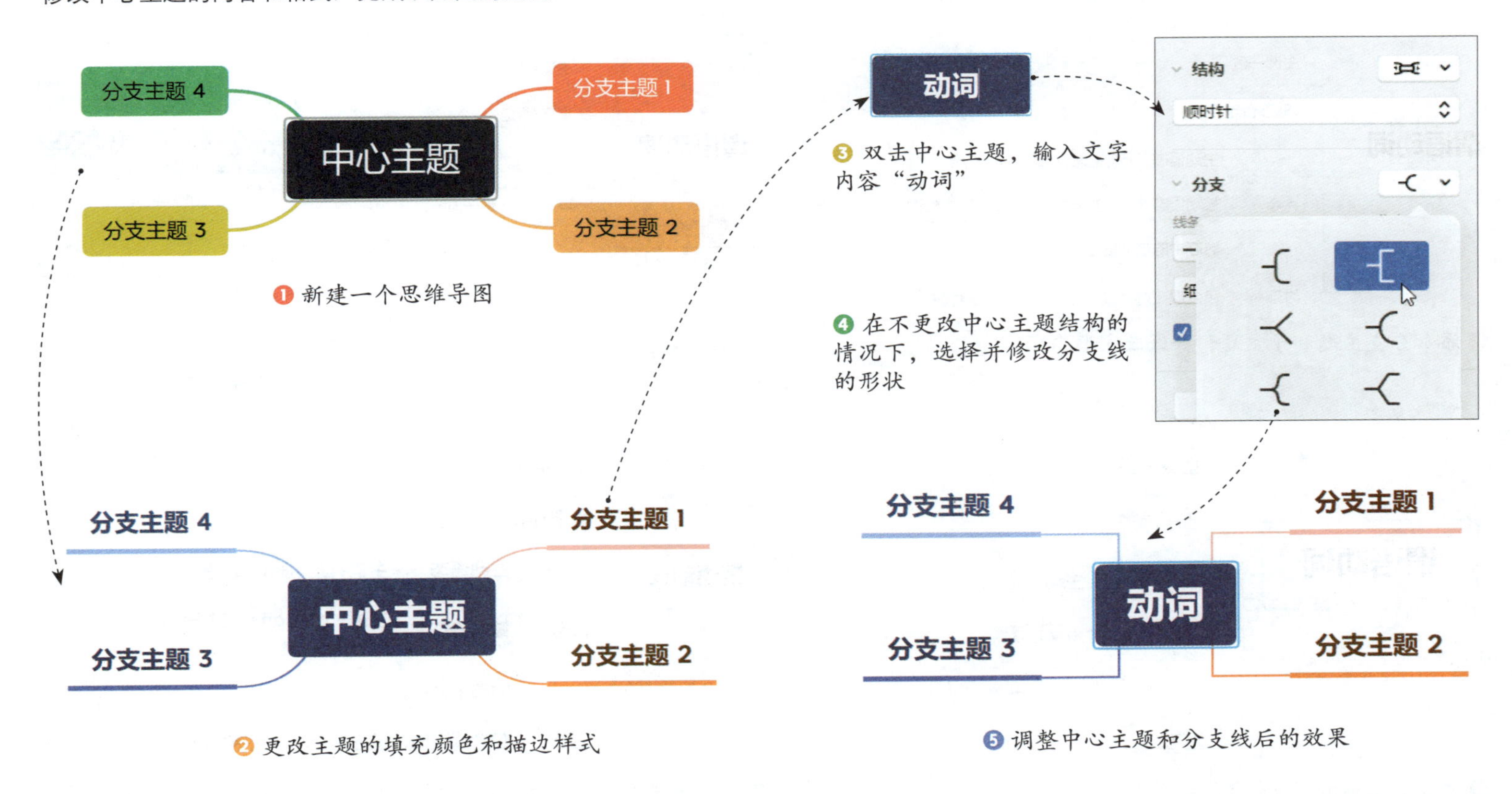

❶ 新建一个思维导图

❷ 更改主题的填充颜色和描边样式

❸ 双击中心主题，输入文字内容“动词”

❹ 在不更改中心主题结构的情况下，选择并修改分支线的形状

❺ 调整中心主题和分支线后的效果

- **分支主题及子主题的设置**

认知图没有固定的结构模式，既可以采用单一的结构布局，也可以自由组合多种结构。例如，当中心主题为“思维导图”结构时，分支主题可以为“逻辑图”或“括号图”等不同的结构。

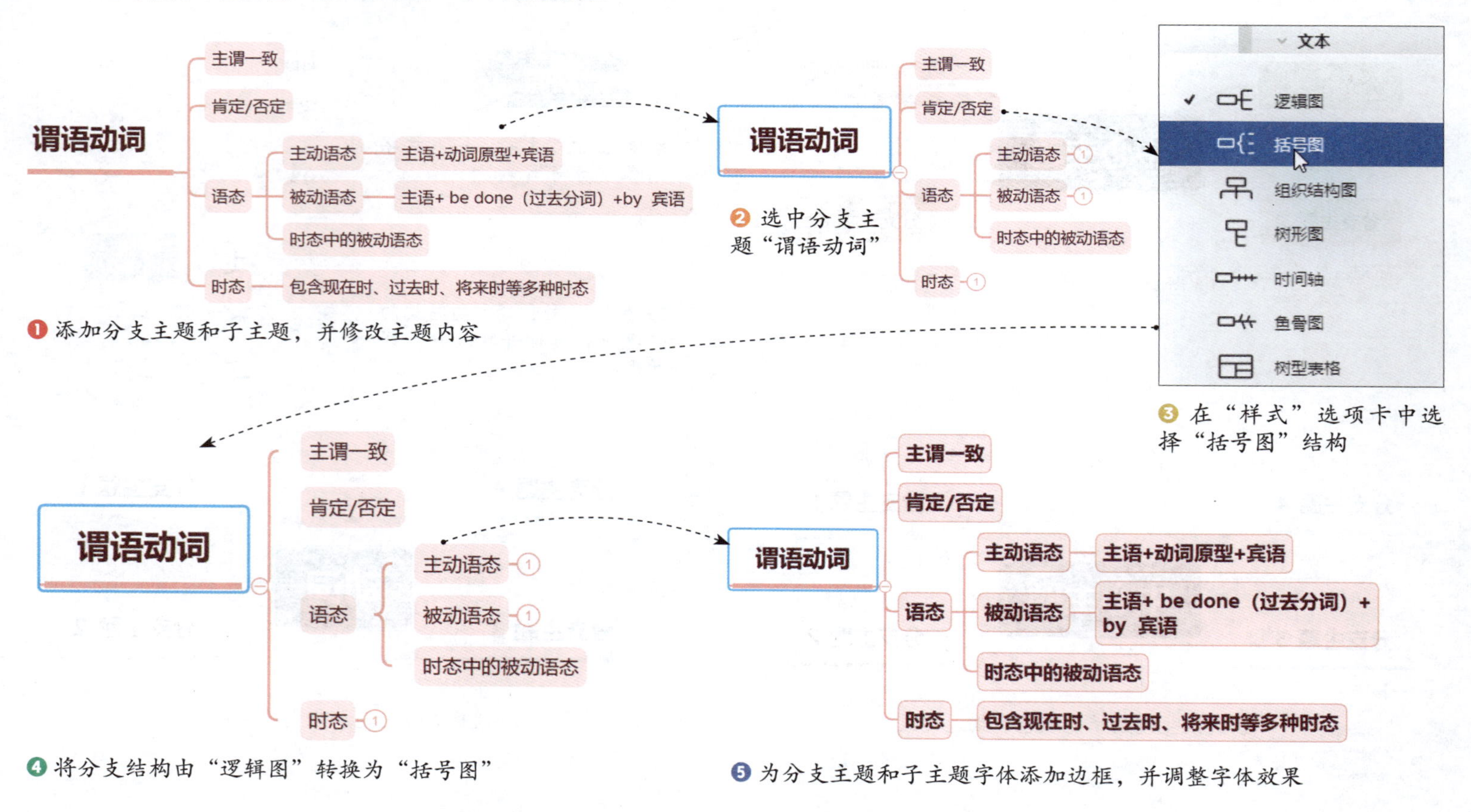

❶ 添加分支主题和子主题，并修改主题内容

❷ 选中分支主题“谓语动词”

❸ 在“样式”选项卡中选择“括号图”结构

❹ 将分支结构由“逻辑图”转换为“括号图”

❺ 为分支主题和子主题字体添加边框，并调整字体效果

- **用外框区分不同内容板块**

在认知图中，可以运用外框把相关联的知识点框起来，形成集合。这样不仅能让认知图更美观，而且能让内容的逻辑结构更清晰。添加外框前需要先选中主题，可以按住 Shift 键并单击来选中相邻的多个主题，或者按住 Ctrl 键并单击来选中不相邻的多个主题，还可以通过在画布上拖动鼠标来框选主题。为主题添加外框后，可以通过设置外框的形状和填充颜色等属性来进一步区分不同的内容板块。

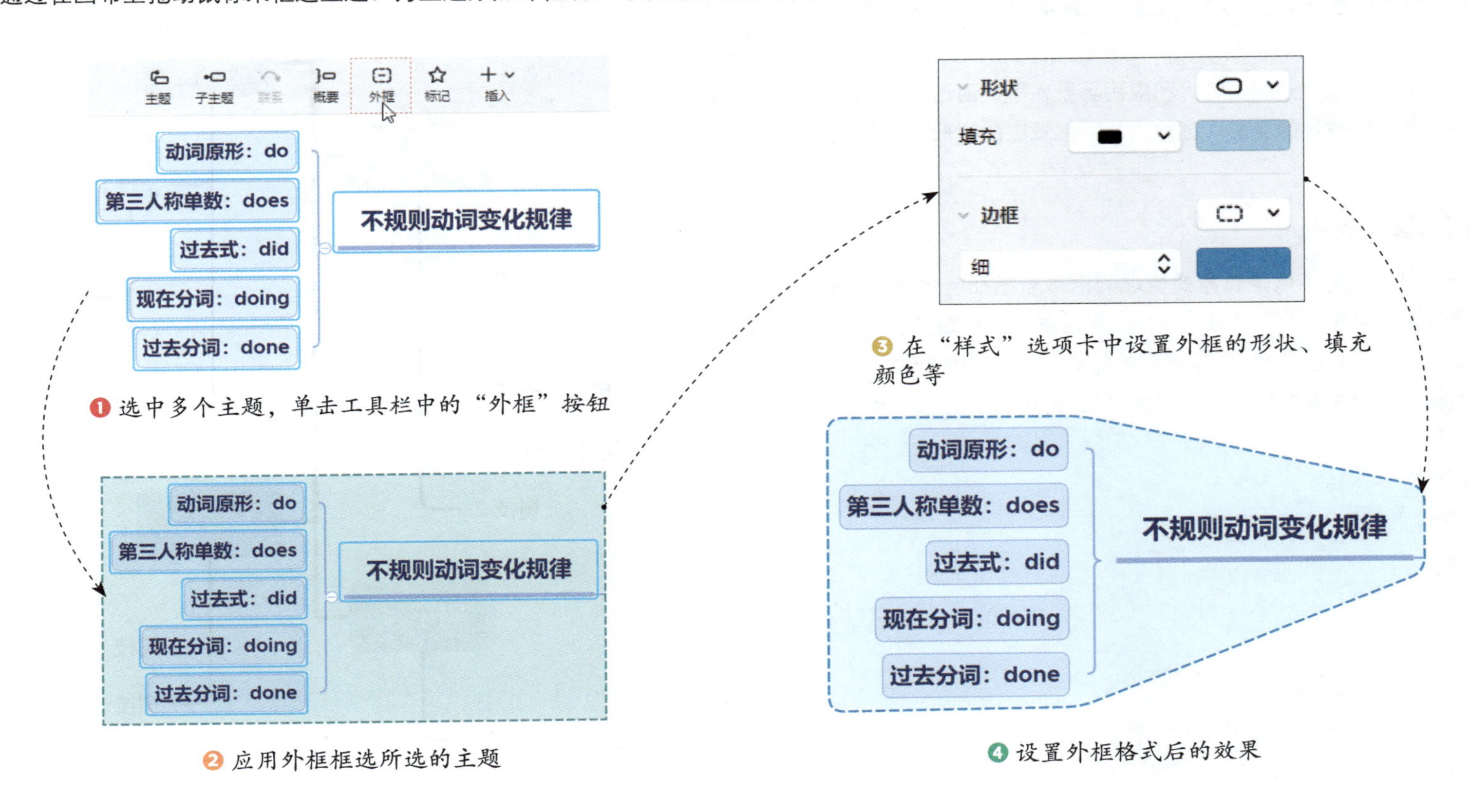

❶ 选中多个主题，单击工具栏中的“外框”按钮

❷ 应用外框框选所选的主题

❸ 在“样式”选项卡中设置外框的形状、填充颜色等

❹ 设置外框格式后的效果

树形图：分类思考

树形图，也称为树状图或树枝状图，是一种比较常见的思维导图结构，因其形象与“树”相仿而得名。树形图具有顺序性和全局性等特点，它可以将烦琐的内容简单化，把凌乱无序但存在关联的信息进行有序梳理。下面将从树知图的特点和应用场景入手，通过 Xmind 中的树形图结构及对主题结构的变形，创建出不同视觉感的树形图。

树形图的特点

树形图的特点是将需要梳理的信息总结在一个树状结构的图示上，通过父子层级（上下层级）结构组织对象。树形图具有严格的关系逻辑，其中树根（中心主题）是整张图的核心，通过对树根（中心主题）的扩展，画出与之相关联的树干（分支主题）、树枝（子主题）等，如右图所示。

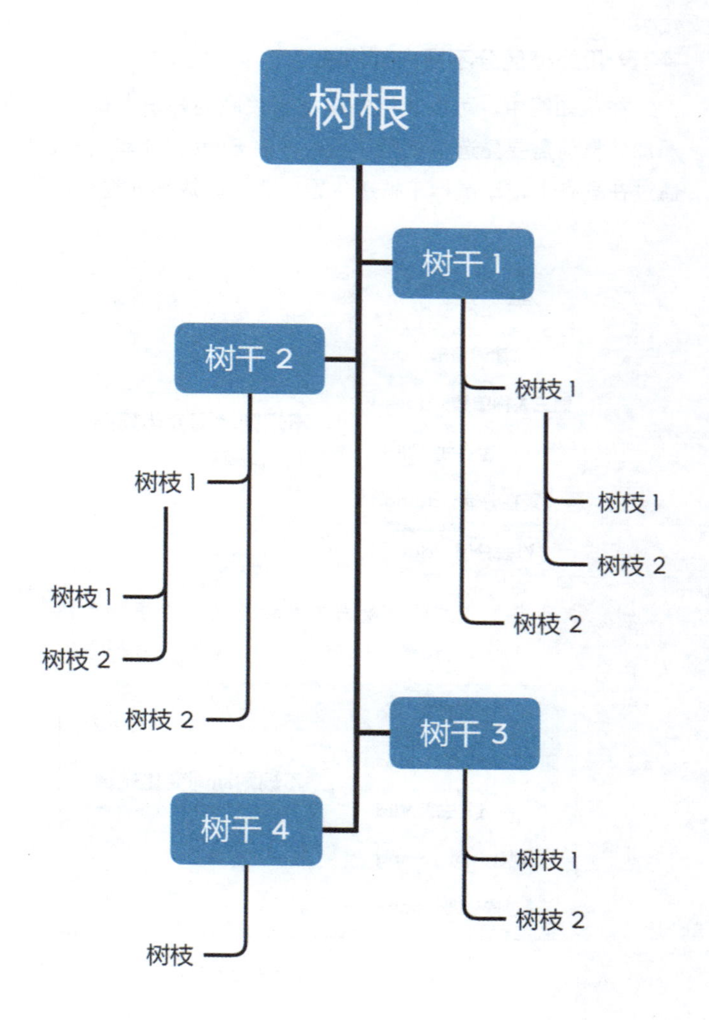

树形图的应用场景

树形图广泛应用于生活、学习和工作中，凡是涉及分类整理的场景，都可以用树形图来呈现，如知识的分类归纳、产品迭代记录梳理、目录结构图绘制、计划制定等。

● 知识的分类归纳

在学习中，当需要掌握的知识点比较繁杂时，可以先找出它们的相同点，然后把具有相同特点的知识点归纳在一起，最后用树形图进行可视化呈现。用树形图对知识点进行分类整理时，分类标准要科学、合理，尽量做到内容不重叠、不遗漏。如右图所示为使用树形图整理的代数式的相关知识点。

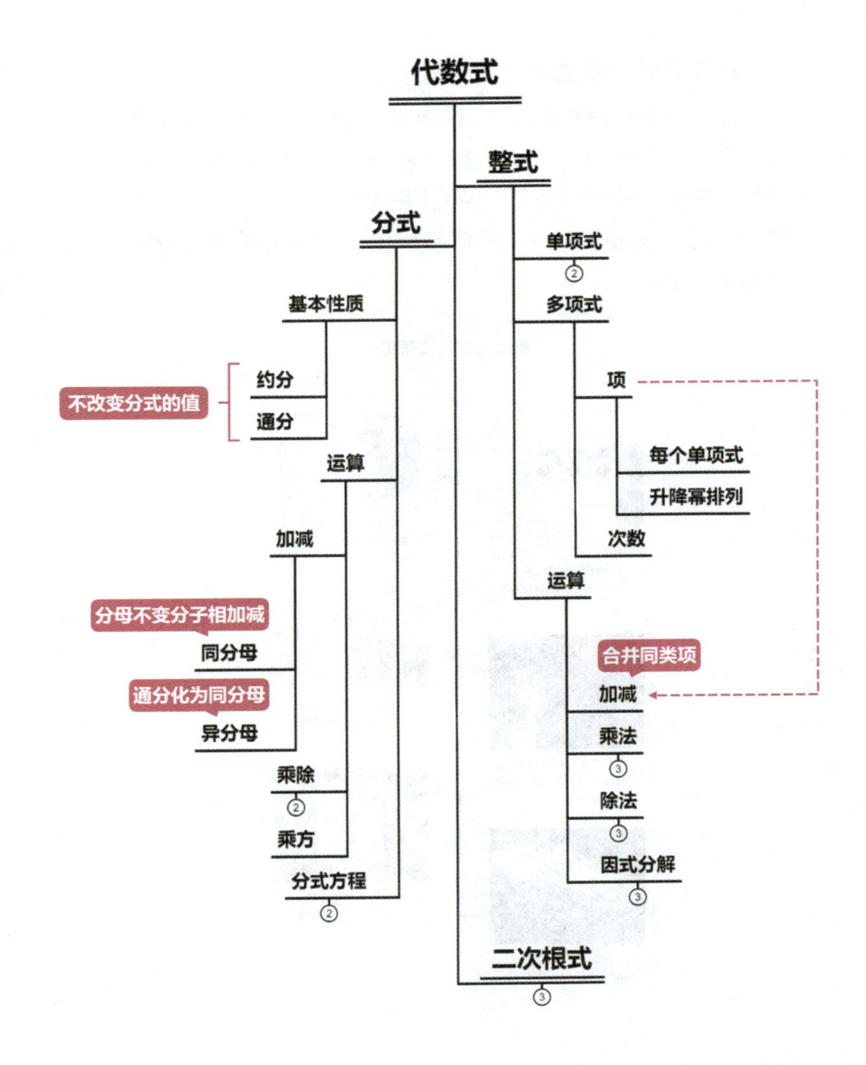

- **产品迭代记录梳理**

产品的发展历程是产品介绍不可或缺的部分，它能向客户传达该产品在不同时期的“含金量”。相较于传统的文字叙述方式，以时间为节点梳理产品迭代记录的树形图，可以更加简洁、直观地展示产品的发展历程。下图所示为使用树形图梳理的 iPhone 的产品发展史。

- **目录结构图绘制**

目录是对一本书的内容的高度提炼和浓缩，具有极强的概括性，通过阅读目录能提纲挈领地了解全书的主旨和各部分的内容。下图所示为使用树形图整理的一本书的目录结构图，这样可以从整体上把握全书的结构布局，清楚地了解全书各章节以及章节之间的逻辑关系，从而领会作者的行文脉络。

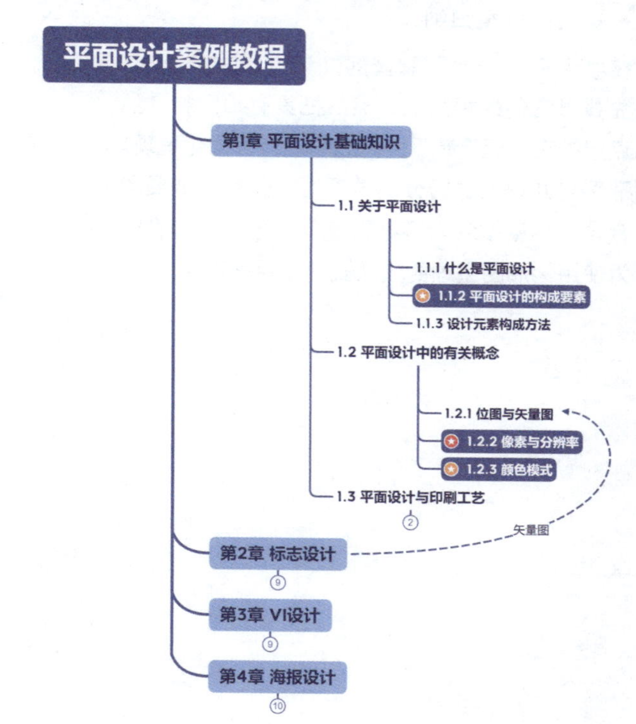

- **计划制定**

在学习或工作中，制定计划能够起到明确目标、提高效率的作用。而树形图就是最常用于制定计划的图形结构。在树形图中，总体目标是主干，然后把要达到这个目标的一阶计划当成枝干，再把实现一阶计划的分步计划当成细枝，从而形成完整的计划。下图所示为使用树形图制定的一份考研复习计划。

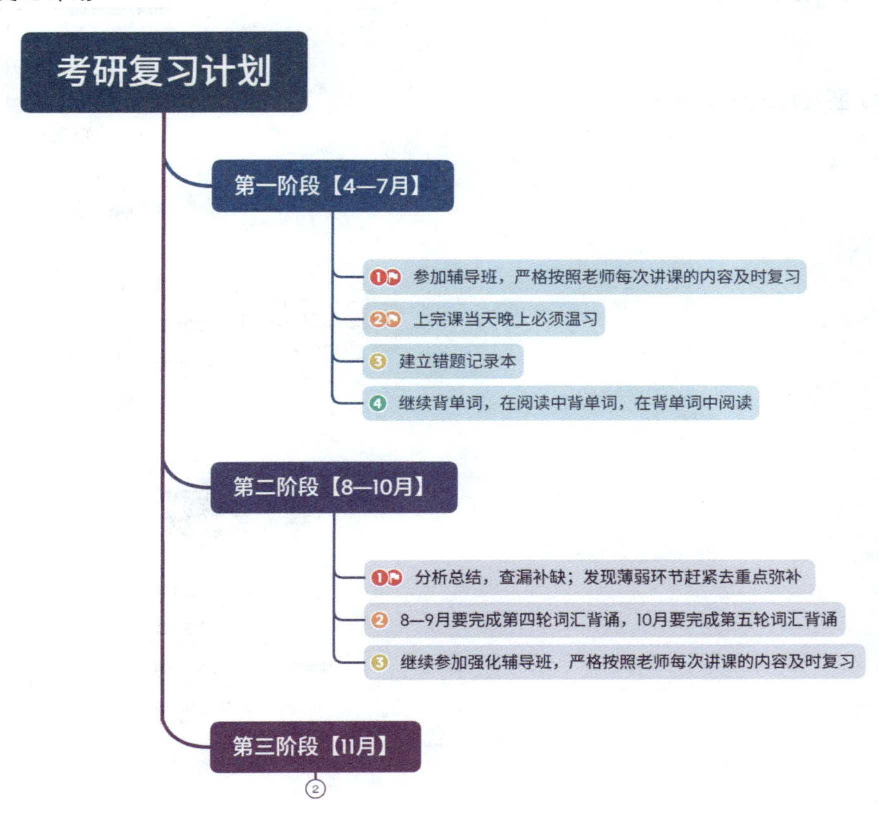

树形图的绘制流程

Xmind 内置的主题结构包含树形图，可以直接应用，然后根据需求调整其布局方式。

下面以地质构造知识“断层的分类”思维导图为例，讲解树形图的绘制方法。

[实例文件] 04 / 实例文件 / 断层的分类.xmind

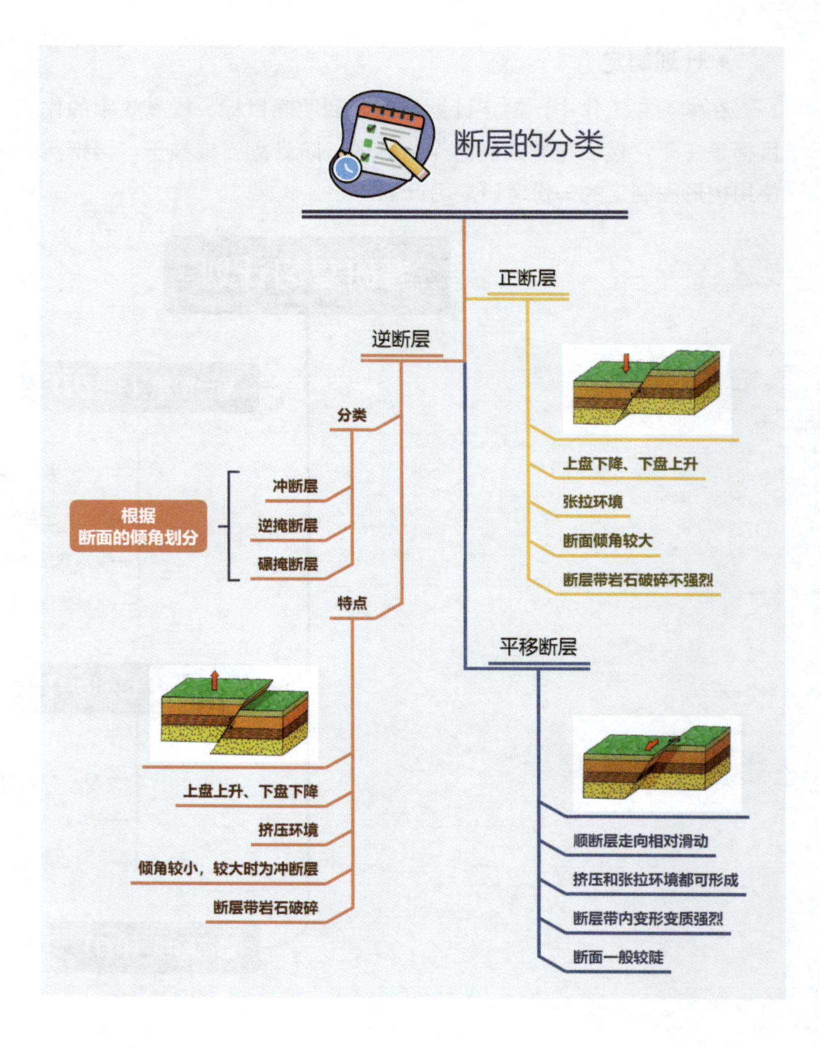

● 更改树形图主题结构

在 Xmind 中新建一个思维导图，然后添加所需的主题内容。此时默认的中心主题结构为“思维导图”，分支主题结构为“逻辑图”。选中中心主题，然后在“样式”选项卡中选择“树形图”结构，即可将主题结构更改为树形图。

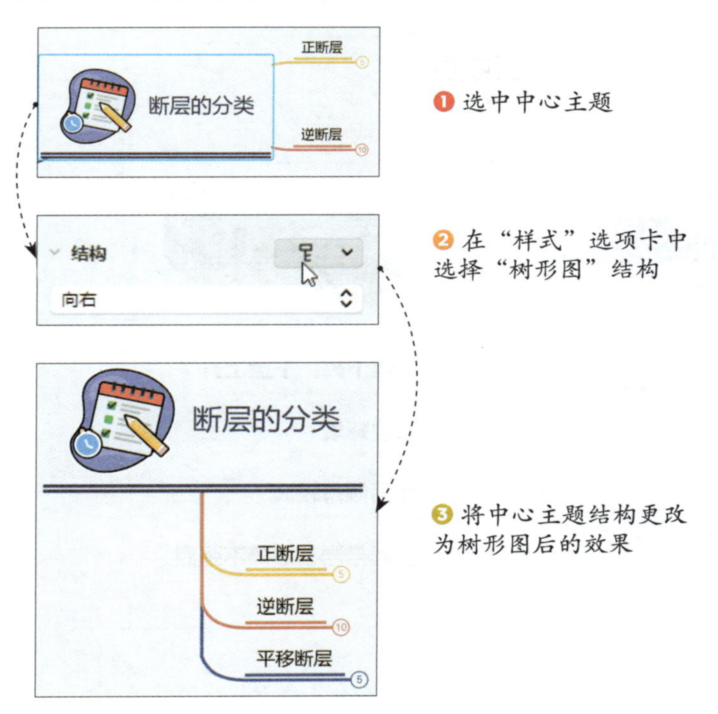

❶ 选中中心主题

❷ 在“样式”选项卡中选择“树形图”结构

❸ 将中心主题结构更改为树形图后的效果

● 调整结构布局

将主题结构设为“树形图”后，接下来就可以根据内容调整树形图的布局。树形图结构又根据方向分为向右、向左、平衡 3 种布局，单击“结构”选项组中的下拉按钮，即可在展开的列表中选择布局。

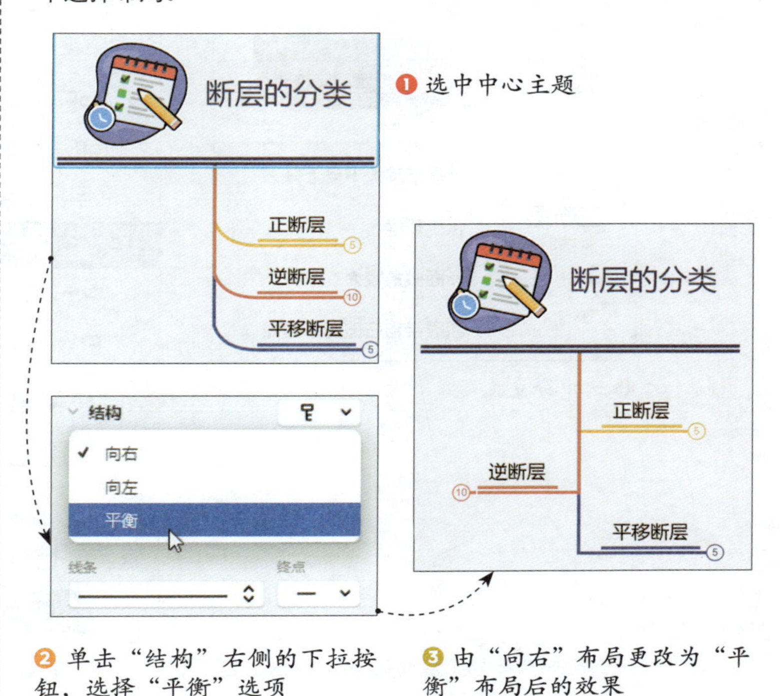

❶ 选中中心主题

❷ 单击“结构”右侧的下拉按钮，选择“平衡”选项

❸ 由“向右”布局更改为“平衡”布局后的效果

- **设置分支结构和分支线形状**

将中心主题更改为“树形图”后，展开下方的分支主题，会发现分支主题仍为默认的“逻辑图”结构。现在要将分支主题、子主题也更改为“树形图”结构，同样是在“样式”选项卡中进行设置。除了将分支主题、子主题更改为“树形图”结构，还可以利用“分支”选项修改分支线的形状，以获得更加出彩的树形图。

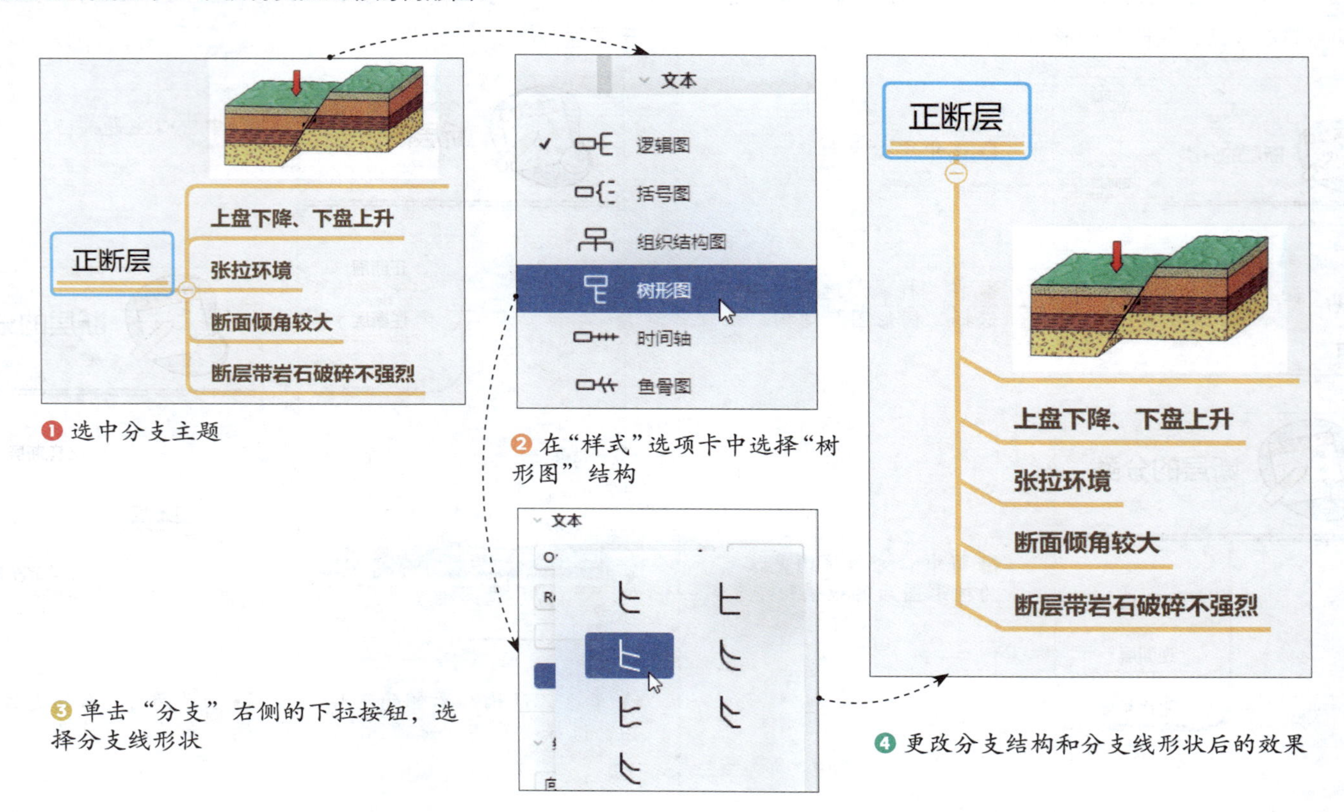

❶ 选中分支主题

❷ 在“样式”选项卡中选择“树形图”结构

❸ 单击“分支”右侧的下拉按钮，选择分支线形状

❹ 更改分支结构和分支线形状后的效果

树形图的完美“变身”

竖屏导图因其在移动设备上拥有更好的可读性和美观性，被广泛应用于知识卡片、信息图表、读书笔记等诸多场景，而且在社交媒体上也尤为流行。竖屏图可以把中心主题和分支主题拆分开，分支之间既可以有逻辑关联，也可以只是信息的陈列展示。在 Xmind 中，只需要对向右的树形图结构进行“变身”，即可得到一张竖屏导图。

下面以“作文写作技巧”思维导图为例，讲解竖屏导图的制作方法。

[实例文件] 04 / 实例文件 / 作文写作技巧.xmind

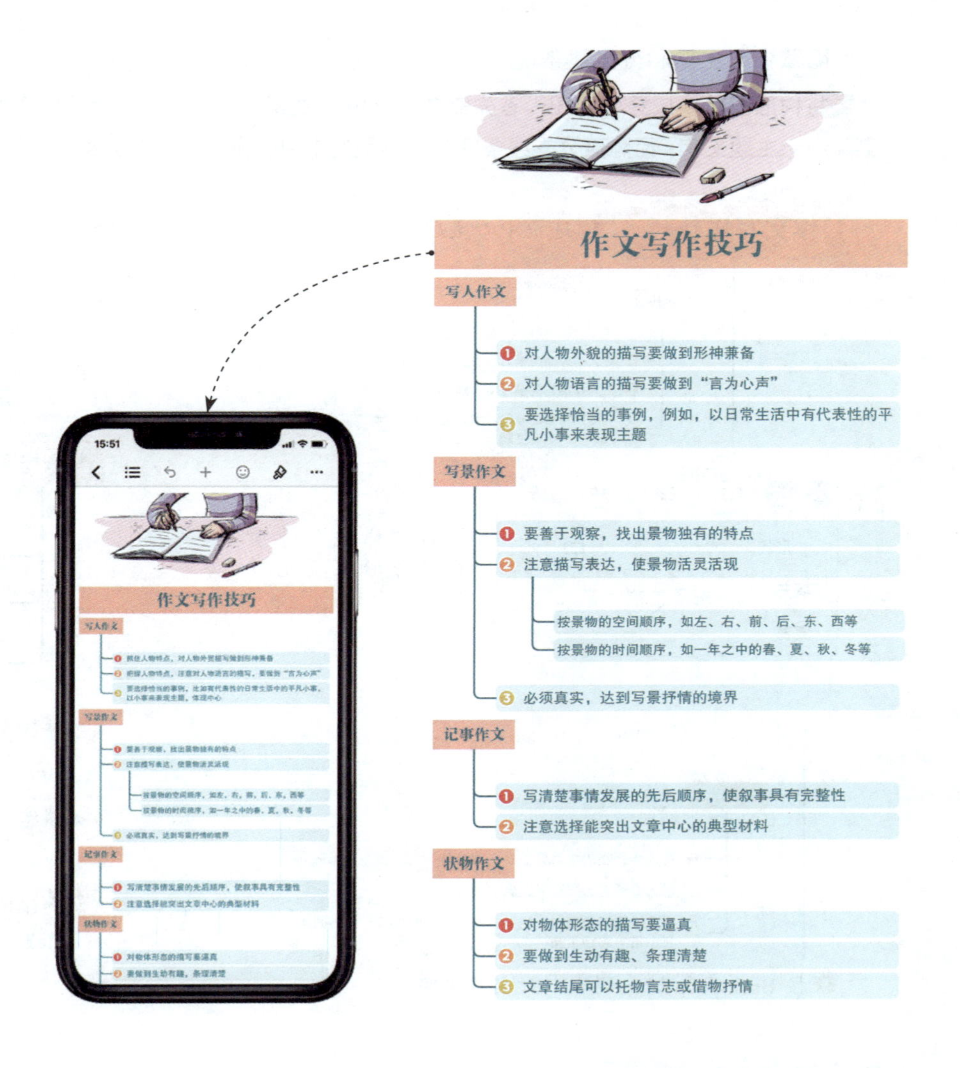

● 隐藏中心主题和分支线条

要将树形图转换成竖屏导图，首先需要隐藏中心主题和分支线条。隐藏中心主题的方法是选中中心主题后，将填充样式设为“无”，并删除中心主题文字；而隐藏分支线条的方式则是选中中心主题后，将分支线条设置为“无”。

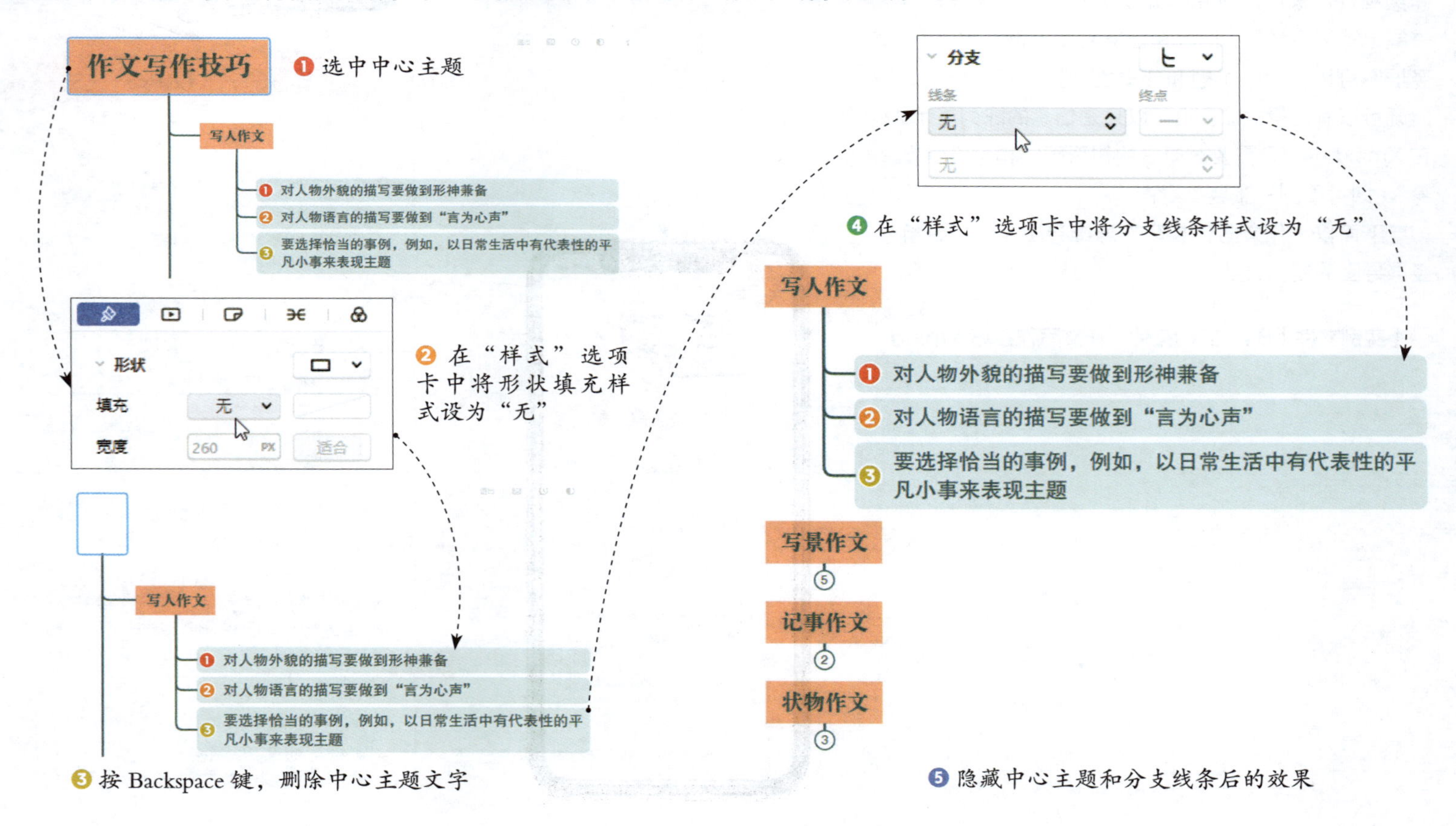

- **添加分支主题并设置标题**

隐藏中心主题和分支线条之后，下一步需要在内容的最上方添加一个标题。添加标题的方法有两种：第 1 种方法是通过自由主题设置标题；第 2 种方法是在最上面的一个分支主题前插入一个新的分支主题作为标题，新的分支主题与下面的内容是一个整体，方便一起移动。需要注意的是，标题的宽度设置最好与主题内容宽度一致。

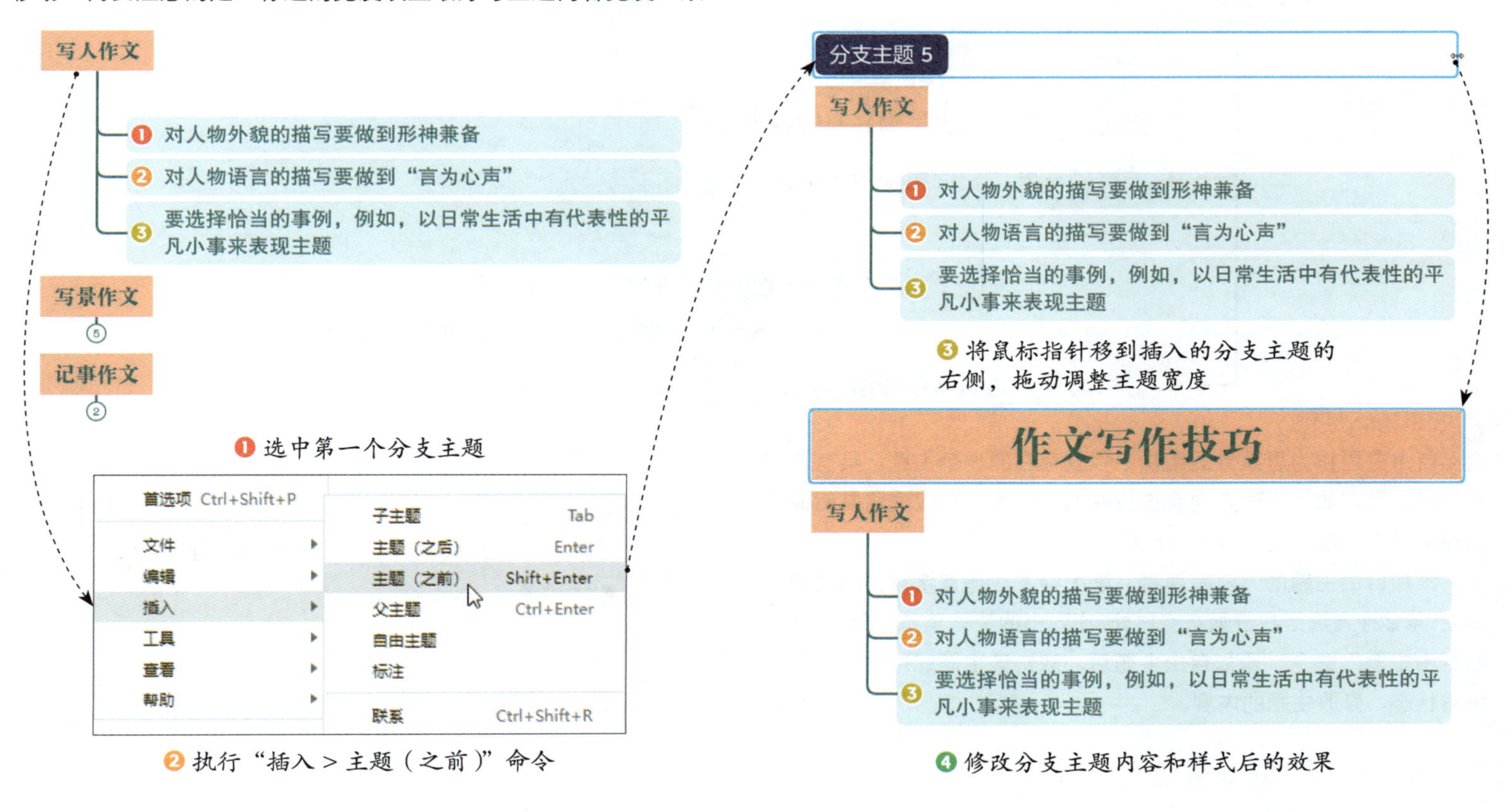

❶ 选中第一个分支主题

❷ 执行“插入 > 主题（之前）”命令

❸ 将鼠标指针移到插入的分支主题的右侧，拖动调整主题宽度

❹ 修改分支主题内容和样式后的效果

- **利用自由主题实现更紧凑的布局**

在树状图中，因为下一级线条对应的是上一张主题的中心位置，所以当二级主题（分支主题）的文字过多时，就会导致三级主题（子主题）左下方留白过多。此时可以借助自由主题来解决这个问题。

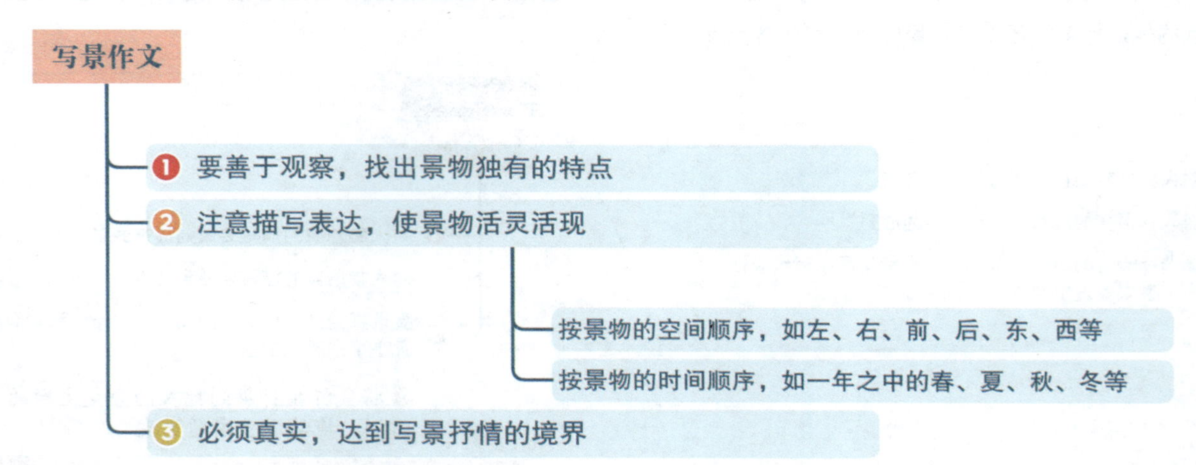

自由主题作为思维导图结构中独立存在的一个主题，具有极大的自由性。如果不确定内容该放在哪个节点，可以先将其暂时创建成自由主题，放在图中的任意位置。

添加自由主题的方法有两种：第 1 种方法是直接双击画布空白处；第 2 种方法是右击画布空白处，在弹出的快捷菜单中单击“插入自由主题”命令。添加自由主题后，双击该主题即可进入文字编辑状态，修改主题的内容。

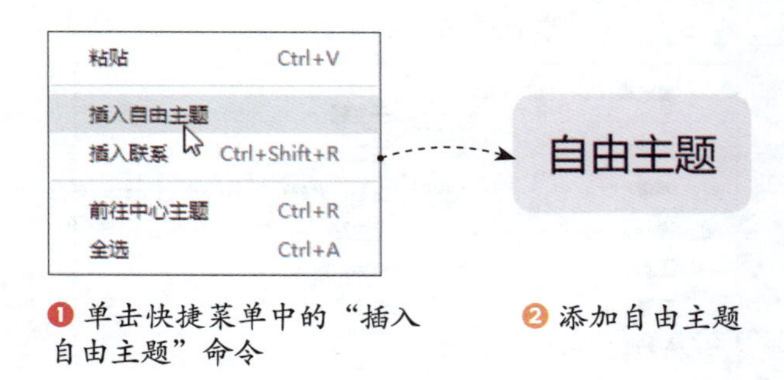

❶ 单击快捷菜单中的“插入自由主题”命令　❷ 添加自由主题

接下来利用自由主题调整三级主题（子主题）的位置。因此，首先将三级主题（子主题）的内容拷贝、粘贴到自由主题下方，再把自由主题的结构更改为“树形图”结构。

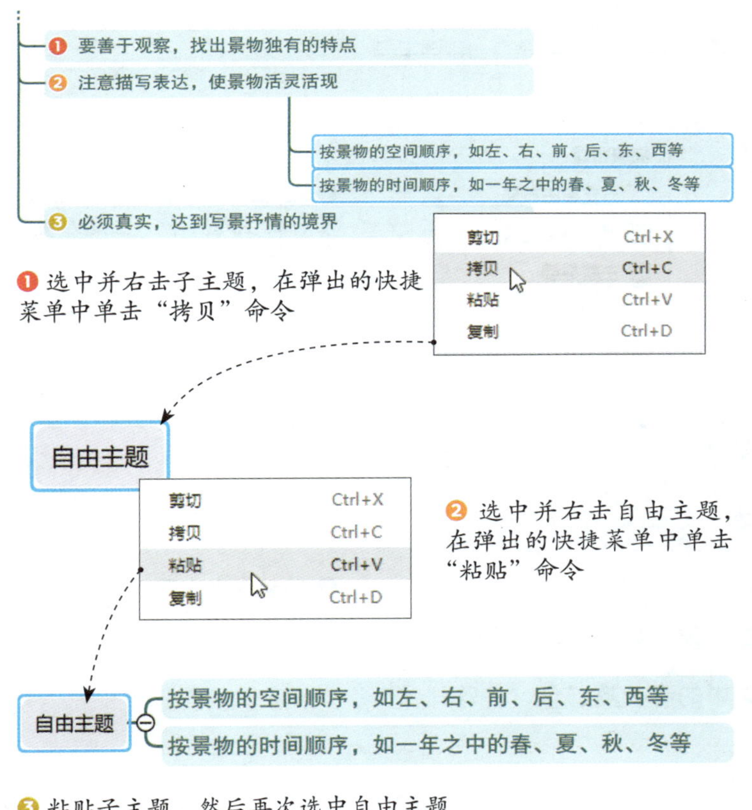

❶ 选中并右击子主题，在弹出的快捷菜单中单击“拷贝”命令

❷ 选中并右击自由主题，在弹出的快捷菜单中单击“粘贴”命令

❸ 粘贴子主题，然后再次选中自由主题

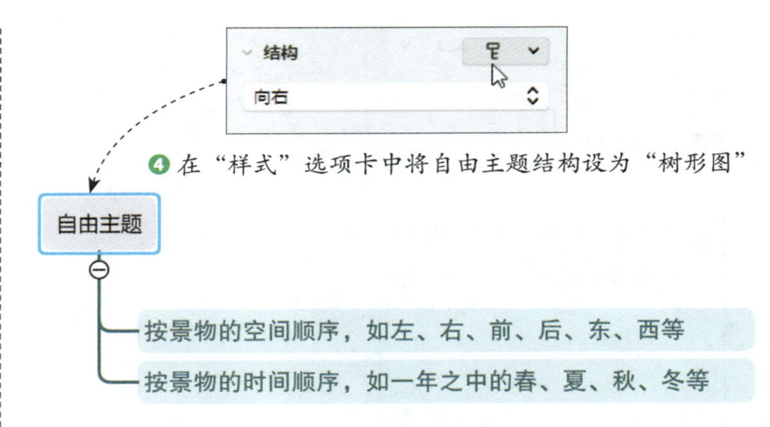

❹ 在“样式”选项卡中将自由主题结构设为“树形图”

❺ 更改自由主题结构后的效果

接下来需要去除三级主题（子主题）的填充效果，删除其文字内容，并隐藏分支线条，然后把自由主题移到二级主题（分支主题）下方的合适位置，并删除自由主题的文字，去除填充效果。在将自由主题移向二级主题（分支主题）之前，为避免自由主题与二级主题（分支主题）产生粘连，需要在“格式”面板的“画布”选项卡下开启“灵活自由主题”和“主题层叠”功能。

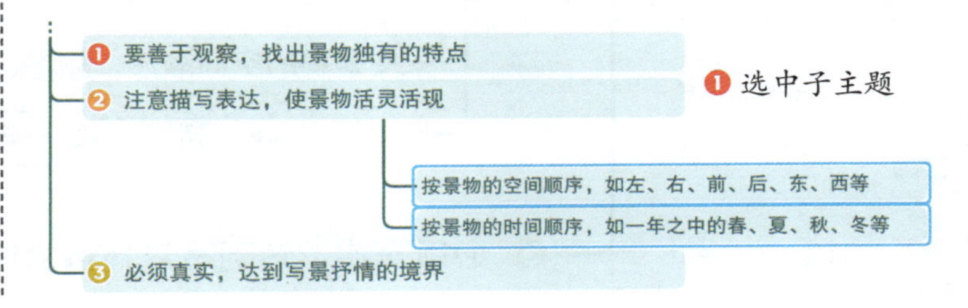

❶ 选中子主题

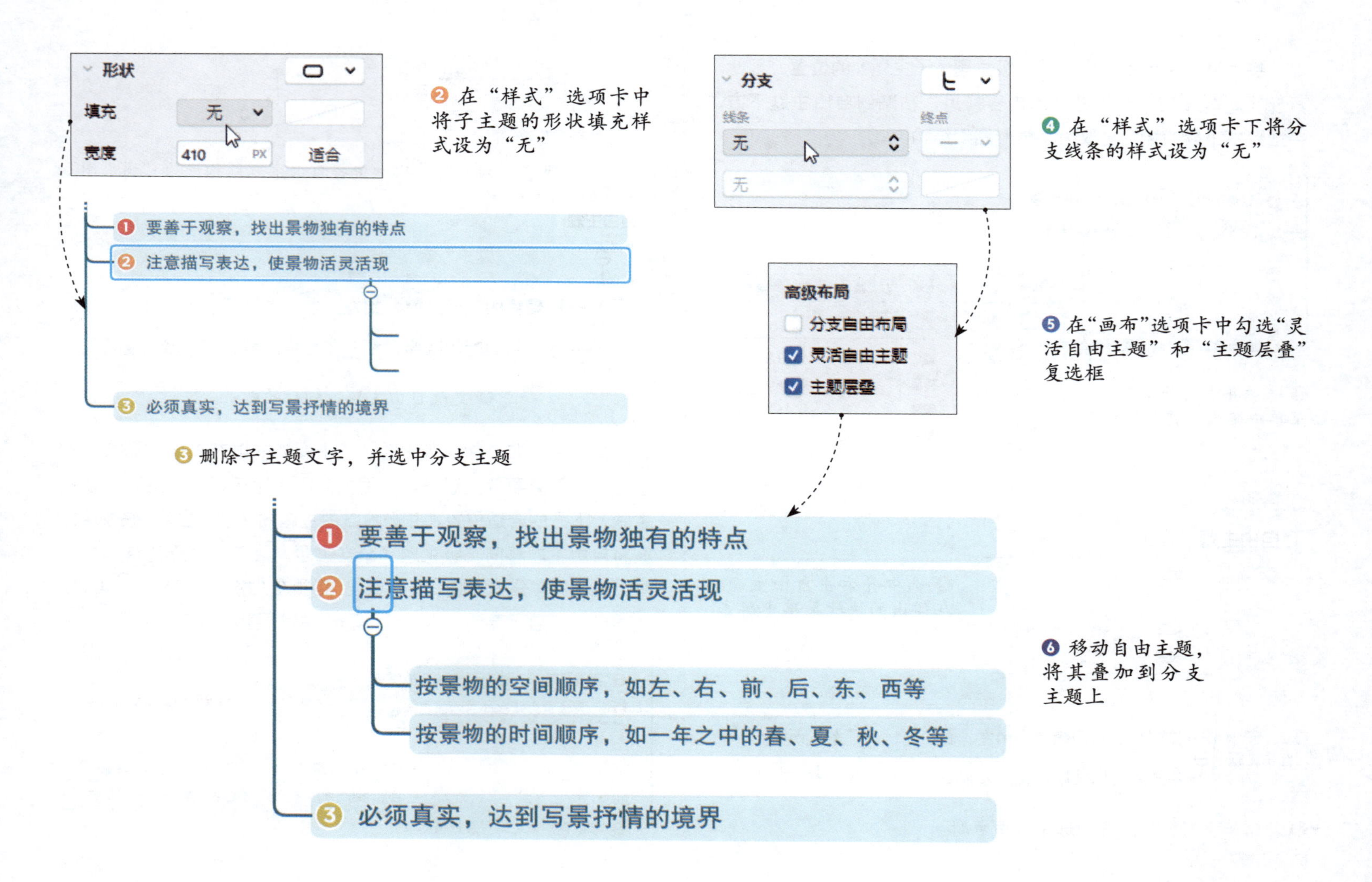
形状
填充
无
宽度
410
PX
适合
❷ 在“样式”选项卡中将子主题的形状填充样式设为“无”
分支
线条
终点
无
无
❹ 在“样式”选项卡下将分支线条的样式设为“无”
❶ 要善于观察，找出景物独有的特点
❷ 注意描写表达，使景物活灵活现
❸ 必须真实，达到写景抒情的境界
高级布局
分支自由布局
灵活自由主题
主题层叠
❺ 在“画布”选项卡中勾选“灵活自由主题”和“主题层叠”复选框
❸ 删除子主题文字，并选中分支主题
❶ 要善于观察，找出景物独有的特点
❷ 注意描写表达，使景物活灵活现
按景物的空间顺序，如左、右、前、后、东、西等
按景物的时间顺序，如一年之中的春、夏、秋、冬等
❸ 必须真实，达到写景抒情的境界
❻ 移动自由主题，将其叠加到分支主题上

鱼骨图：厘清因果关系

鱼骨图，顾名思义，就是把问题的因果关系形象化为鱼的骨架，它是由日本管理大师石川馨提出的，因而也被称为石川图。鱼骨图是一种发现问题的“根本原因”的方法。从本质上讲，鱼骨图与树形图有相似之处，只不过树形图是纵向的，而鱼骨图是横向的。下面就来介绍鱼骨图的特点、应用场景以及绘制方法。

鱼骨图的特点

鱼骨图的特点是简洁实用，深入直观，可以帮助我们聚焦问题的本质并快速发现问题的根本原因。鱼骨图利用鱼骨的形状，针对一个问题 / 结果（鱼头）列明产生问题的大要因（鱼骨主干），从大要因继续深入细分，挖掘中小要因（鱼骨分支），从而有针对性地发现解决问题的方法或行动的步骤，如下图所示。

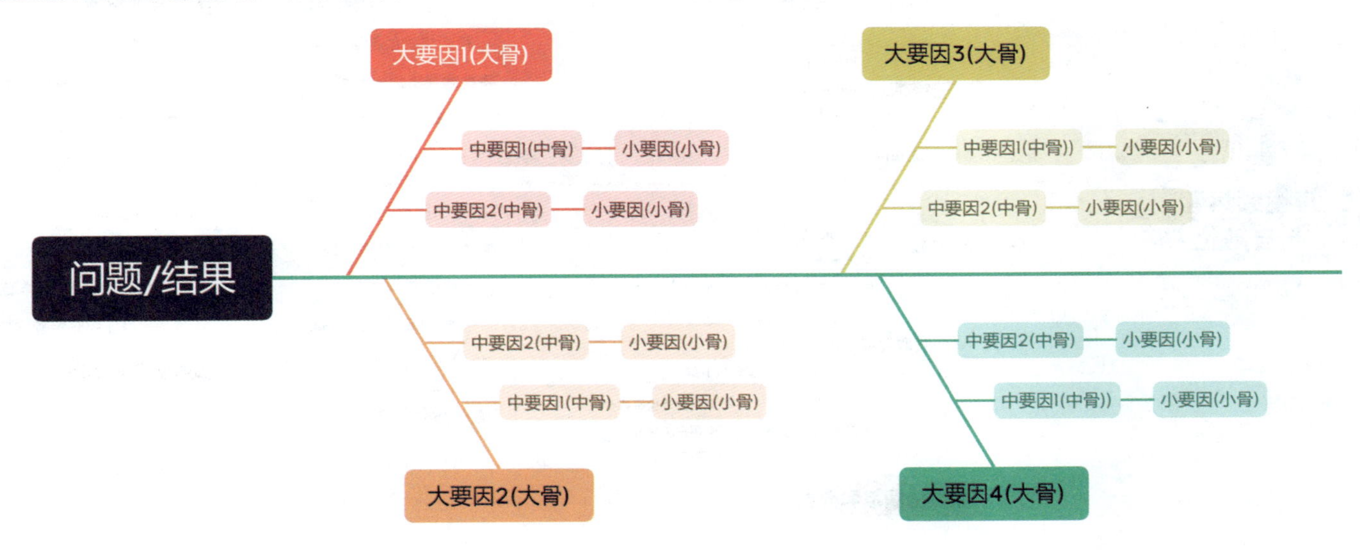

鱼骨图的应用场景

鱼骨图通过对问题的层层拆解，有助于我们梳理思路，更好地找到问题的根源，将精力集中在问题的本质上，而不是问题的过程和细节上。鱼骨图常用来进行整理问题、因果分析、对策分析等，帮助我们解决学习、生活和工作中的难题。

- **整理问题**

鱼骨图主要采用图形化的方式对某个问题进行结构化整理。这里的结构一般指的是对象的层级，如图书的目录（见下图）、网站的结构图等。鱼骨图的鱼头（主要原因）与各分支（具体原因）之间没有联系，鱼头一般是结果，鱼骨上的结点对应结果的结构项。

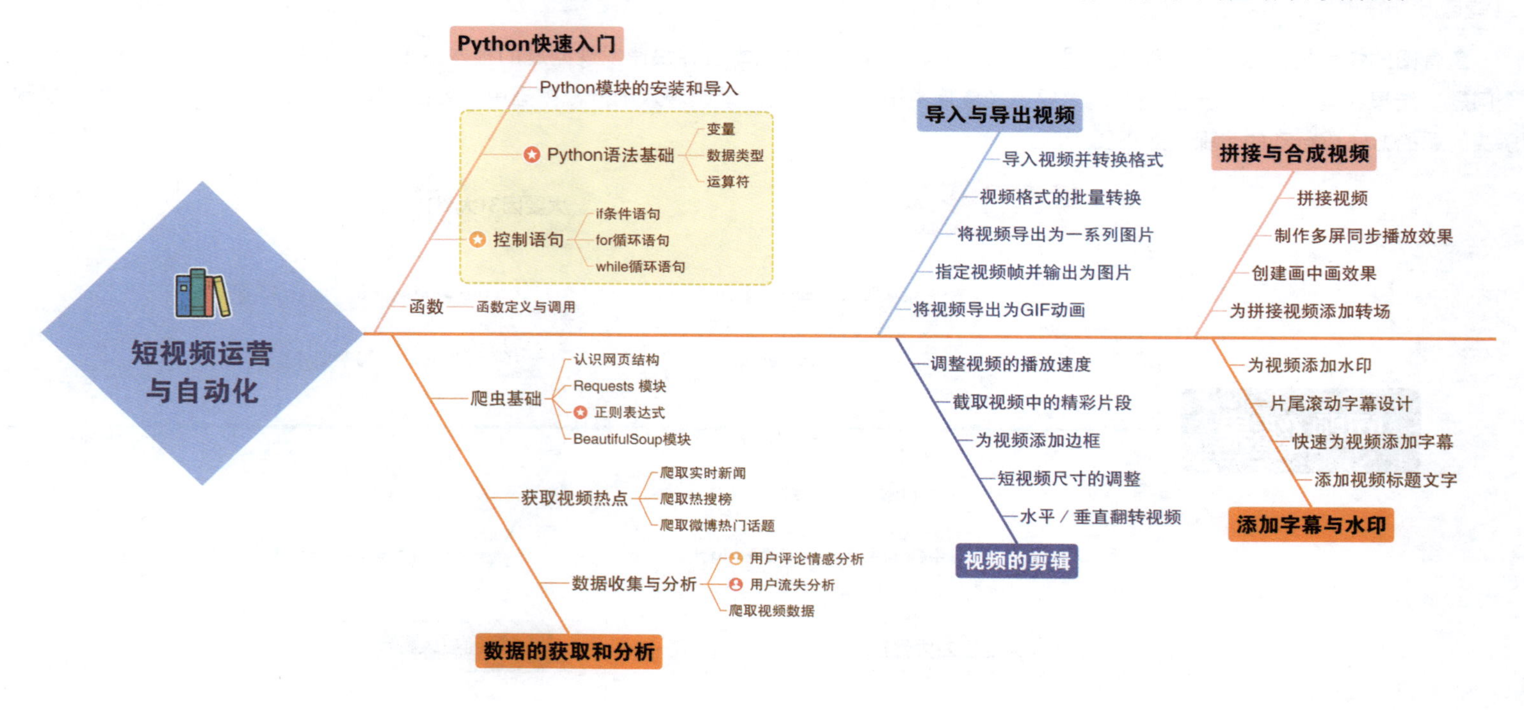

- **原因分析**

鱼骨图也可以用来根据已知的结果尽量全面地分析导致此结果的原因，再根据实际情况一一进行验证，从而找出本质原因。这时鱼骨图的鱼头一般位于右侧，代表结果，原因位于左侧，整个结构可以用“为什么”的句式来表述，如“为什么产品需求下降”（见下图）、“为什么人才流失严重”、“为什么项目失败”等。

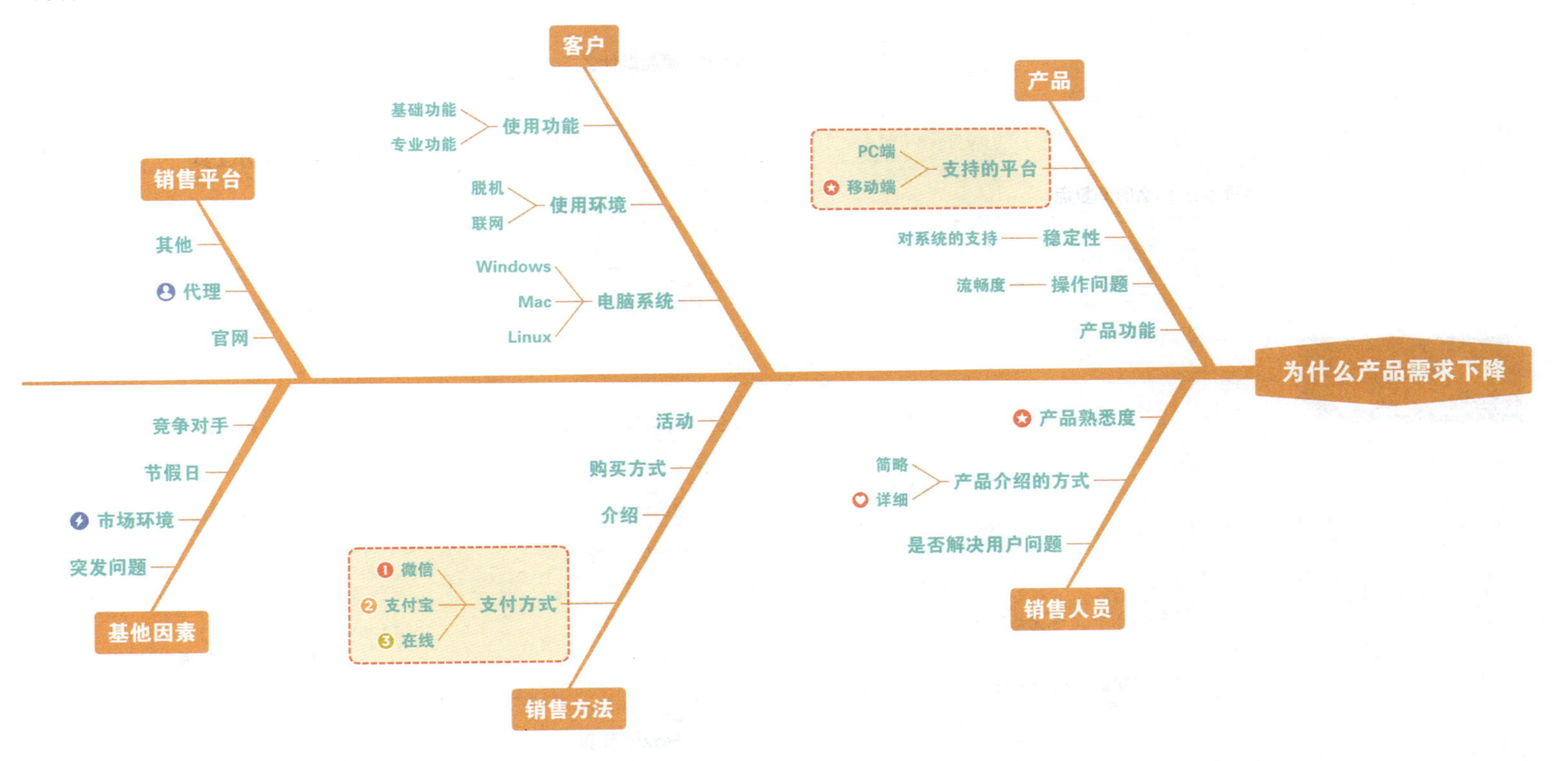

- **对策分析**

找出问题的原因后，就需要制定解决问题的对策。也可以使用鱼骨图进行对策分析。这时鱼骨图的鱼头一般位于左侧，表示问题的结果，而对策位于右侧，表示达到结果的方法，整个结构可以用“如何提高”或“如何改善”的句式来表述，如“如何做好项目复盘”（见下图）、“如何提高学习成绩”、“企业如何更好地发展”等。

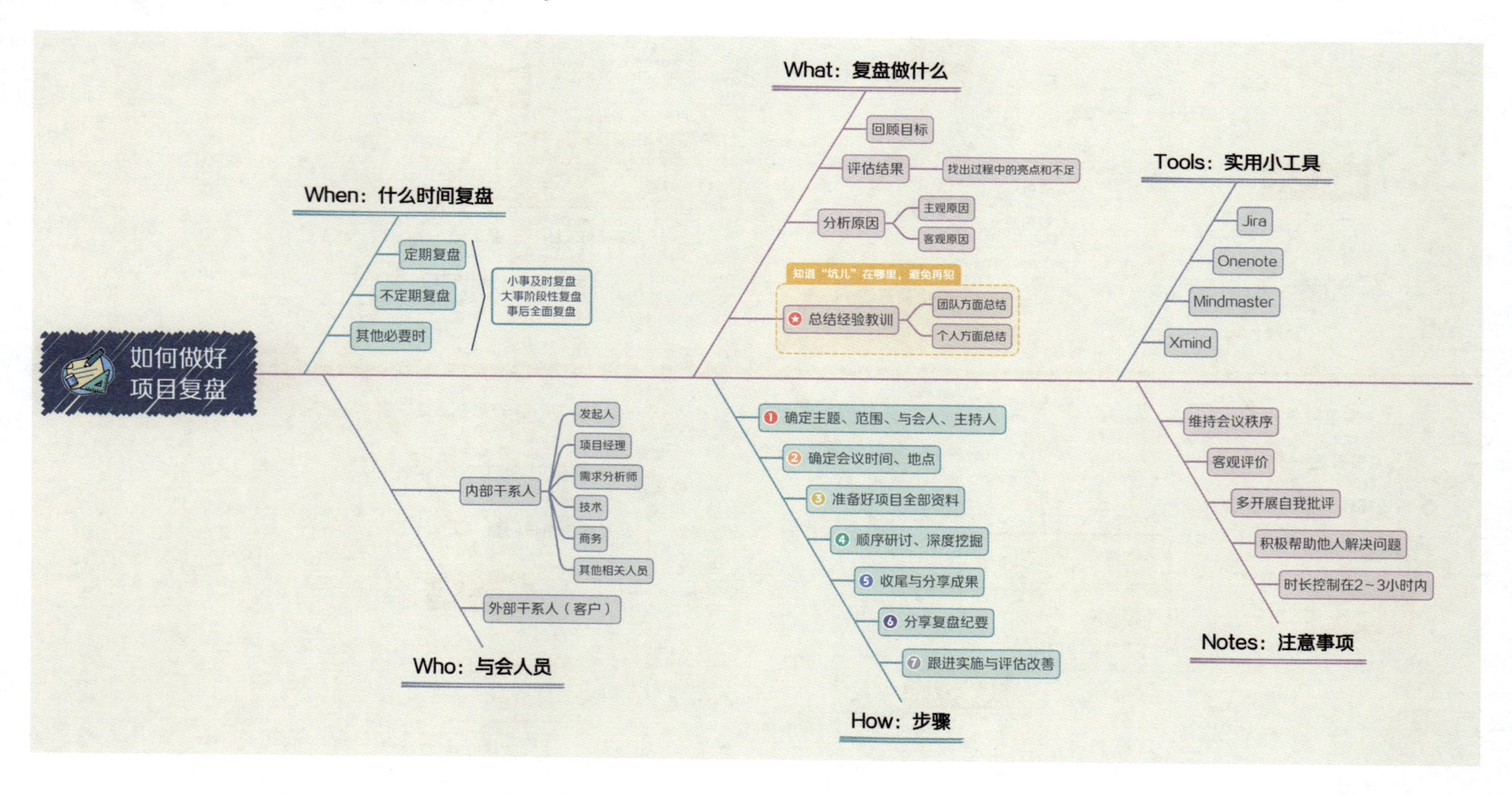

鱼骨图绘制三步法

鱼骨图的绘制过程相对比较简单，可以直接利用 Xmind 中的“鱼骨图”结构来完成。绘制的过程可以概括为 3 个步骤（见下图）：

第 1 步，明确要解决的问题，填写鱼头；

第 2 步，从各个角度进行思考，找出要因，填写鱼骨主干；

第 3 步，在找出的要因上深挖，深入思考更多具体细节，填写鱼骨分支。

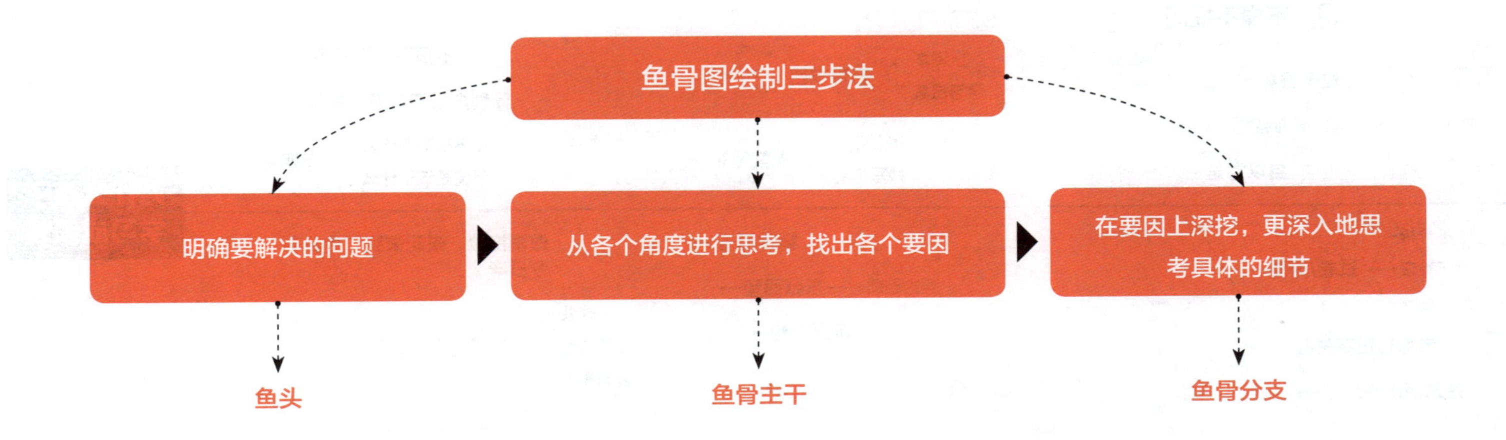

下面以“为什么孩子学习成绩差”思维导图为例，讲解鱼骨图的具体绘制方法。

[实例文件] 04 / 实例文件 / 为什么孩子学习成绩差.xmind

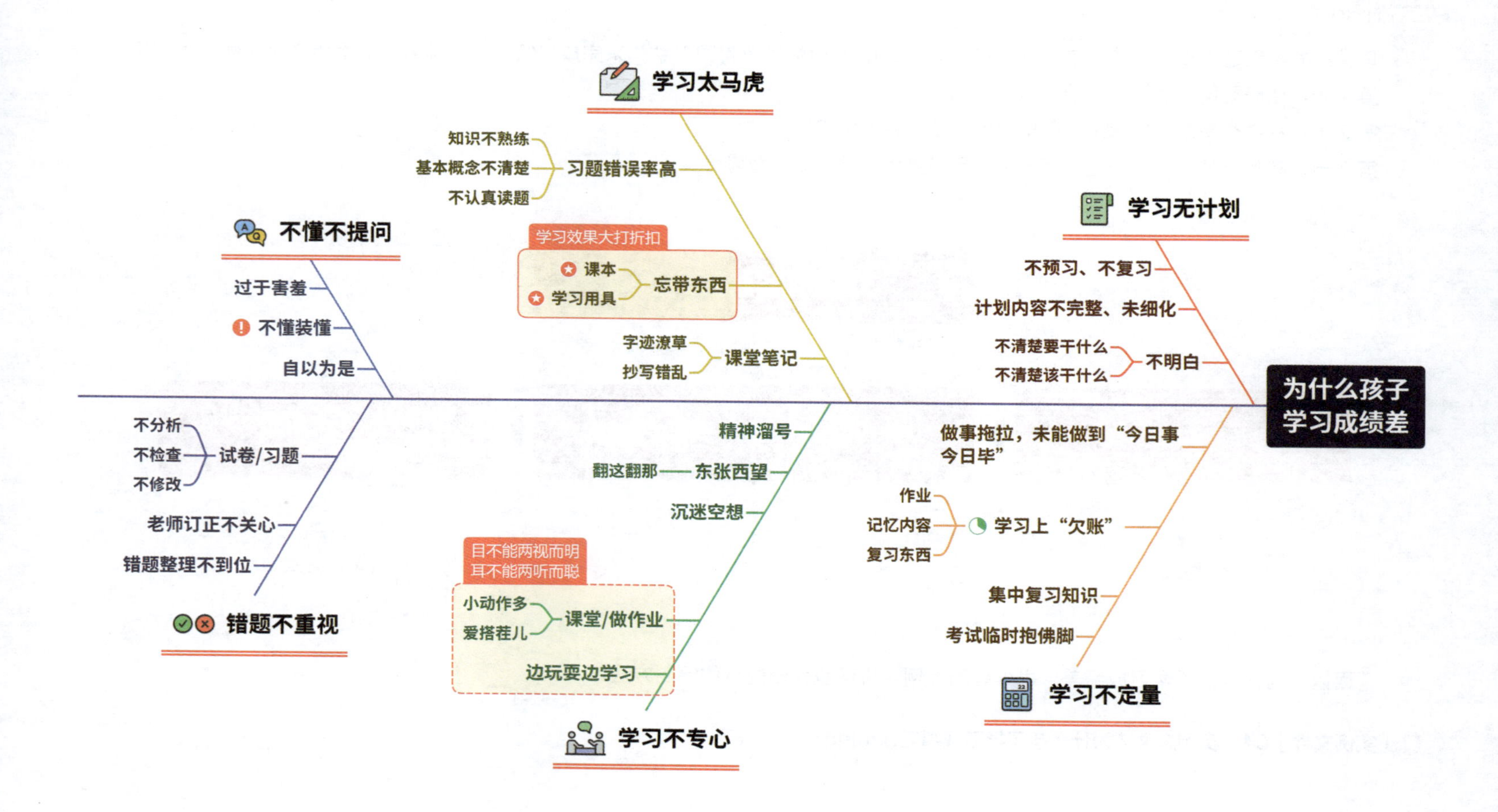
学习太马虎
知识不熟练
基本概念不清楚
不认真读题
习题错误率高
学习效果大打折扣
课本
学习用具
忘带东西
字迹潦草
抄写错乱
课堂笔记
学习无计划
不预习、不复习
计划内容不完整、未细化
不清楚要干什么
不清楚该干什么
不明白
不懂不提问
过于害羞
不懂装懂
自以为是
为什么孩子
学习成绩差
不分析
不检查
不修改
试卷/习题
老师订正不关心
错题整理不到位
错题不重视
精神溜号
翻这翻那
东张西望
沉迷空想
目不能两视而明
耳不能两听而聪
小动作多
爱搭茬儿
课堂/做作业
边玩耍边学习
学习不专心
做事拖拉，未能做到“今日事
今日毕”
作业
记忆内容
复习东西
学习上“欠账”
集中复习知识
考试临时抱佛脚
学习不定量

- **明确问题，制作鱼头**

绘制鱼骨图，首先需要明确要解决的问题，这里的问题是“为什么孩子学习成绩差”。明确问题之后，就可以绘制鱼骨图了。打开 Xmind，新建一个思维导图，然后选择“鱼骨图”结构，并修改结构布局。根据前面的介绍，用于原因分析的鱼骨图的鱼头一般在右侧，原因在左侧，因此这里把问题“为什么孩子学习成绩差”填写在鱼头中。

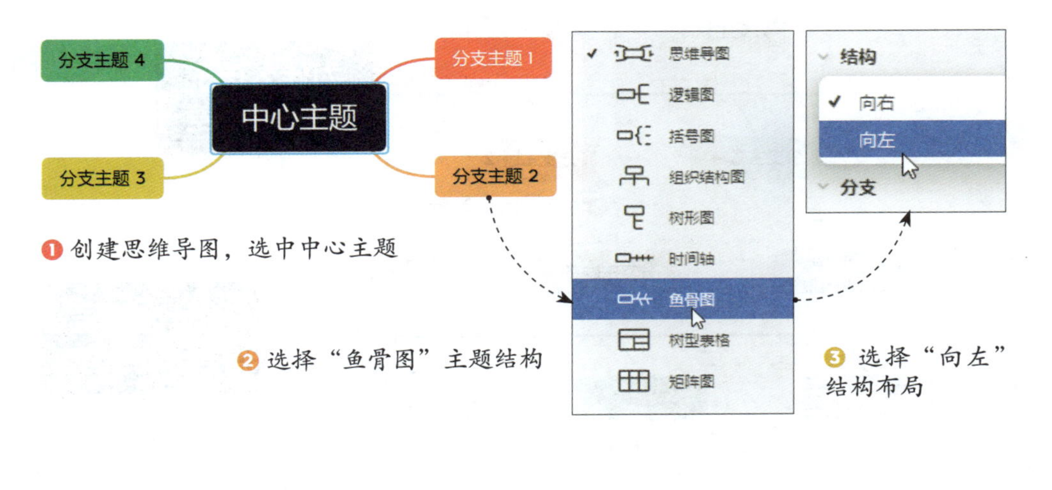

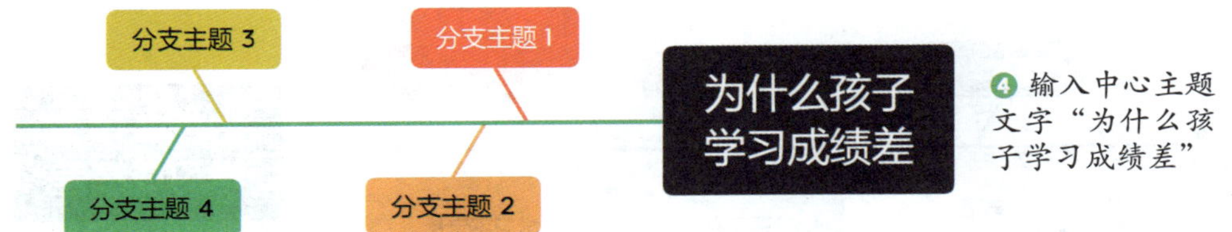

Q 提问

1. 鱼骨图的主要应用场景有哪些？

2. 鱼骨图的创作主要使用 Xmind 中的哪种主题结构？

Q 提问

3．如何添加鱼骨分支？

- **从不同角度找原因，确定鱼骨主题**

明确问题后，接下来就可以从不同角度分析问题。孩子学习成绩差的主要原因归纳起来有 6 点：学习没有计划、学习不定量、学习太马虎、学习不专心、不懂不提问、错题不重视。默认模板已有 4 个分支主题，因此，先添加 2 个分支主题，再把 6 个主要原因填写到鱼骨主干上。

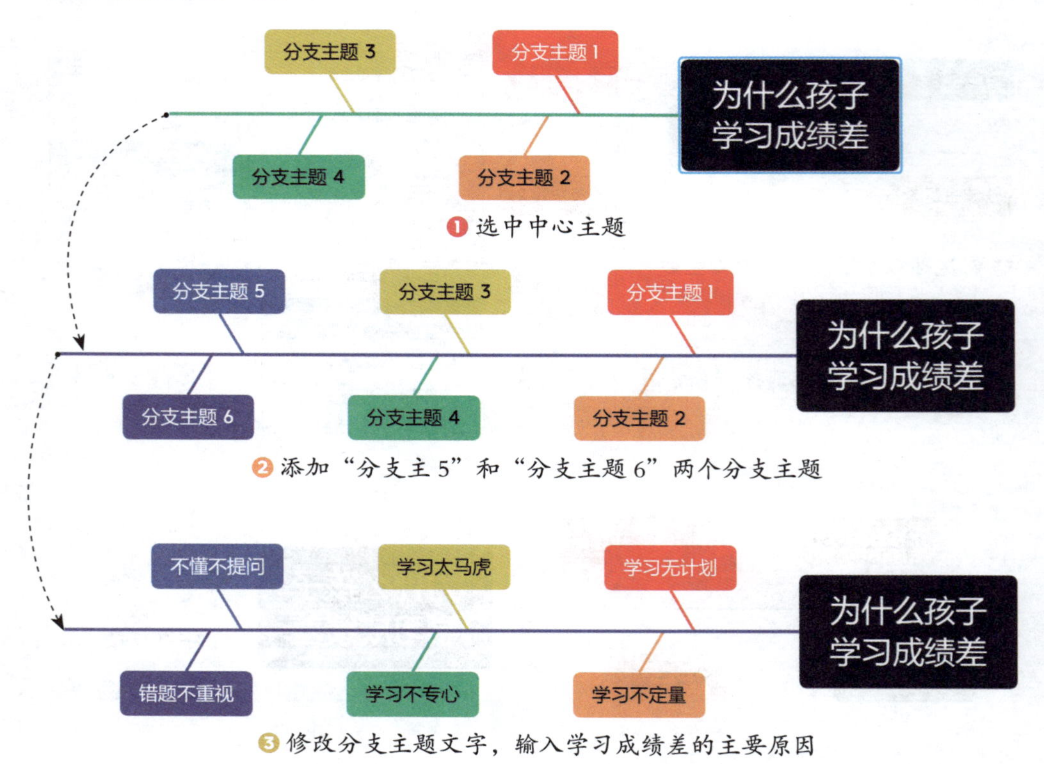

❶ 选中中心主题

❷ 添加“分支主 5”和“分支主题 6”两个分支主题

❸ 修改分支主题文字，输入学习成绩差的主要原因

● 从不同角度找原因，填写鱼骨主题

最后，对主要原因做进一步的分析和补充，在每一个主要原因的分支主题下添加子主题，罗列更具体的原因，制作出鱼骨的分支。这样一个简单的鱼骨图就制作完成了。为了让鱼骨图的结构更清晰、形式更生动，可以为鱼骨图添加外框、标记、贴纸、插画等逻辑元素和图像元素。

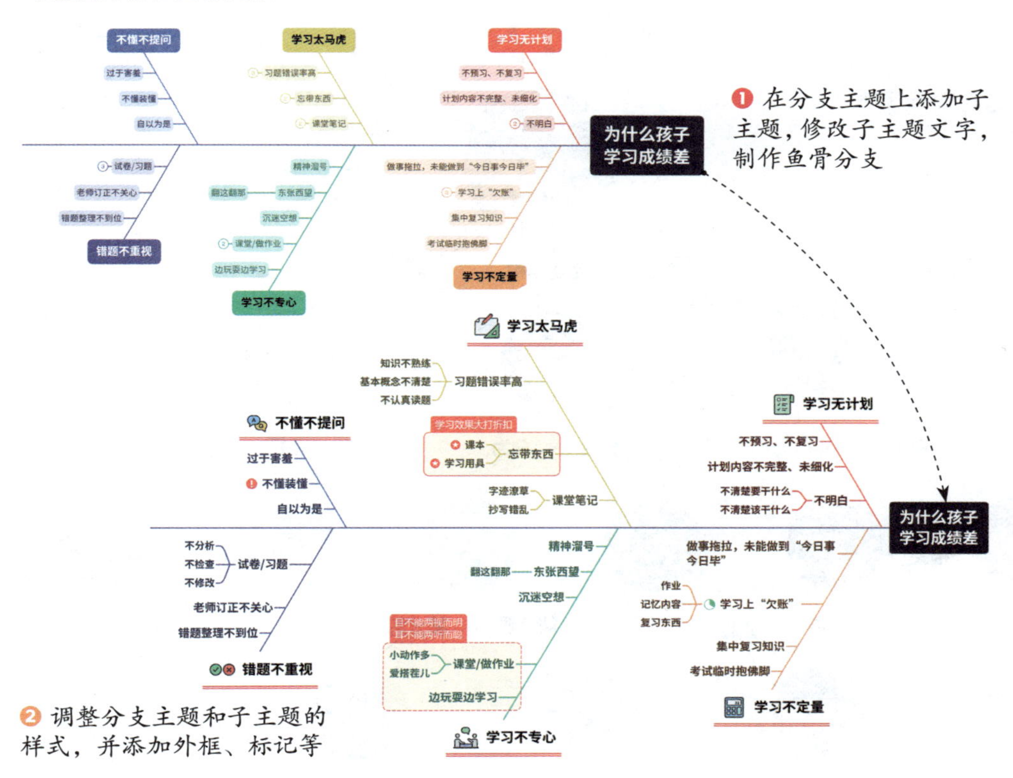

T 思考

把不熟悉的内容写下来吧。

概念图：承载多种关系

概念图最早是由康奈尔大学的诺瓦克教授提出的，它是一种组织和表征知识的工具，以综合和分层的形式展示概念之间的空间网络结构。本节将介绍概念图的基本组成、应用场景和创作流程。

概念图的基本组成

概念图大多是由节点、连接线、文字标注组成的，如右图所示。其中，节点表示概念，连接线表示概念之间的关系。

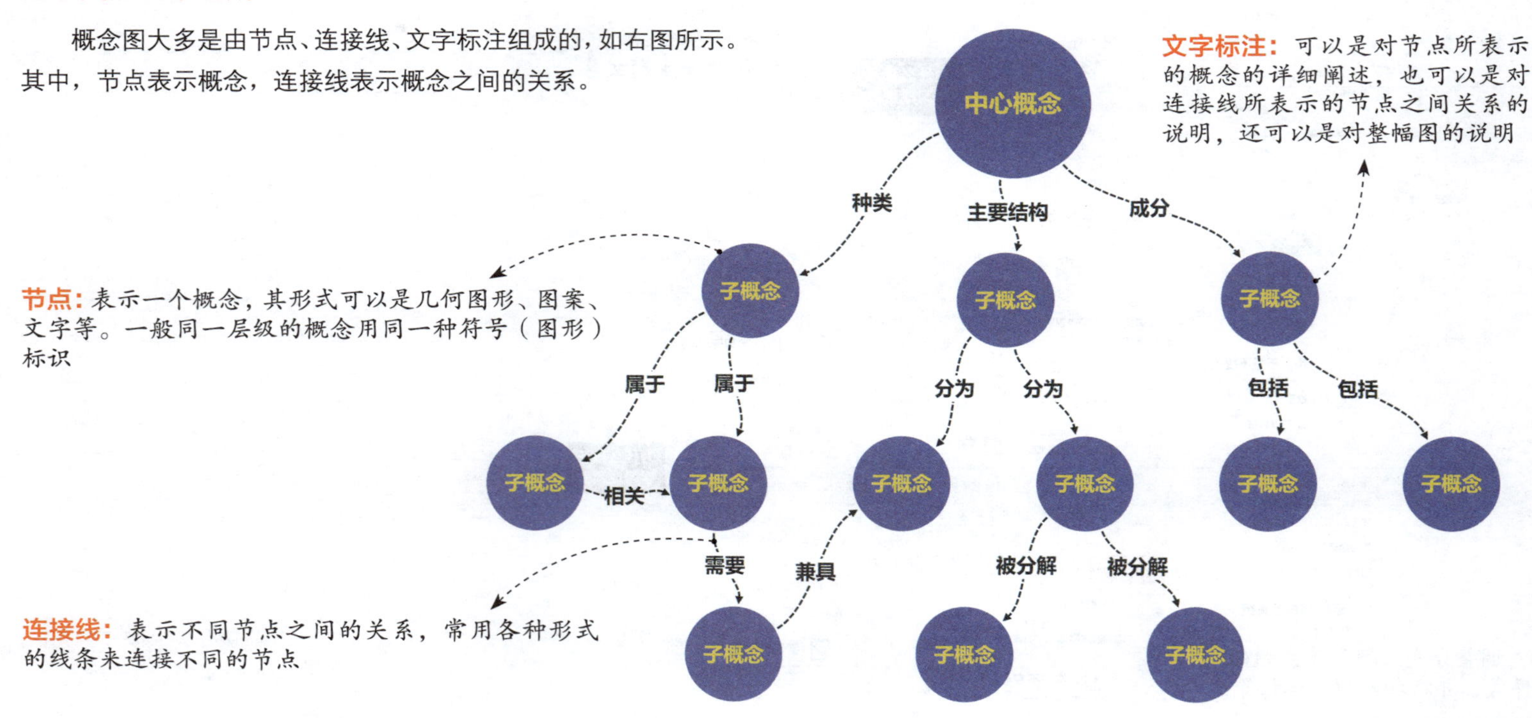

概念图的应用场景

因为概念图可以比较直观地展示复杂概念之间的关系，所以它常用于制作学科知识体系图或人物关系图。

● 展示学科知识体系

用概念图展示学科知识体系可以帮助理解和记忆知识点。先把某一学科的相关知识点罗列出来，然后用连接线连接这些知识点，并添加文字标注，就能得到一张完整的概念图，如下图所示。

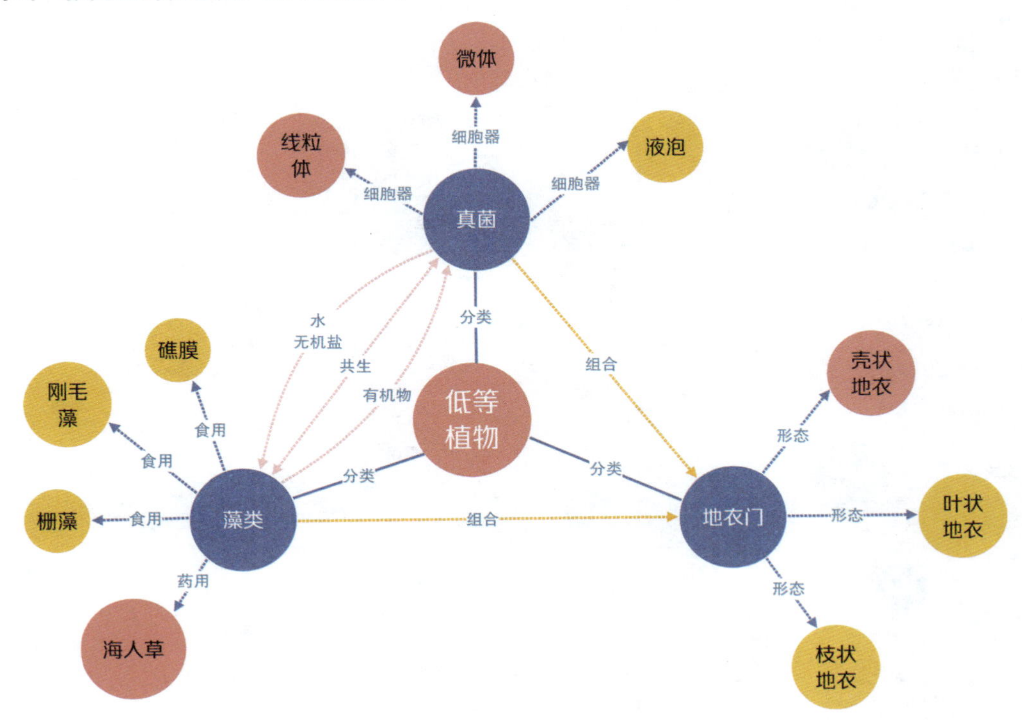

- **厘清人物关系**

当小说或影视作品中的人物众多且人物之间的关系比较复杂时，可以利用概念图梳理人物关系网络。先列出主要人物，再在其周围分散列出与其有关联的次要人物，然后将人物用连接线连接起来，最后用文字标注说明人物关系的类型，如下图所示。

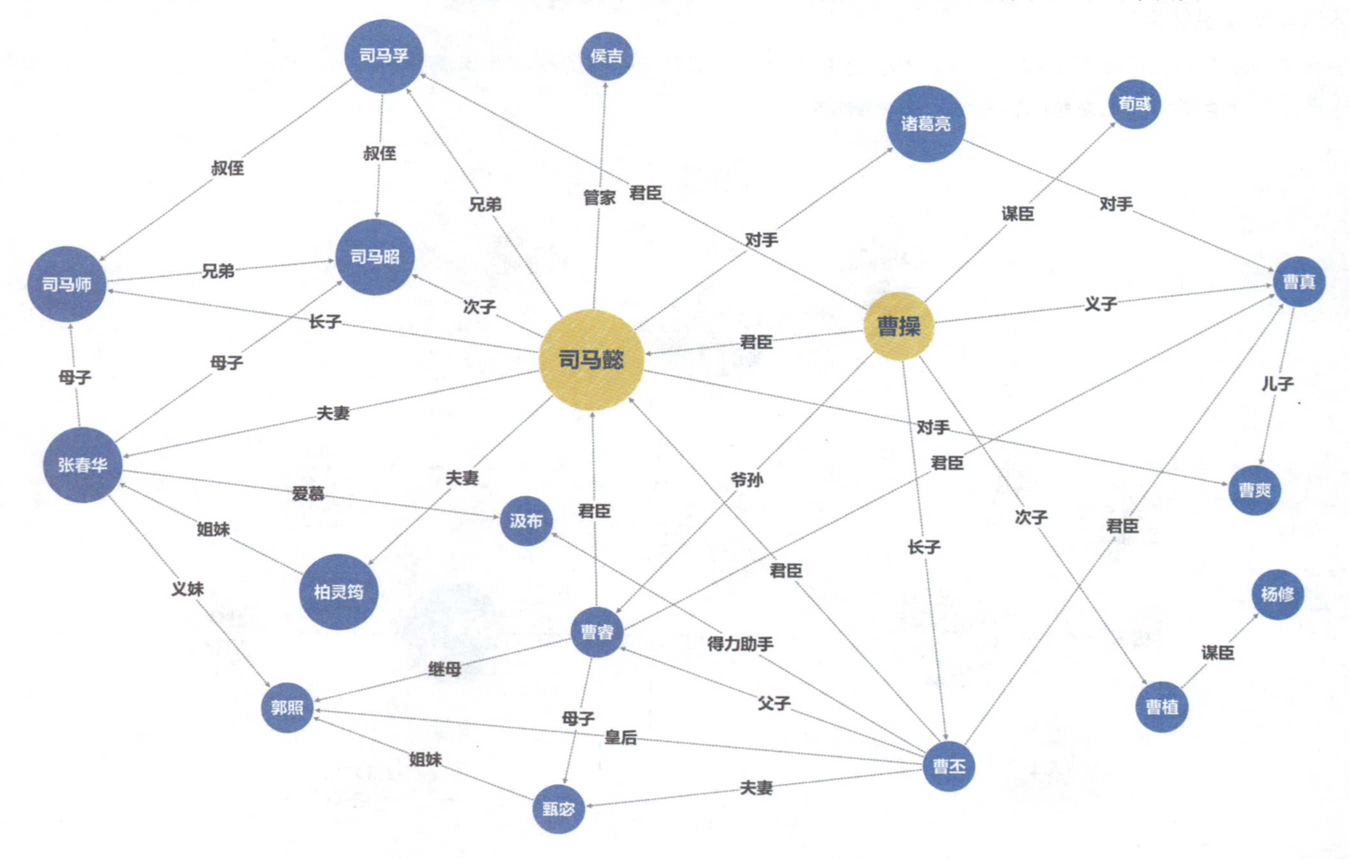

概念图的绘制流程

在 Xmind 中绘制概念图主要有两个步骤：第 1 步，利用自由主题罗列所有概念；第 2 步，利用联系梳理概念之间的关系。下面以高中地理知识“大气”概念图为例，讲解具体的绘制方法。

[实例文件] 04 / 实例文件 / 大气.xmind

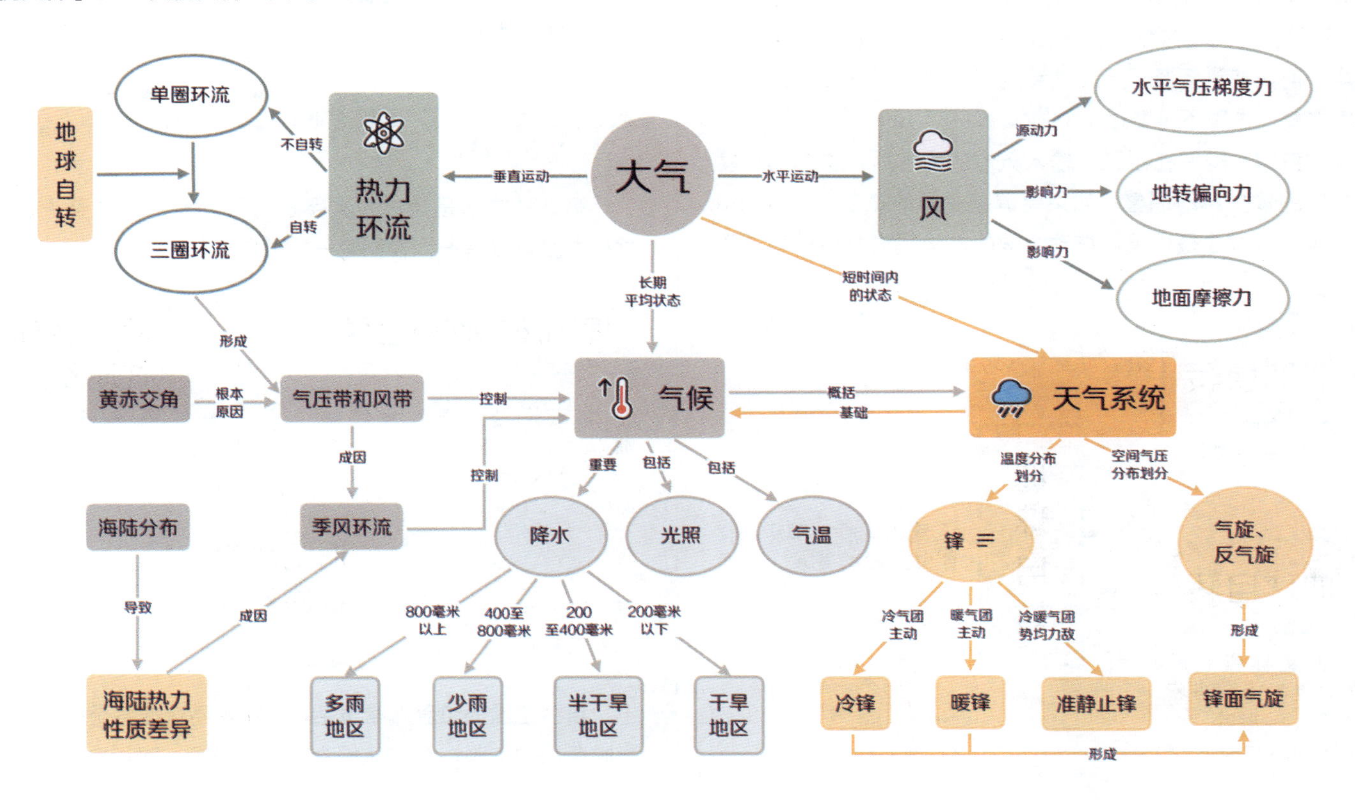

● 利用自由主题罗列概念

创建概念图的首要操作是将与主题相关的所有概念罗列出来。可以先罗列概括性的概念，然后在此基础上继续增加具体的概念。

在 Xmind 中，罗列概念会用到多个自由主题，因此，需要在“格式”面板的“画布”选项卡下开启“灵活自由主题”和“主题层叠”功能。前面在讲解竖屏导图的绘制过程时已经介绍过自由主题的创建方式，这里不再赘述。

当添加自由主题并在主题中输入概念的内容后，主题的宽度会根据文字的多少自动调整。如果要调整主题的宽度，主要有 3 种方法。第 1 种方法是用鼠标拖动主题的左边框或右边框来调整主题的宽度。

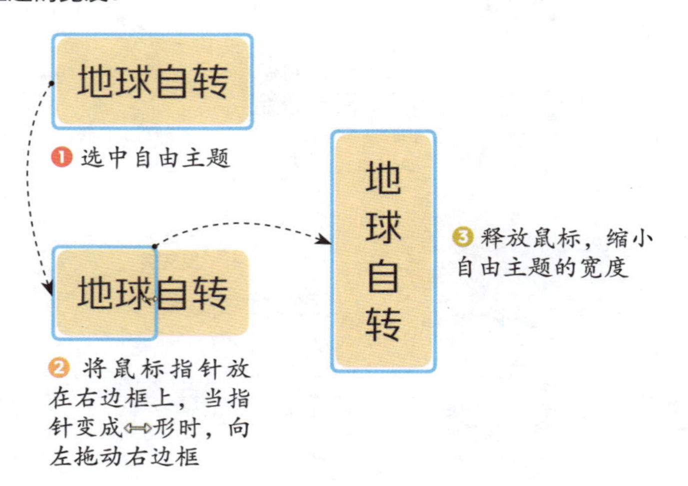

第 2 种方法是在“格式”面板的“样式”选项卡下利用“宽度”选项精确设置主题的宽度。

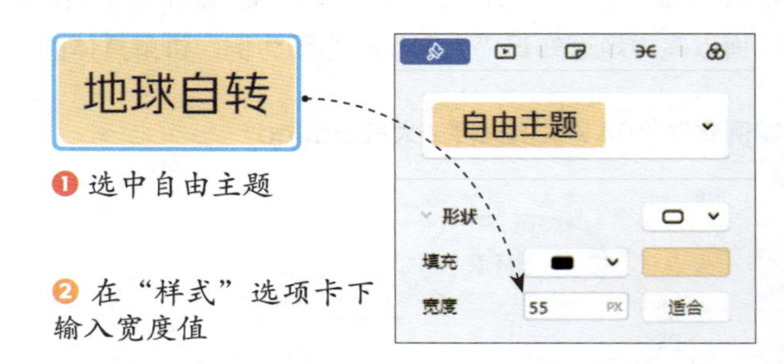

第 3 种方法是通过对文字进行强制换行来调整主题的宽度。这种方式可以精准地控制每一行的字数。

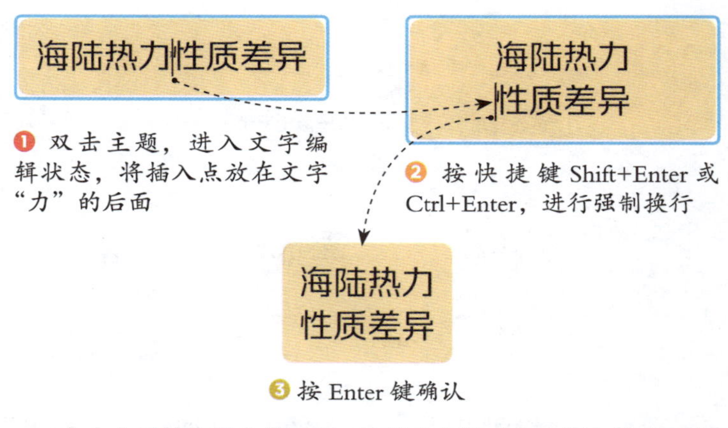

自由主题的位置非常灵活，这就容易造成各个概念错落不齐，影响版面的美观。为了让概念有序地排列，可以利用 Xmind 提供

的“自由主题对齐”功能对齐自由主题。对齐的方式包括居左、垂直居中、居右、居上、水平居中、居下。

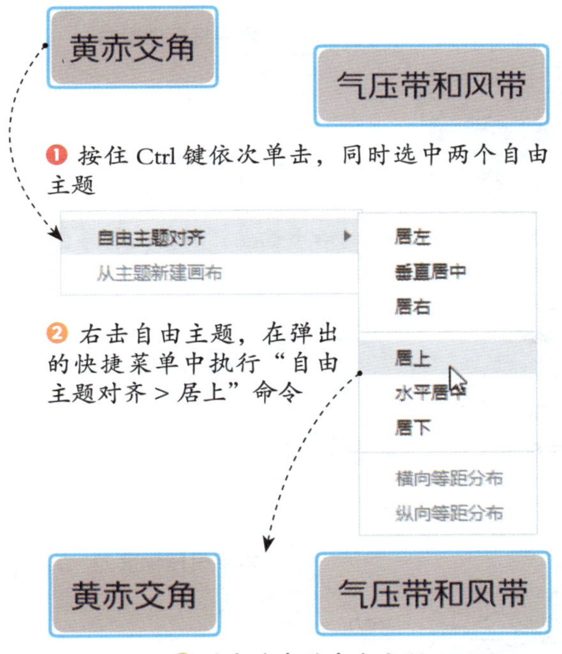

❸ 对齐选中的自由主题

如果想要将多个自由主题间隔均匀地分布在画布中，可以使用右键快捷菜单中“自由主题对齐”下的“横向等距分布”或“纵向等距分布”命令。“横向等距分布”命令是从最左边的对象开始自左向右以相等的水平间距分布选定的自由主题，“纵向等距分布”命令是从最上面的对象开始自上而下以相等的垂直间距分布选定的自由主题。

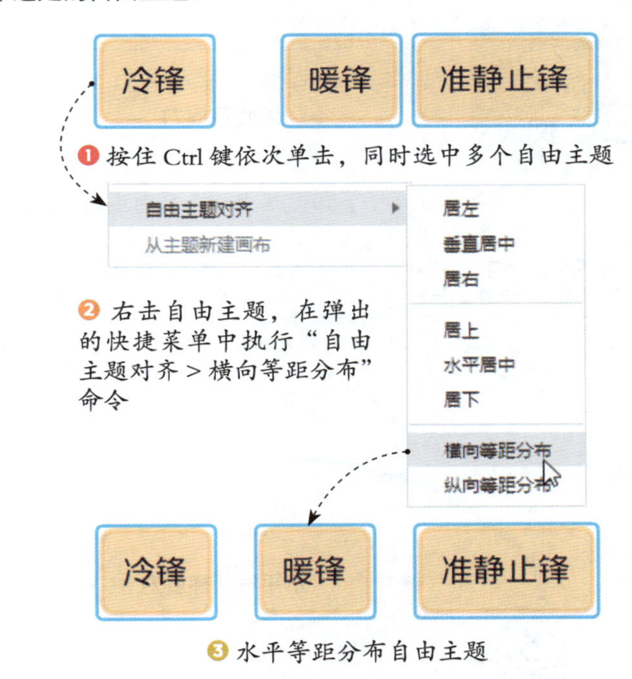

❸ 水平等距分布自由主题

在自由主题间建立联系

自由主题和联系的组合可以绘制出各种结构的概念图。选中自由主题，单击工具栏中的“联系”按钮，即可在自由主题之间添加联系。

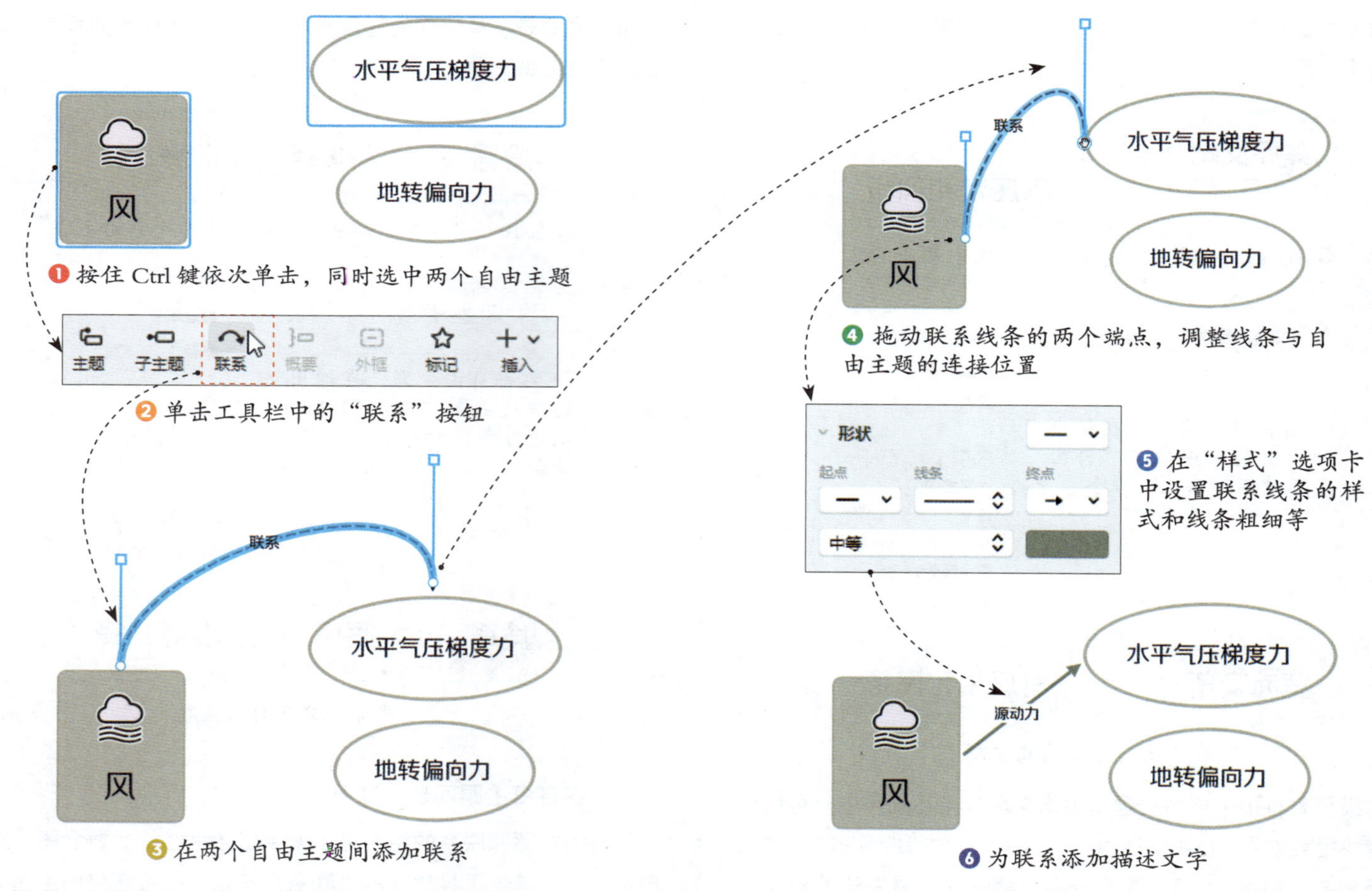

创建一个联系并设置好该联系的格式后，可以单击“样式”选项卡中的“更新”按钮，将该联系的格式设置批量应用到其他联系上。

流程图：指引目标走向

流程图用图形来描述工作的步骤和过程，它可以清晰地展示任务计划、完成步骤、检查点等，帮助我们更好地理解工作流程，更合理地梳理逻辑关系，避免流程或逻辑上出现遗漏，以确保任务的完整性和正确性。本节将介绍流程图的特点、应用场景、绘制流程等。

流程图的特点

流程图利用图形表示各种步骤及步骤的执行顺序，具有相对清晰的指向性，如右图所示。

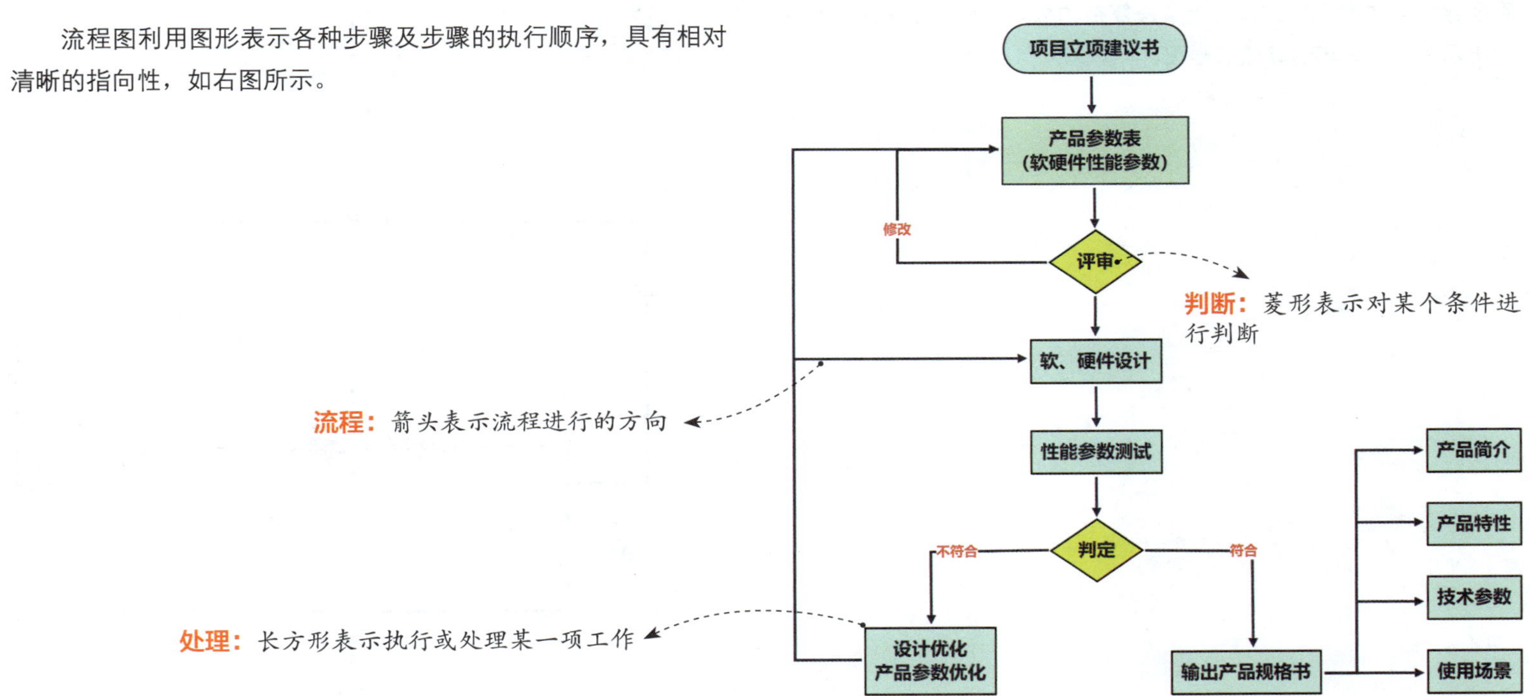

流程图的应用场景

流程图能简洁、准确地表达解决问题的步骤，因此可以应用在科学研究、数学求解、模拟分析、企业管理、信息系统设计、技术流程实施、业务流程设计等领域。

● 解决数学算法问题

流程图在解决数学问题的过程中有着不可替代的作用。它能清楚地展现数学算法的逻辑结构，为解决复杂的数学问题提供清晰的思路。右图所示为判断闰年的算法流程图。

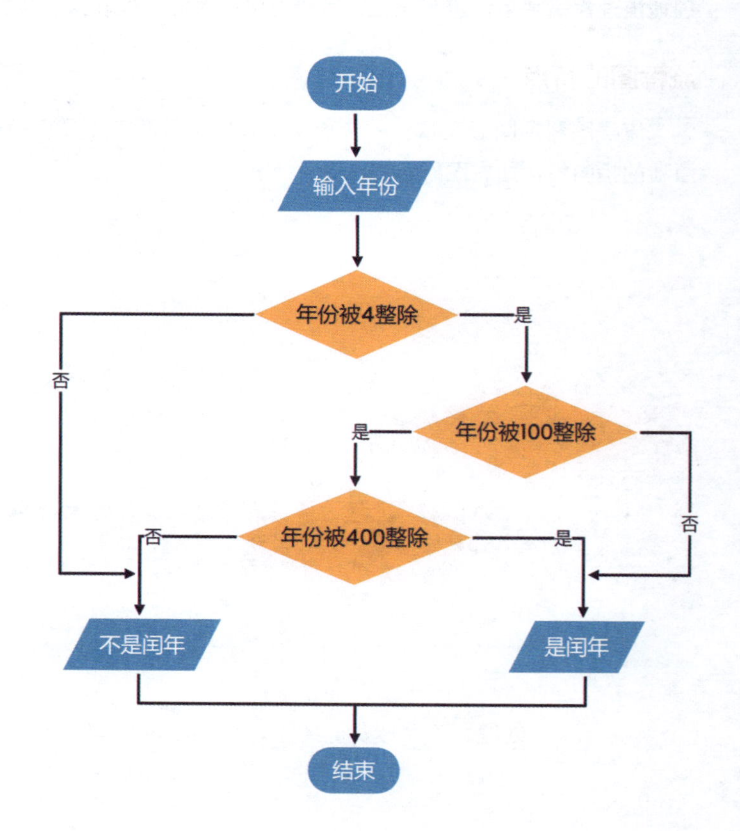

- **描述生产工序流程**

在工业生产中，流程图常用于安排工程作业进度，帮助管理者更合理地调配作业人员。也可以从任务的总进度入手，按照工作或工序的先后顺序和相互关系绘制流程图，以反映任务的全貌，更好地提高工作效率。右图所示的流程图即完整地展示了一款产品的生产过程。

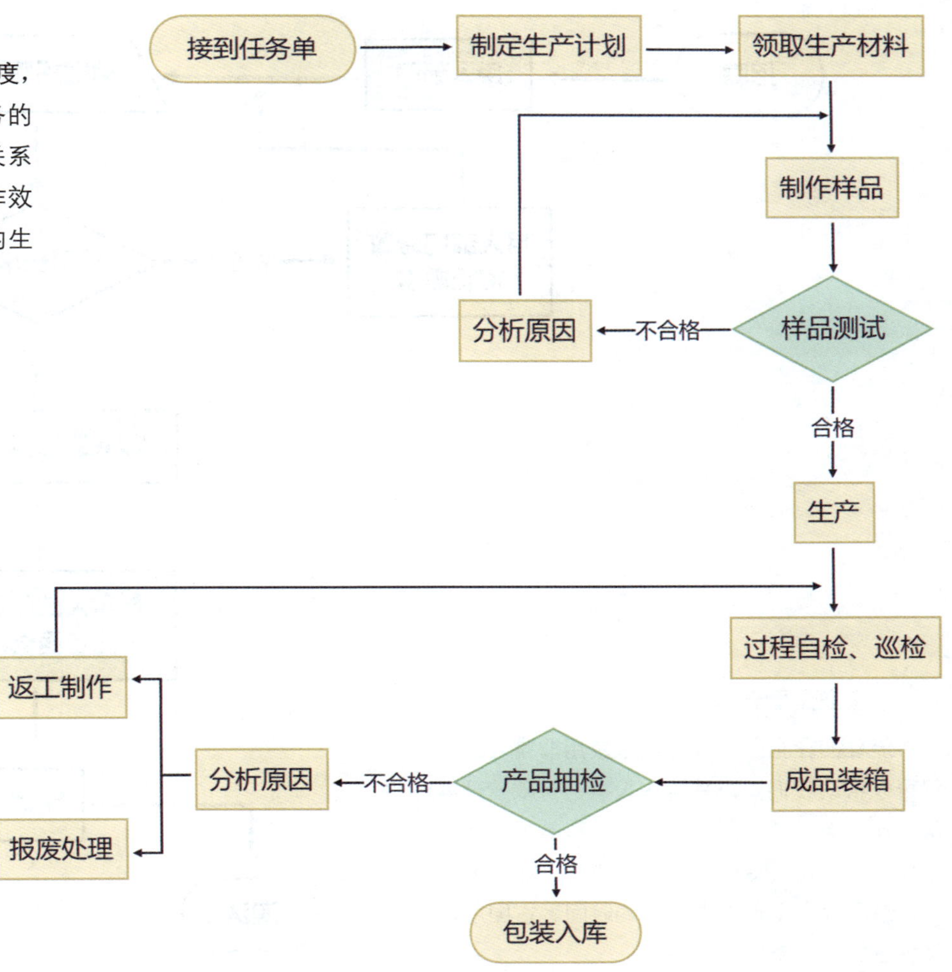

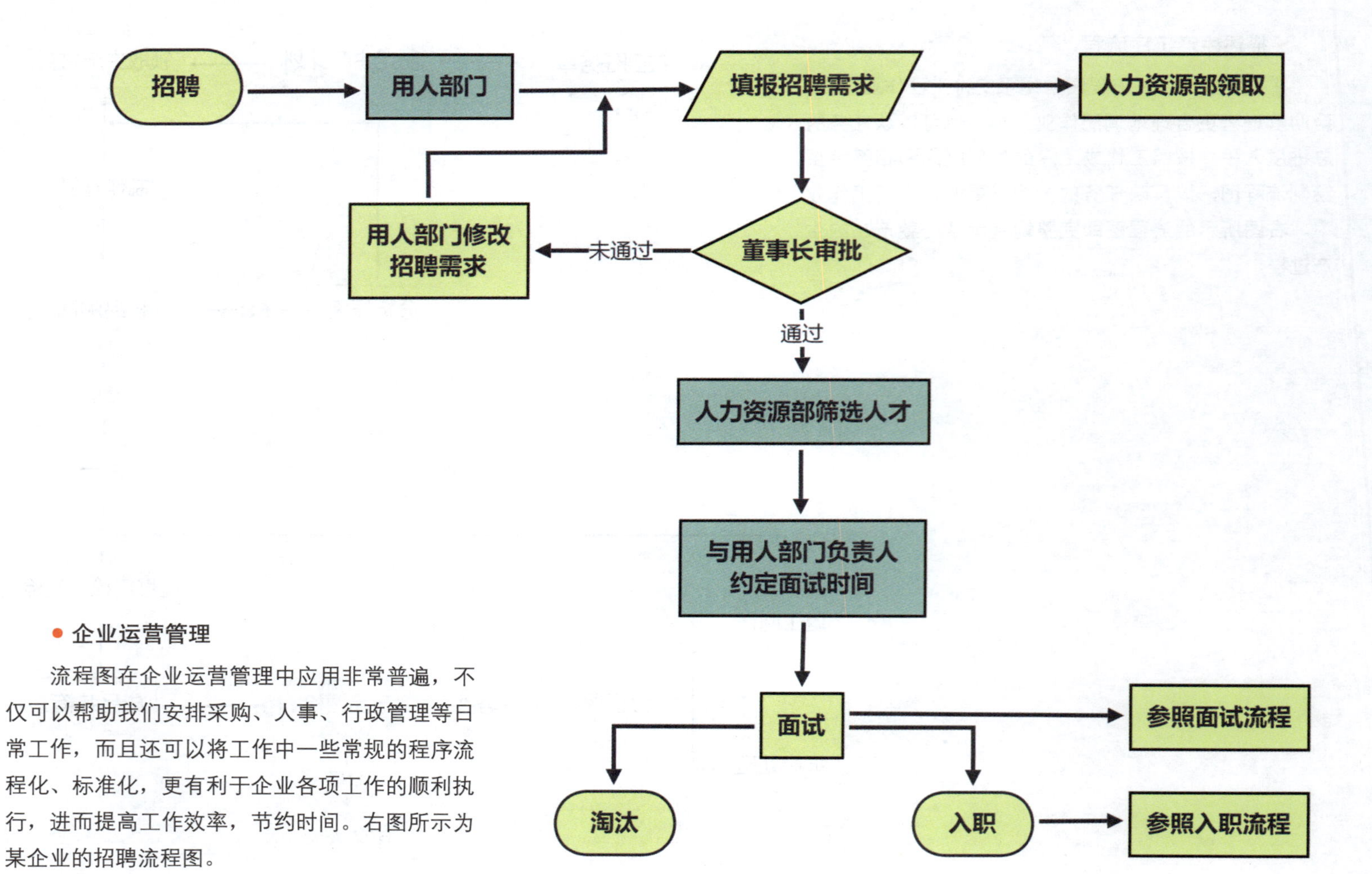

● 企业运营管理

流程图在企业运营管理中应用非常普遍，不仅可以帮助我们安排采购、人事、行政管理等日常工作，而且还可以将工作中一些常规的程序流程化、标准化，更有利于企业各项工作的顺利执行，进而提高工作效率，节约时间。右图所示为某企业的招聘流程图。

梳理会议流程

会议的策划者和组织者可以利用流程图梳理会议的整个过程，以便合理安排人、财、物等资源，保障会议的顺利召开。右图所示为筹备某次会议时绘制的流程图，可以直观地看到整个会议的流程。

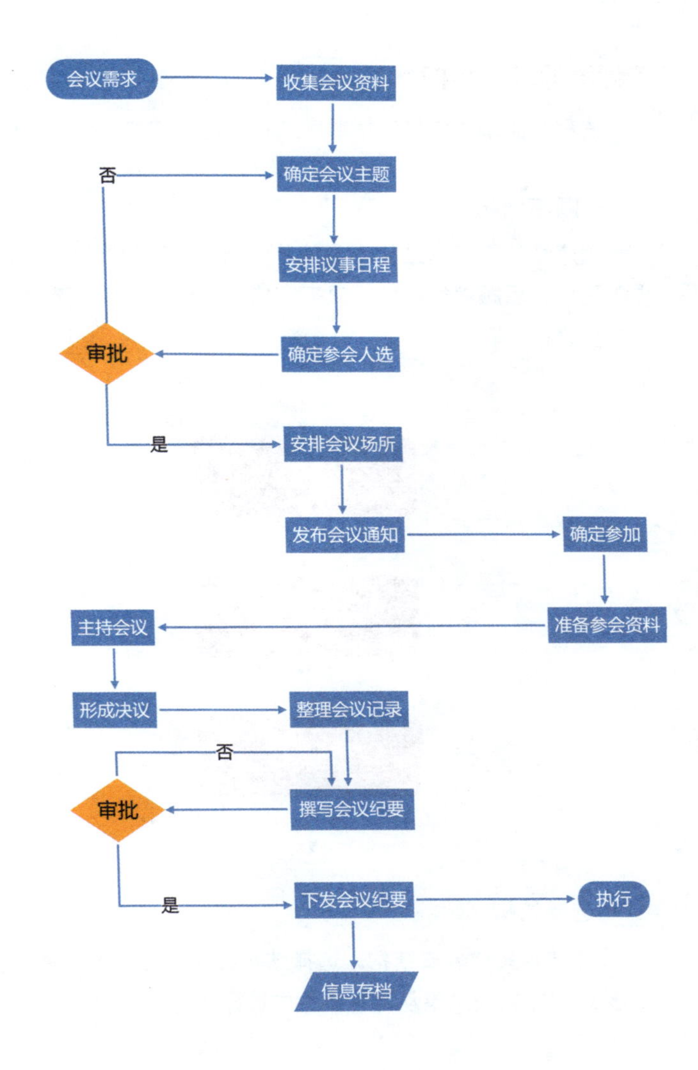

流程图的基本结构

流程图的基本结构包括顺序结构、选择结构、循环结构。利用这三大基本结构就能描述流程执行的全过程。

● 顺序结构

顺序结构是基本结构中最简单的结构。在顺序结构中，各个步骤是按先后顺序执行的，只有完成了上一个步骤，才会进入下一个步骤。

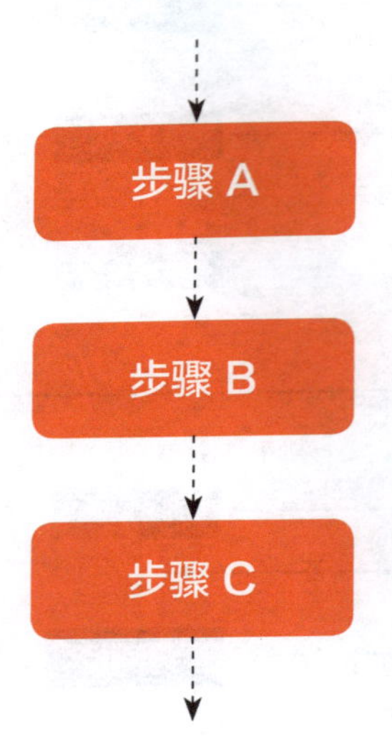

● 选择结构

选择结构又称分支结构。选择结构会判断给定的条件是否成立，然后根据判断结果从两种操作中选择执行一种操作。

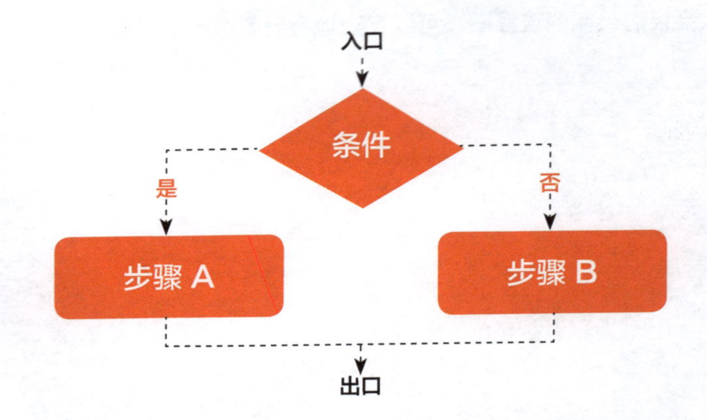

在实践中，选择结构的某一判断结果对应的操作可以为空。

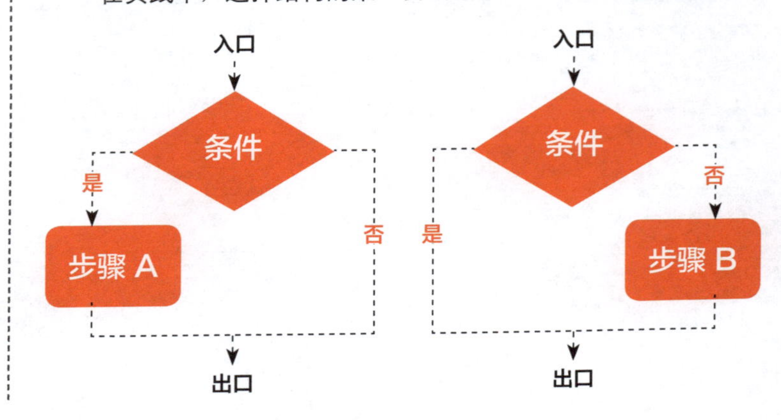

- **循环结构**

循环结构也称重复结构，即在一定条件下反复执行某一操作的流程结构。它包括循环变量、循环体、循环终止条件 3 个要素。循环结构又可以细分为入口控制循环和出口控制循环。

入口控制循环是先判断循环终止条件是否成立，如果成立，则执行循环体，并再次判断条件是否成立，如果条件仍然成立，则继续执行循环体，如此反复，直到条件不成立时终止循环。简单来说，入口控制循环是在每次执行循环体前先对条件进行判断，仅当条件成立时才执行循环体。

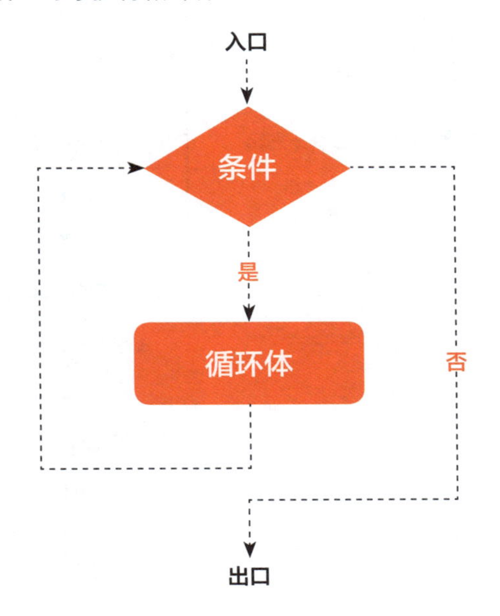

出口控制循环是先执行循环体，再判断循环终止条件是否成立，如果成立，则再次执行循环体，如此反复，直到条件不成立时终止循环。

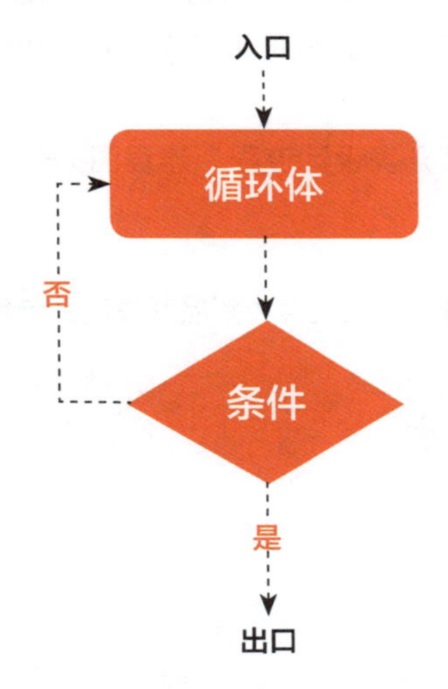

总结来说，入口控制循环有可能一次也不执行循环体，出口控制循环则会至少执行一次循环体。

在绘制流程图中的循环结构时，将循环终止条件写在判断框内，判断框的两个分支分别对应条件成立和条件不成立时所执行的不同操作，其中一个分支要指向循环体，然后从循环体回到判断框的入口处。

流程图的绘制技巧

在 Xmind 中，绘制流程图与绘制概念图类似，主要使用自由主题和联系来实现：先用自由主题添加具体的流程，再用联系标注流程执行的方向和顺序，并添加相应的注释或判断信息。

下面以“新品开发设计流程”流程图为例，讲解流程图的具体绘制方法。

[实例文件] 04 / 实例文件 / 新品开发设计流程.xmind

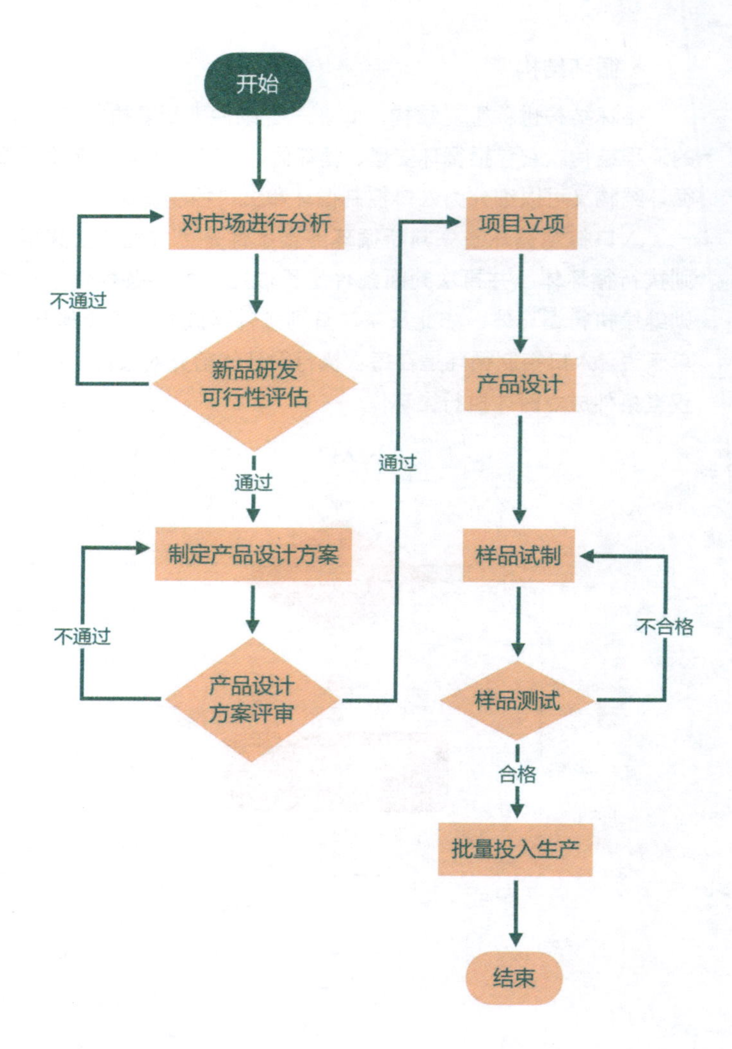

● **通过创建联系来添加流程**

在 Xmind 中绘制流程图时，为了提高效率，一般会直接通过创建联系来添加流程，而不是先创建自由主题，再添加自由主题之间的联系。

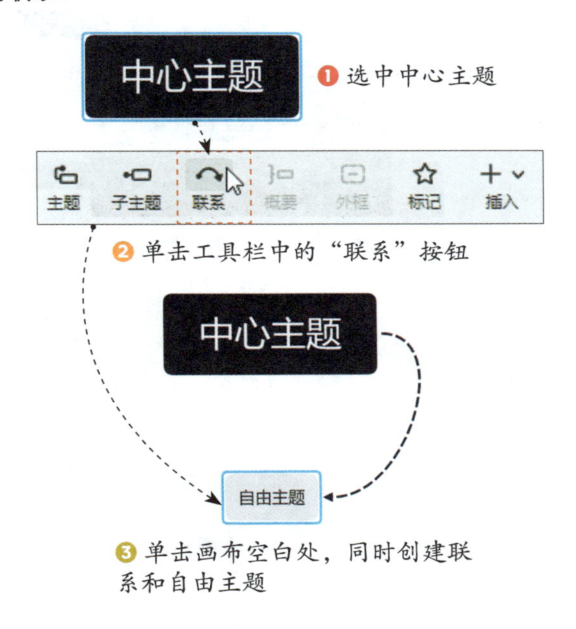

● **修改流程的内容和形状**

添加流程后，需要根据流程的类型修改主题的文字内容和形状，并适当设置格式。例如，表示流程的开始要用椭圆矩形，表示判断要用菱形等。

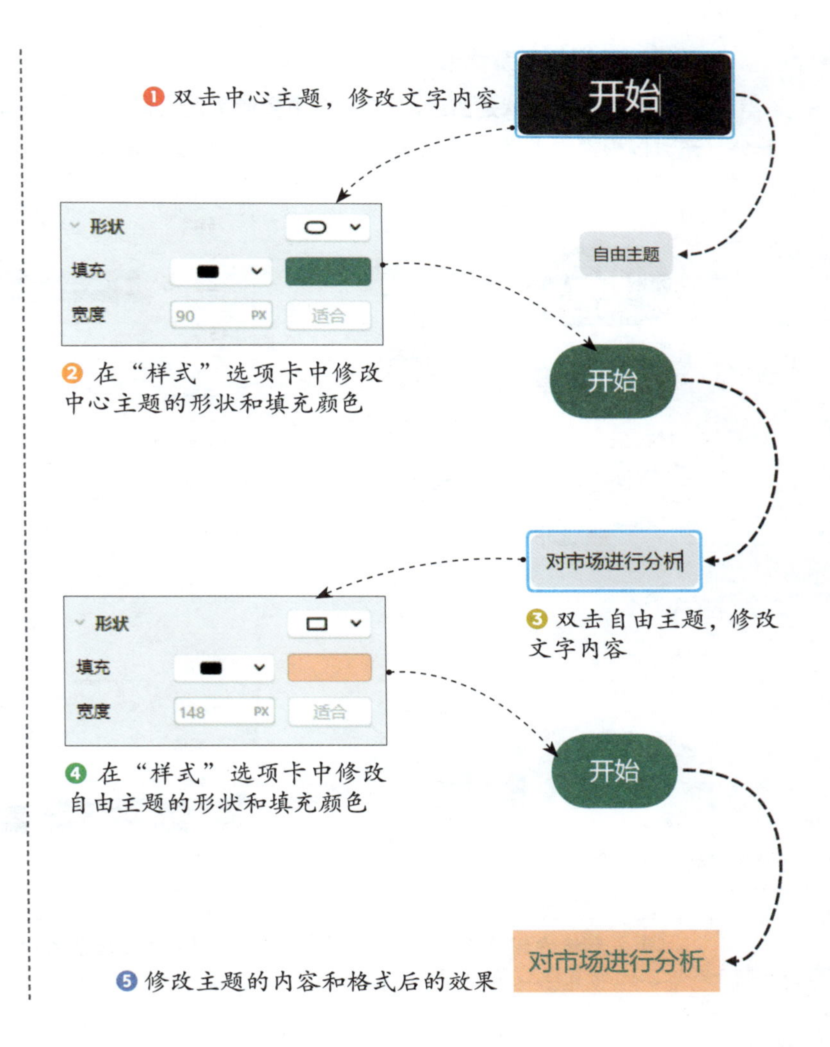

- **编辑流程间的联系线条**

联系线条的默认形状是曲线，而流程图中多使用直线和 Z 形线，因此，还需要在“格式”面板的“样式”选项卡中修改联系线条的形状。此外，还可以根据需求修改联系线条的样式、粗细和颜色等属性。

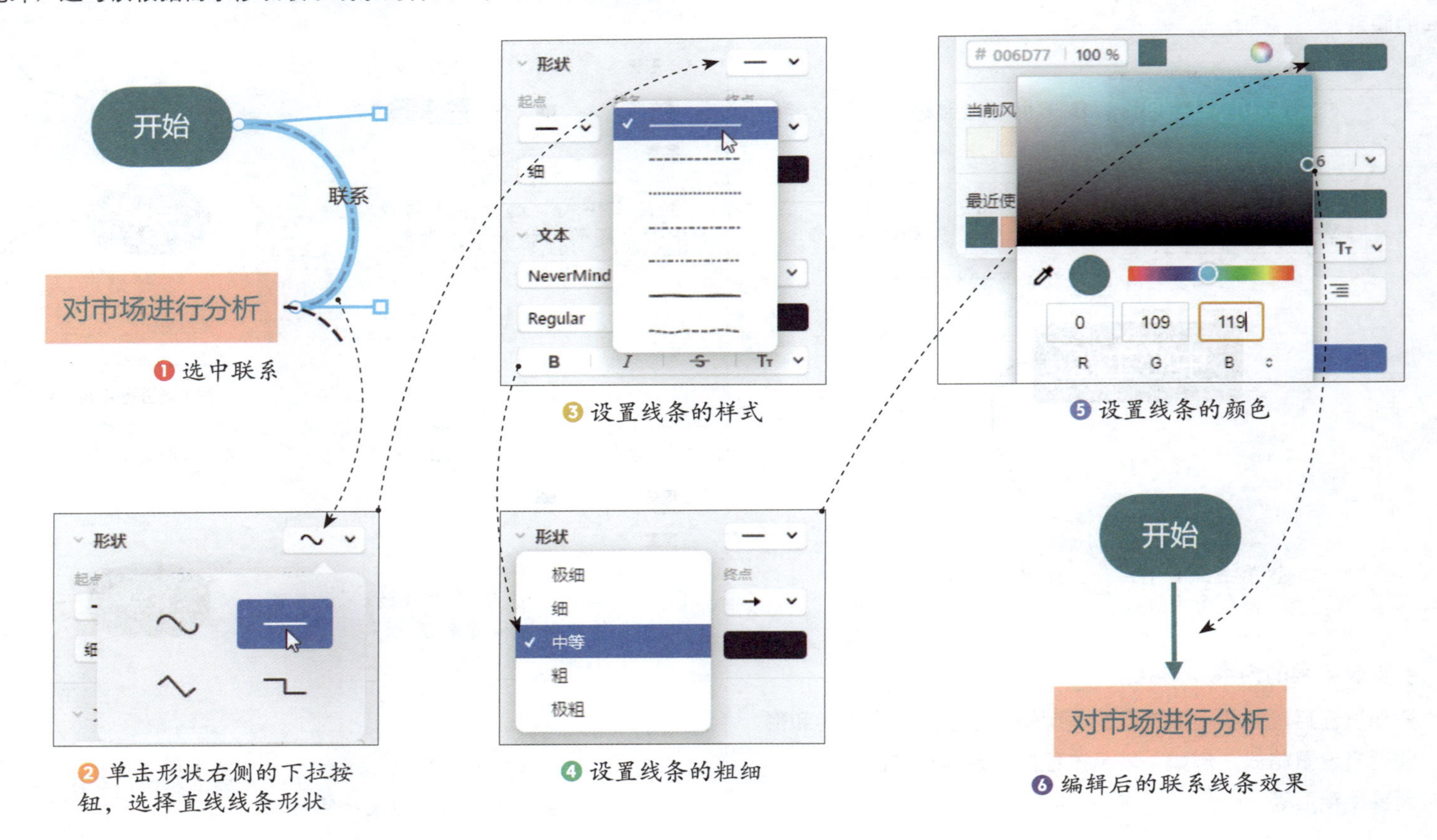

❶ 选中联系

❷ 单击形状右侧的下拉按钮，选择直线线条形状

❸ 设置线条的样式

❹ 设置线条的粗细

❺ 设置线条的颜色

❻ 编辑后的联系线条效果

- **通过拷贝和粘贴样式统一联系的格式**

修改完某个联系的格式后，可以通过右键快捷菜单中的“拷贝样式”命令和“粘贴样式”命令将设置好的格式快速应用到其他联系上。

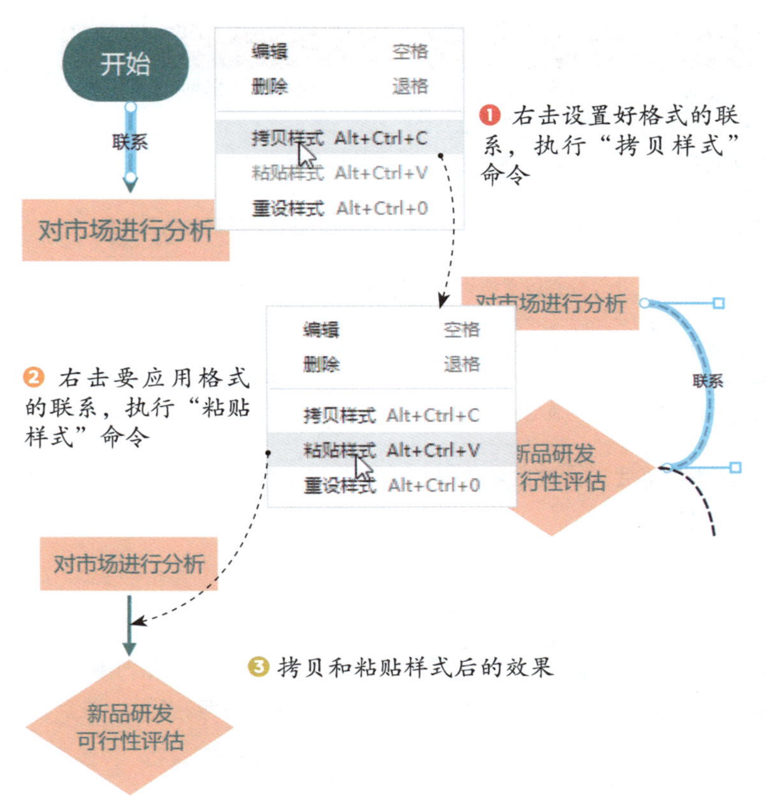

- **在联系上添加注释**

在流程图的选择结构和循环结构中需要对条件是否成立进行判断，因此，还需要在联系上添加注释来说明判断的结果。

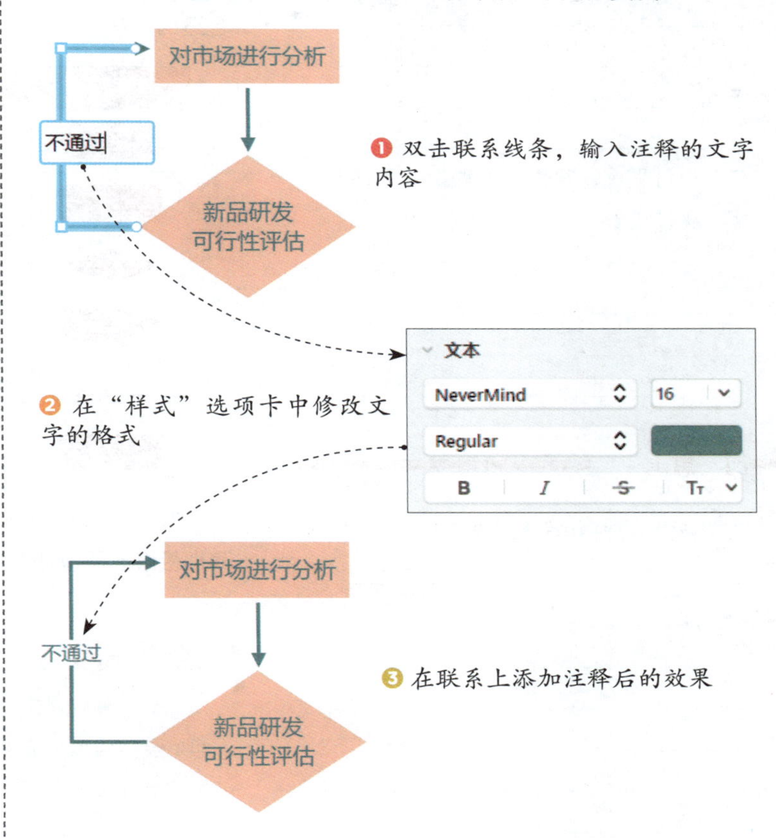

Q 提问

1. 如何通过创建联系来添加流程？

2. 如何更改流程之间的联系线条的外观样式？

T 思考

把不熟悉的内容写下来吧。

通过上面的学习，读者应该对流程图的结构和绘制方法有了一定的了解。下面补充一些绘制流程图的知识和技巧。

1. 下表列出了流程图中的常用图形符号。绘制流程图时，需要根据该表为主题选择合适的形状。

图形符号	名称	意义
	起止符	代表一个流程的开始或结束，起点不可省略且只有一个，而终点可以省略或有多个
	处理符	代表流程中的某一个步骤或操作
	决策判断符	代表对某一个条件进行判断，并选择流程的执行方向
	文档符	代表以文档的方式给出的输入或输出结果
	流程符	代表流程执行的方向与顺序
	输入 / 输出符	代表任何种类数据的输入与输出

2. 设置好一根联系线条的格式后，可以单击“样式”选项卡中的“更新”按钮，快速批量修改所有联系线条的格式。

总结

为了使流程图清晰、易懂，绘制流程图时应遵循一些基本要求：要使用规范的图形符号；流向要尽可能从左到右或从上到下；避免流程线条迂回交叉，难以看清；形状、线条、文字等元素的格式要统一。

第5章

思维导图中的记忆提升术

人的大脑容量是有限的。当面对庞杂的信息时，我们必须对信息进行整理，否则它们就会成为大脑的负担，不利于记忆。本章将讲解如何利用 Xmind 绘制思维导图，对信息进行结构化整理，从而提升理解和记忆信息的效果。

巧用外框划分板块

[素材文件] 05 / 素材文件 / 应用题体系-Before.xmind

昨天我在用思维导图汇总课程知识点时发现，每个板块的分支内容很多，而且内容也很相似。有没有什么好方法可以让思维导图中的不同分支表现出明显的差异呢？

在 Xmind 中，你可以考虑为不同的板块添加外框来突显差异，这样不仅可以区分不同的板块，而且可以让同一板块的知识点表现得更集中。

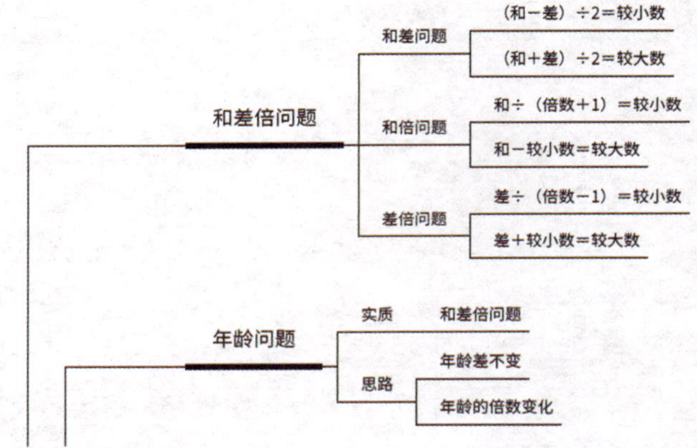

[实例文件] 05 / 实例文件 / 应用题体系-After.xmind

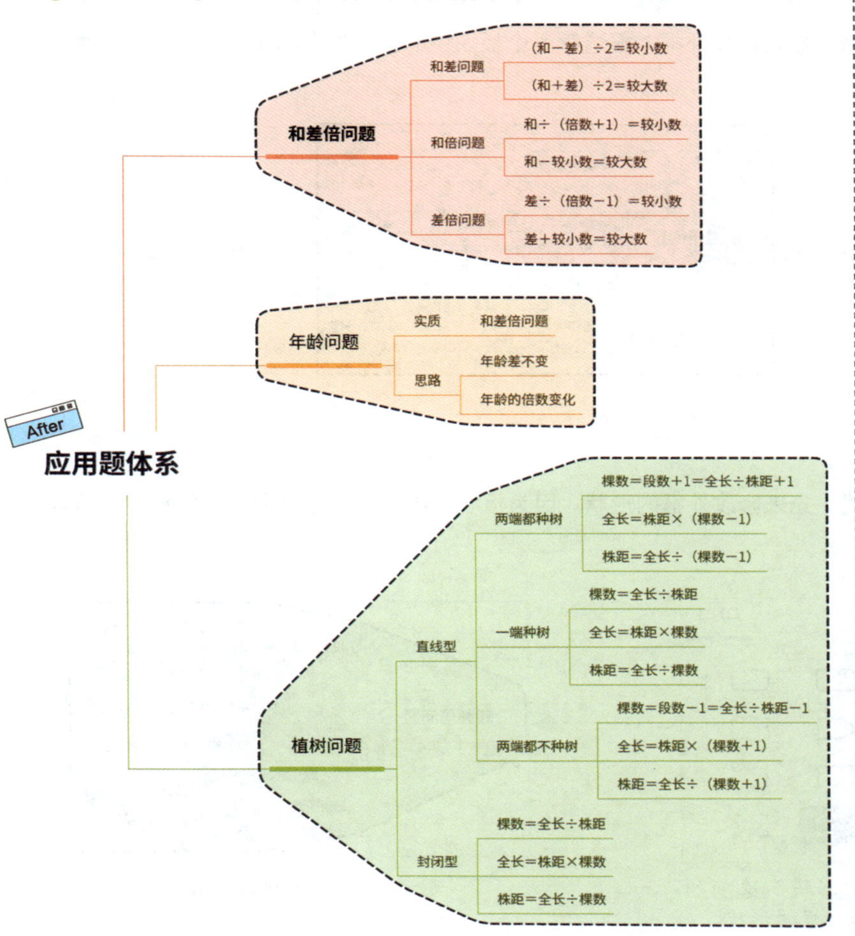

变换颜色区分板块

原有的思维导图从中心主题发散出多个分支主题和子主题，分别整理和归纳了不同题型的知识点，但从总体上看，主题的内容相似度较高。现在需要突显不同板块的内容。

首先利用颜色区分板块。打开素材文件，单击工具栏中的“格式”按钮，打开“格式”面板，切换至“画布”选项卡，再勾选“彩虹分支”复选框，单击右侧的下拉按钮，在展开的列表中选择合适的配色方案，为不同板块的分支主题和子主题应用不同的颜色。

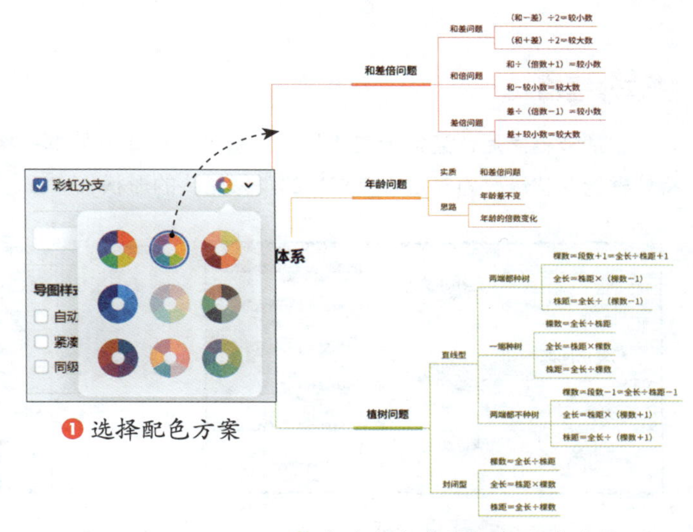

❶ 选择配色方案

❷ 更改分支主题颜色后的效果

为板块添加外框

为不同板块应用不同的颜色后，差异还不够明显，所以接着为板块添加外框。框选第 1 个板块中的分支主题和子主题，单击工具栏中的“外框”按钮，为选中的主题添加外框。

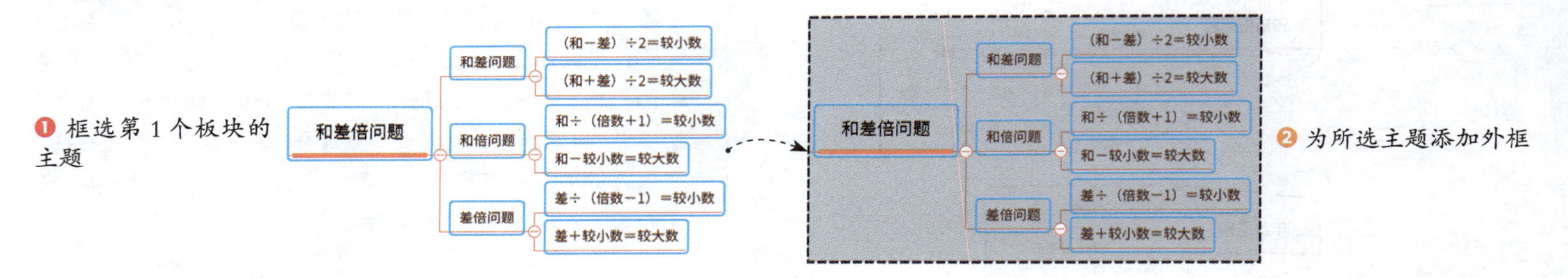

修改外框格式

添加外框之后，还需要在“样式”选项卡中修改外框的格式。先来修改外框的形状。因为板块的内容是“由总到分”的形式，所以将外框的形状修改为“由窄变宽”的类似船头的形状。

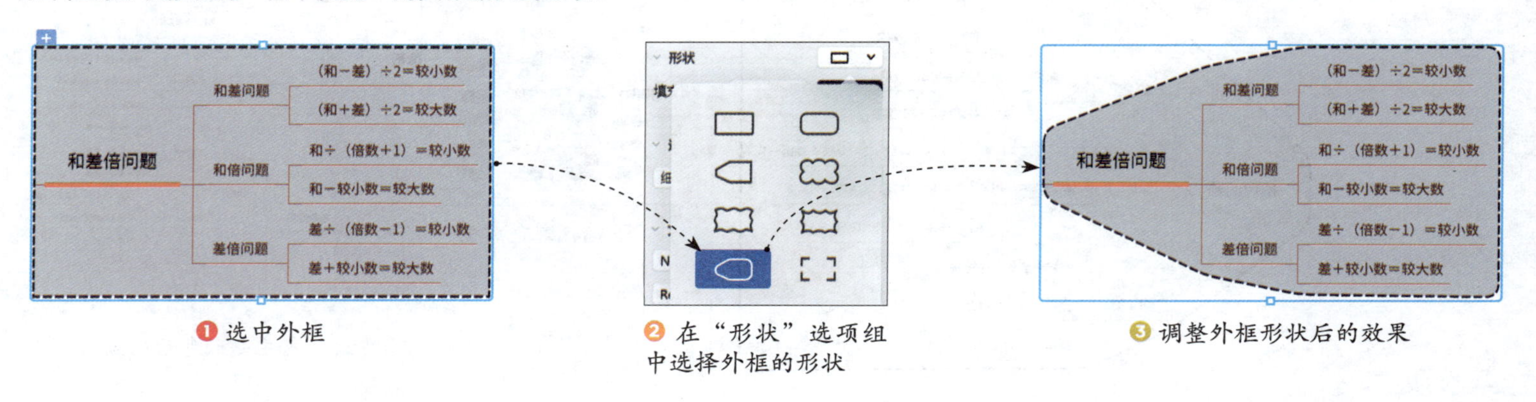

❶ 选中外框　❷ 在“形状”选项组中选择外框的形状　❸ 调整外框形状后的效果

然后在“形状”选项组中修改外框的填充颜色，使其与板块的主色一致。单击“形状”选项组中的色块，打开色板，单击按钮，在弹出的面板中选择吸管工具，将鼠标指针放在分支颜色上并单击，吸取该颜色用于填充外框。

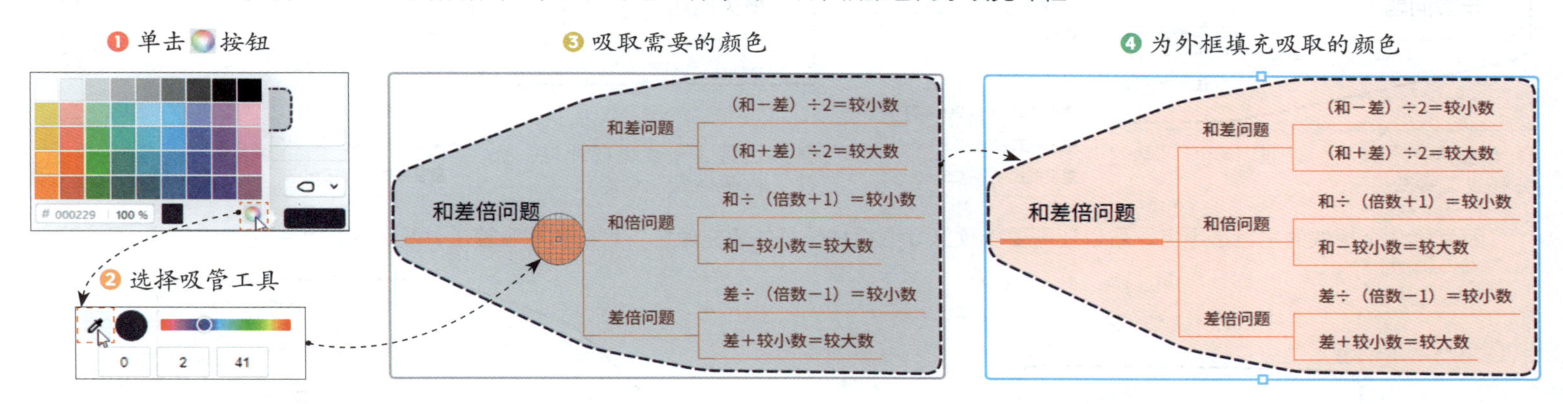

复制外框格式

使用相同的方法为第 2 个板块添加外框，并修改外框的形状和填充颜色。

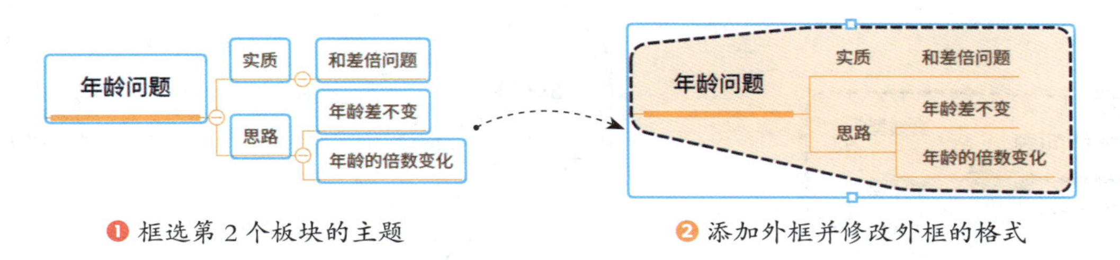

添加外框后，除了手动设置外框格式，还可以利用右键快捷菜单中的“拷贝样式”命令和“粘贴样式”命令快速复制外框格式。下面用这种方法将第 2 个板块的外框格式复制到第 3 个板块的外框上。

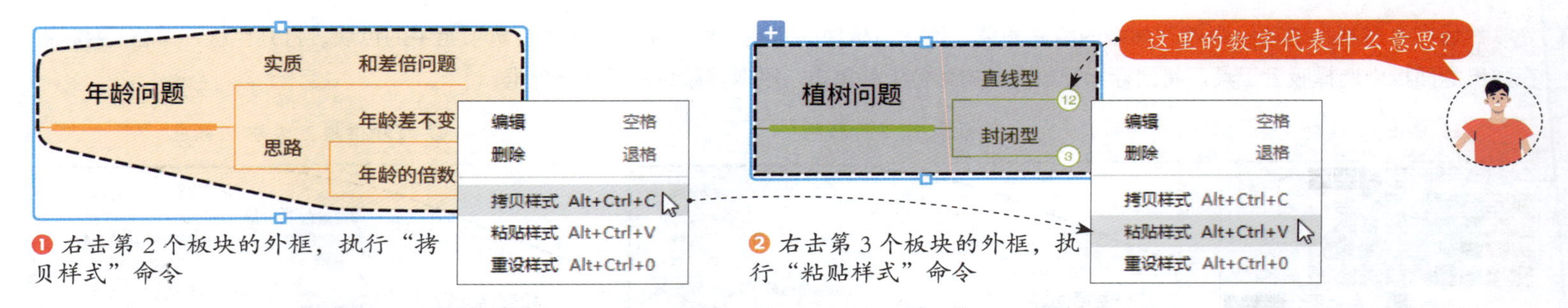

❶ 右击第 2 个板块的外框，执行“拷贝样式”命令

❷ 右击第 3 个板块的外框，执行“粘贴样式”命令

因为第 3 个板块的主色是绿色，所以还需要修改第 3 个板块外框的填充颜色。可以利用吸管工具吸取主色，快速完成设置。

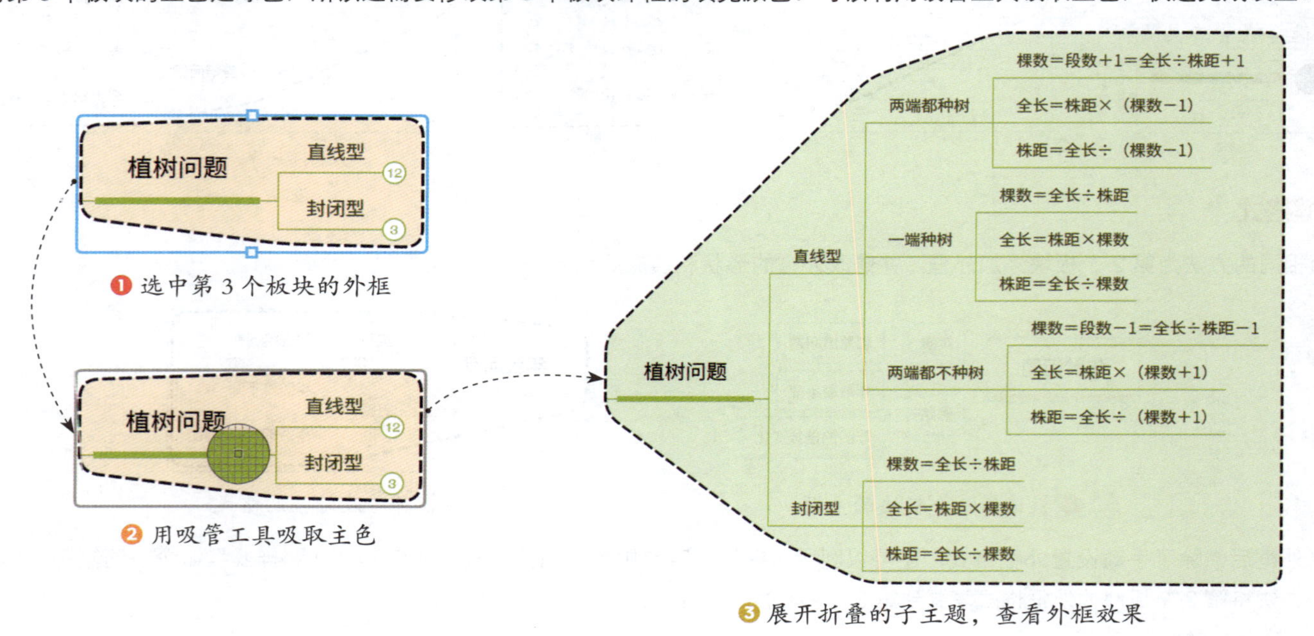

❶ 选中第 3 个板块的外框

❷ 用吸管工具吸取主色

❸ 展开折叠的子主题，查看外框效果

让有包含关系的分支更容易记忆

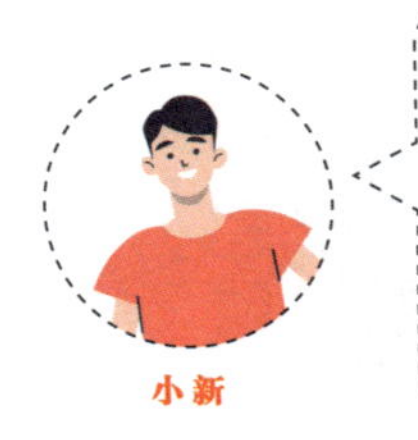

我用思维导图整理生物课的知识点时，发现“结构层次”下的知识点是由大到小的包含关系。这种包含关系是一个重要的考点，要怎么在图中把它展示出来呢？

针对具有包含关系的分支主题，可以为这些分支主题逐层添加外框。这样，思维导图中的包含关系就显得一目了然，也更方便记忆了。

[素材文件] 05 / 素材文件 / 走进细胞-Before.xmind

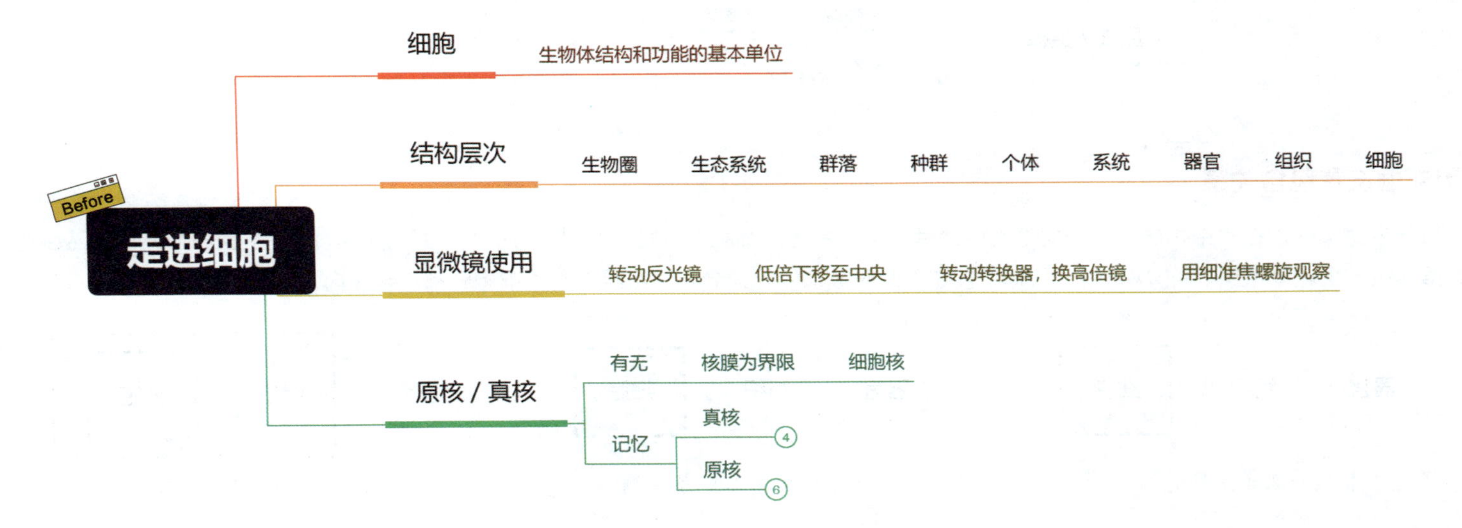

[实例文件] 05 / 实例文件 / 走进细胞-After.xmind

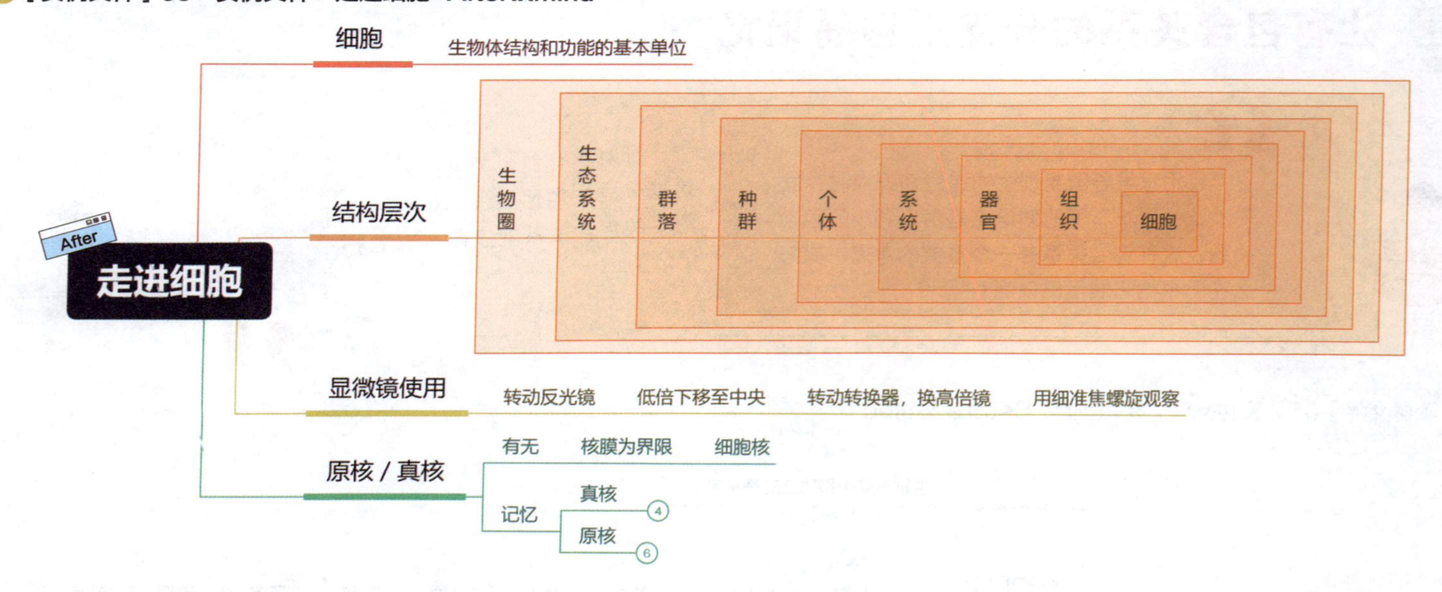

利用外框设置包含关系

打开素材文件，在“结构层次”分支下选中最后一级子主题“细胞”，单击工具栏中的“外框”按钮，为该主题添加外框。然后选中倒数第二级子主题“组织”，再次单击“外框”按钮，此时添加的外框会将“组织”和“细胞”都包含在内。

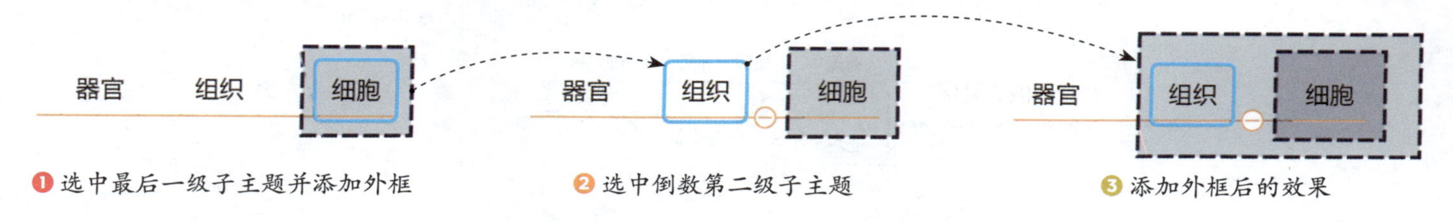

❶ 选中最后一级子主题并添加外框　❷ 选中倒数第二级子主题　❸ 添加外框后的效果

用相同方法为“结构层次”分支下的其他主题依次添加外框。

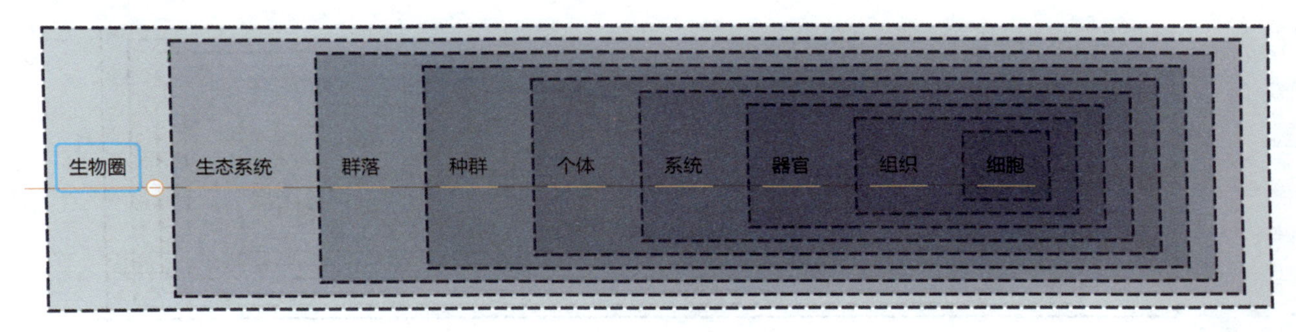

将分支文字调整为纵向排列

添加外框后会发现由于外框较宽，版面显得不够紧凑，此时可以通过缩小主题的宽度，将文字从横向排列调整为纵向排列，从而缩小外框的宽度。选中“生物圈”主题，在“样式”选项卡的“形状”选项组中输入“宽度”值为“1”，目的是调整主题宽度至最小值，软件会自动将宽度更改为能容纳 1 个字符的宽度。

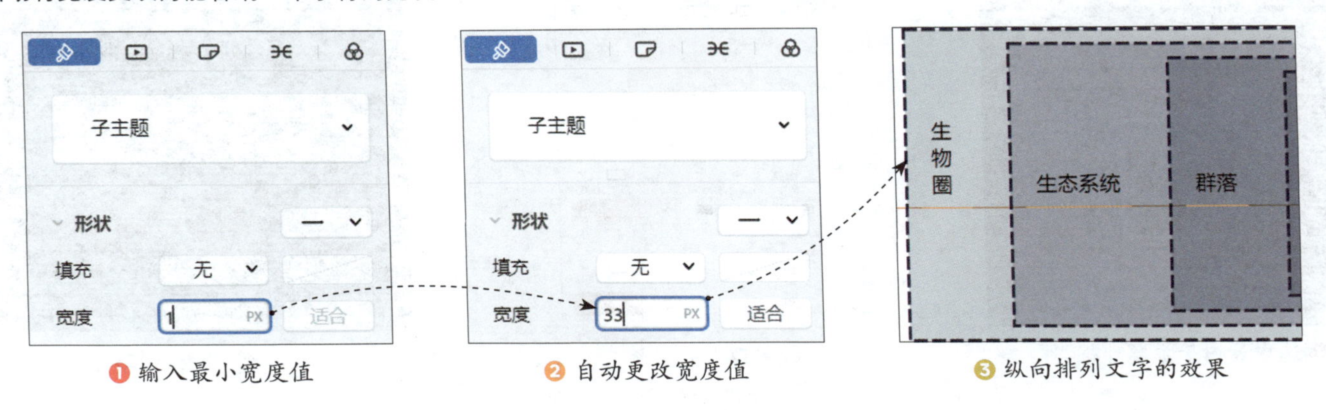

❶ 输入最小宽度值 ❷ 自动更改宽度值 ❸ 纵向排列文字的效果

用相同方法将其余分支的文字调整为纵向排列。

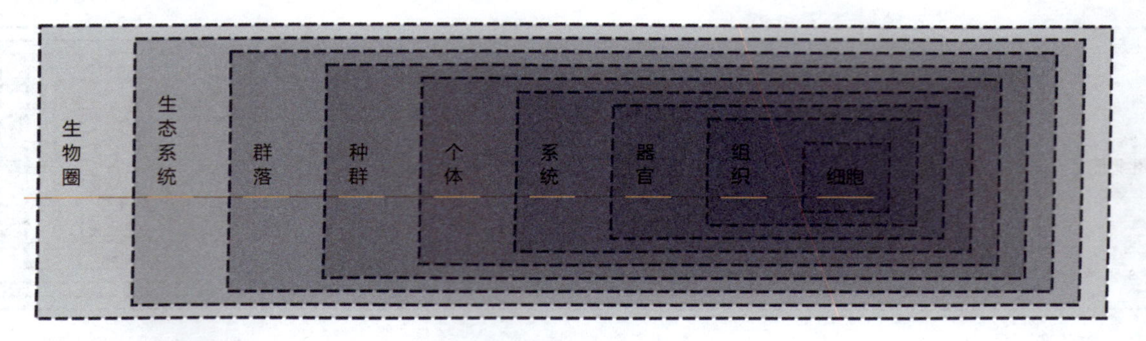

修改外框格式让内容更分明

默认的外框颜色会影响文字内容的可读性，因而需要继续修改外框的格式。选中“细胞”主题的外框，在“样式”选项卡中设置外框的格式，如外框的填充颜色、线条的颜色等。

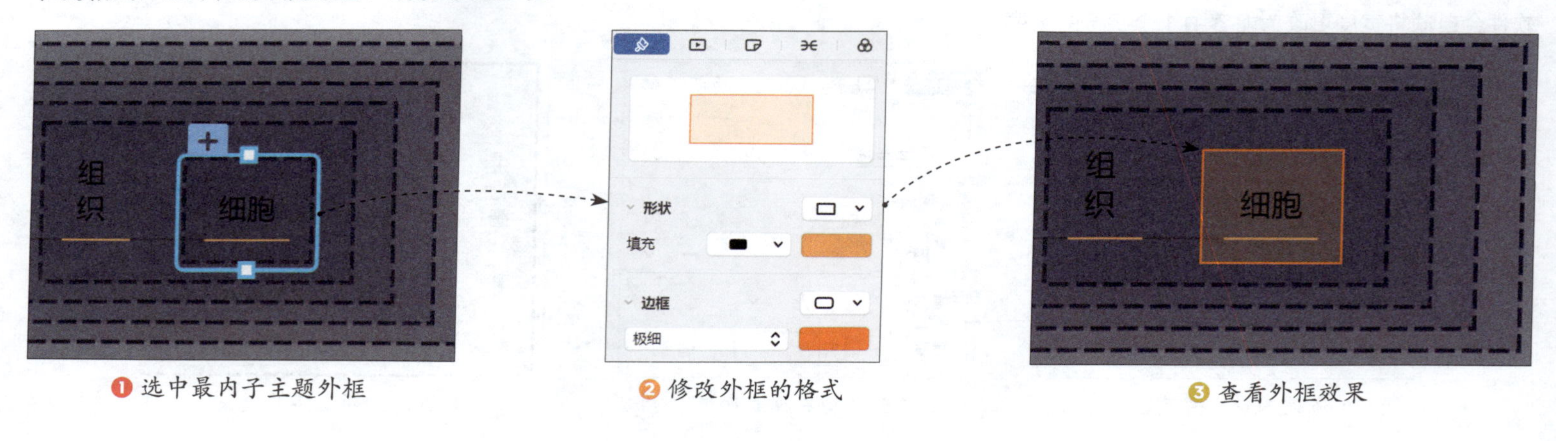

❶ 选中最内子主题外框　❷ 修改外框的格式　❸ 查看外框效果

接着通过拷贝 / 粘贴样式的方式将“细胞”主题的外框格式快速复制到其他外框上。选中“细胞”主题的外框，按快捷键 Ctrl+Alt+C 拷贝样式，再选中“组织”主题的外框，按快捷键 Ctrl+Alt+V 粘贴样式。

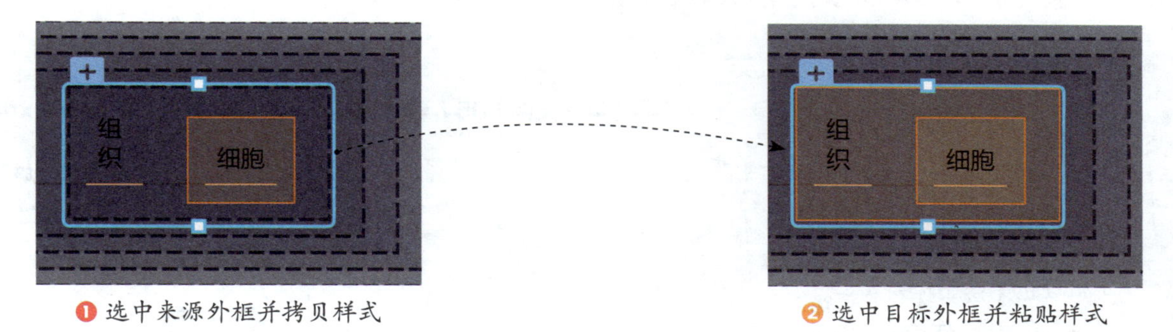

❶ 选中来源外框并拷贝样式　❷ 选中目标外框并粘贴样式

继续依次选中各层级的外框，按快捷键 Ctrl+Alt+V 粘贴样式。

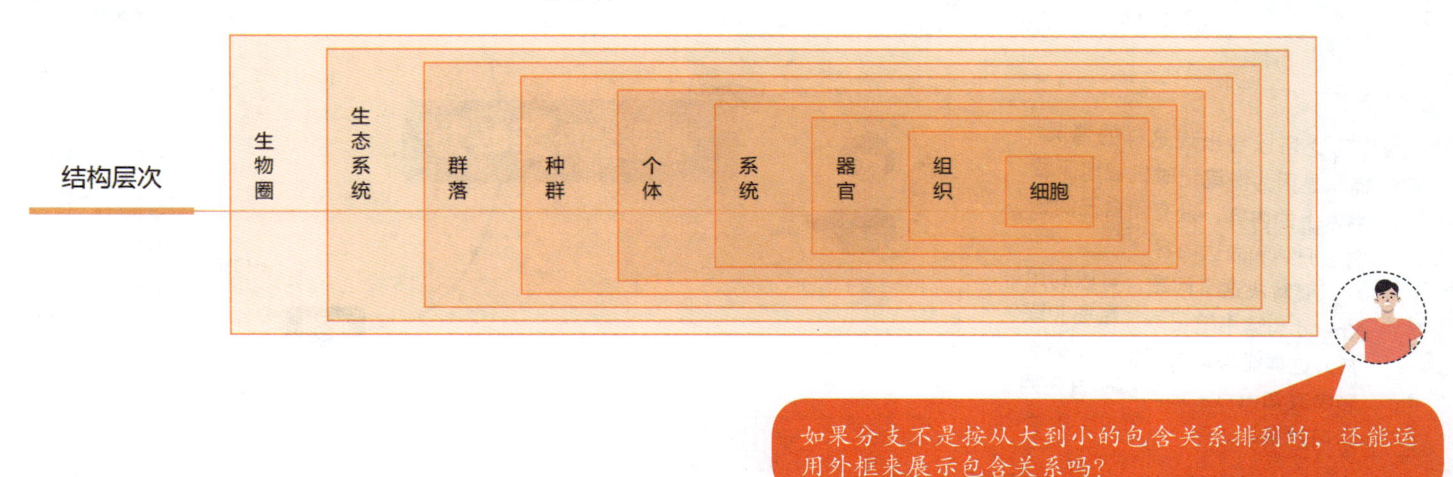

如果分支不是按从大到小的包含关系排列的，还能运用外框来展示包含关系吗？

用好概要和联系提升笔记效能

小新

最近我在用思维导图做读书笔记，发现有些内容即便做了梳理也无法实现有效记忆，做完思维导图就忘得一干二净了，有什么好办法来解决这个问题呢？

大牛

之所以会出现这样的情况，通常是因为做笔记时机械地照搬书本上的内容，没有用自己的语言去归纳和表达内容。

要解决这个问题，可以利用 Xmind 为读书笔记添加概要和联系，这栏能够帮助我们归纳内容和串联知识点，达到融会贯通的学习效果。

[素材文件] 05 / 素材文件 / 快速提升理解力-Before.xmind

Before

- 快速提升理解力
  - 描述性
    - 内容
      - 说明
      - 描述
    - 重点
      - 关键词
        - 中文
          - 人
          - 事
          - 时
          - 地
          - 物
        - 原文 — 5W1H
      - 提示
        - 例如
        - 意思是
        - 特色是
  - 序列
    - 内容
      - 时间
      - 次序
    - 重点
      - 关键词
        - 顺序性 — 信息
        - 历史 — 日期
      - 提示
        - 首先
        - 经过
        - 之后

[实例文件] 05 / 实例文件 / 快速提升理解力-After.xmind

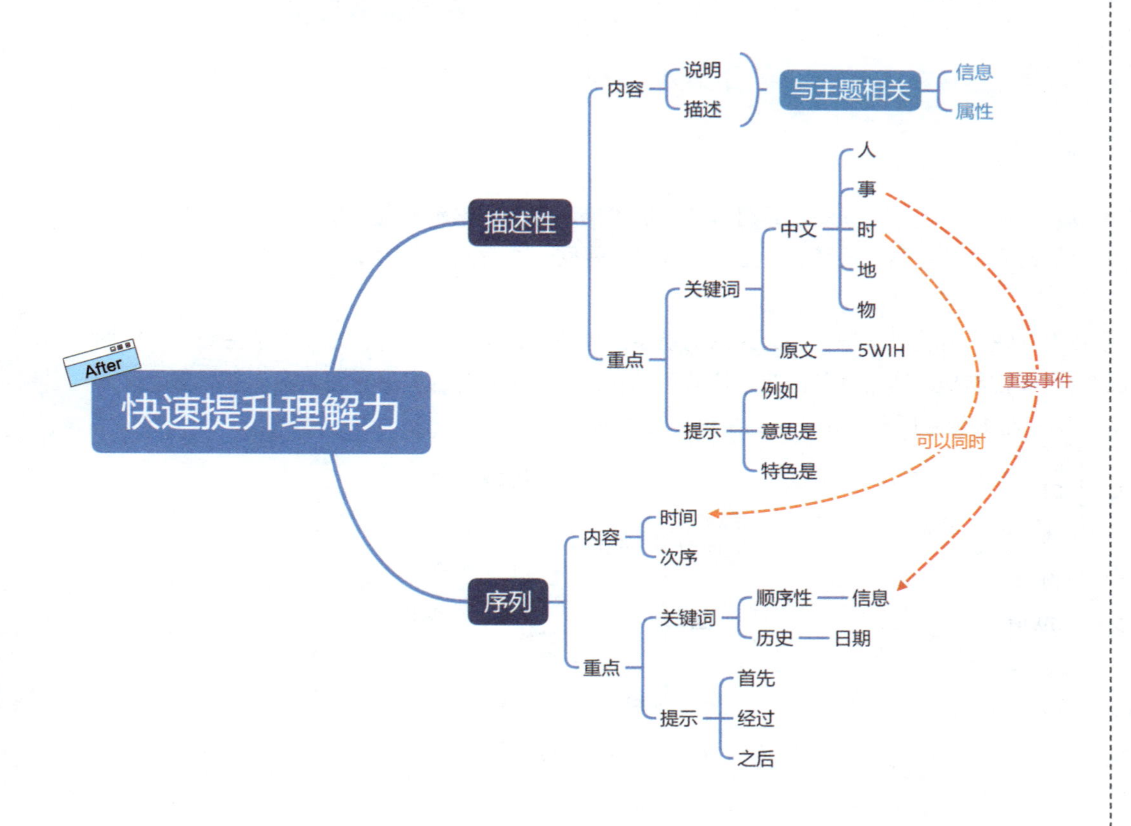

通过添加概要汇总知识点

思维导图最基础的结构是"总—分—分"，即从中心主题到子主题，再到下一级子主题。在用思维导图做读书笔记时，如果遇到某些知识点的结构是"总—分—总"，可以通过添加概要来总结知识点。选中需要汇总的子主题，单击工具栏中的"概要"按钮，即可添加概要。

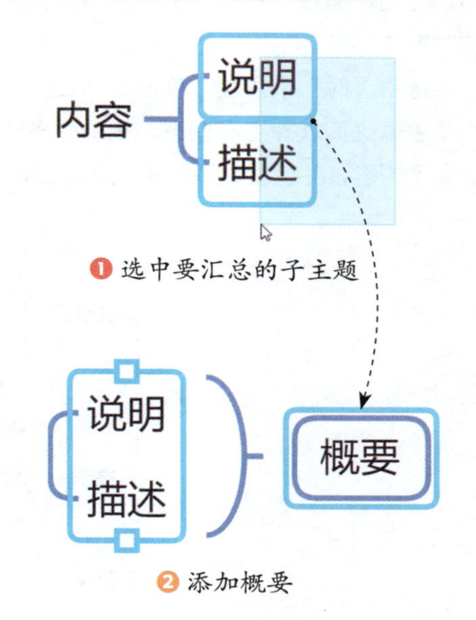

❶ 选中要汇总的子主题

❷ 添加概要

添加概要后，根据实际情况修改概要的文字。如果概要可以继续分类，可以为概要添加子主题。为了让概要更醒目，可以为概要设置填充颜色。

修改概要的内容并添加子主题、设置填充颜色

为相关知识点添加联系

如果思维导图中的不同子主题之间存在关联，可以为它们添加联系。素材文件中的“描述性”子主题下有一个“时”子主题，其指的是时间，而在“序列”子主题下同样也有一个“时间”子主题，这两者所指的时间可以是同一个时间。这时就可以为这两个子主题添加联系。

选中“时”子主题，单击工具栏中的“联系”按钮，出现以该子主题为开始的箭头，将该箭头指向下面的“时间”子主题，这样两个子主题之间就建立了联系。拖动联系线条的端点和控制柄，调整线条的起止位置和形状，让线条避开已有的导图内容。然后更改联系的文字内容，并设置联系的格式。用相同的方法为思维导图中所有存在关联的主题添加联系。

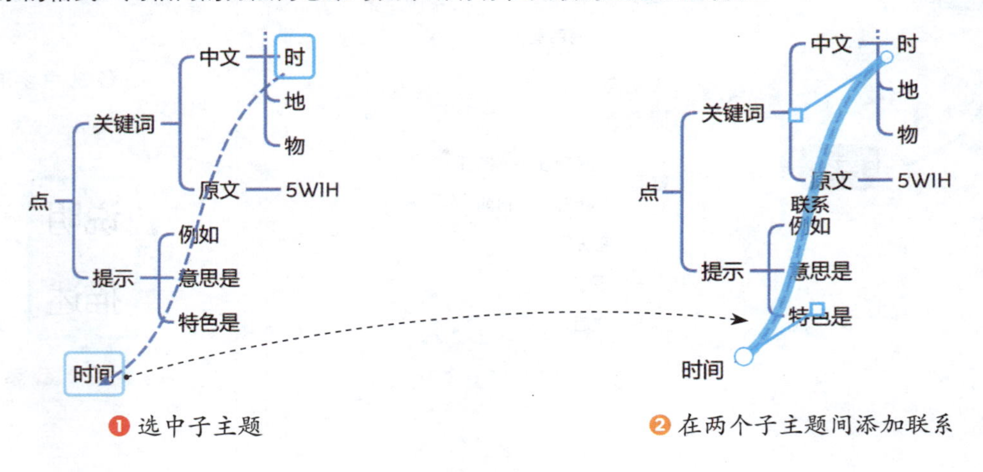

❶ 选中子主题　　❷ 在两个子主题间添加联系

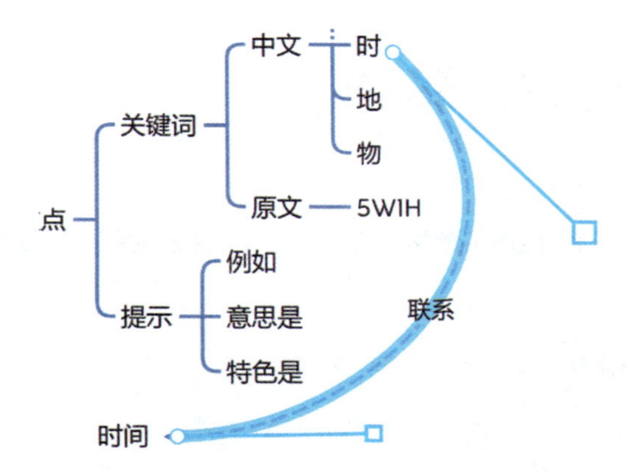

❸ 调整联系线条的起止位置和形状

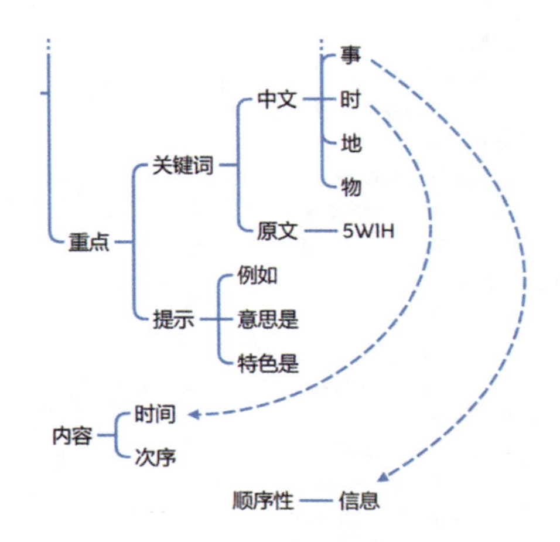

❹ 在多个子主题间添加联系

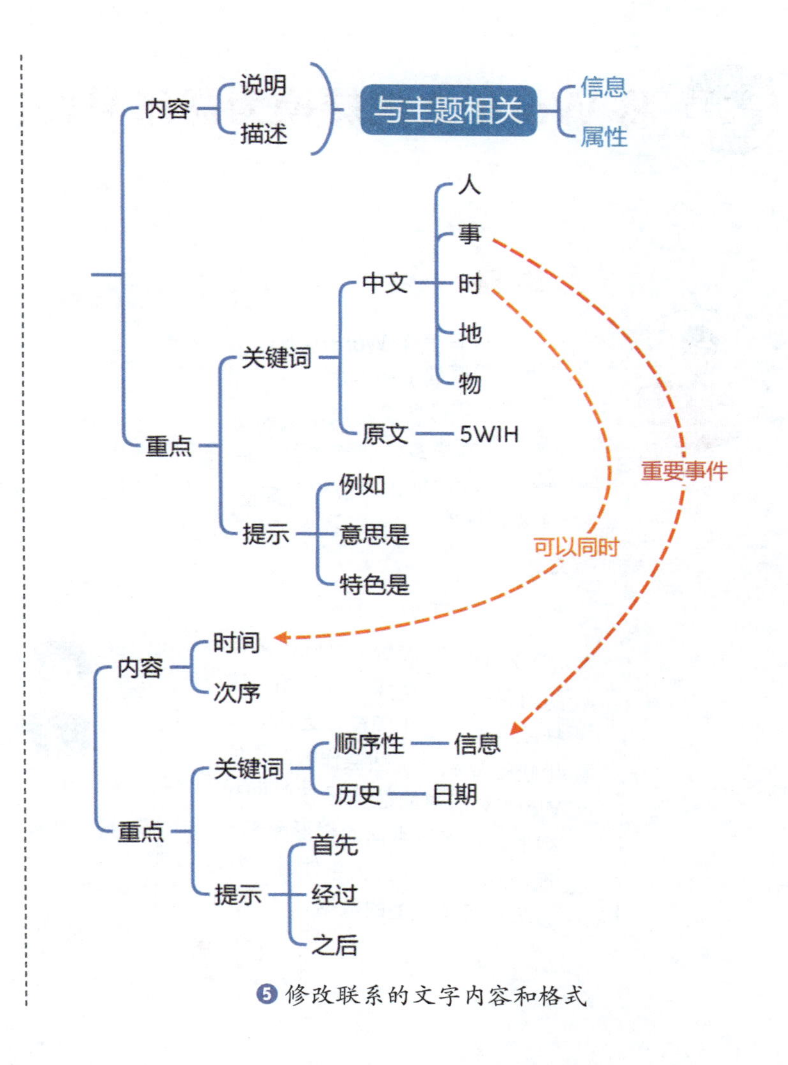

❺ 修改联系的文字内容和格式

将 Word 文档转换为思维导图，打造纵向记忆轴

我有一个 Word 文档，其中收集整理了一条手机产品线在不同年份所发布的手机的摄像头配置参数，能否用思维导图对这些数据进行梳理，更便于记忆呢？

Xmind 可以导入 Word 文档的内容并自动创建思维导图，这样就不需要在不同窗口之间频繁地执行复制和粘贴操作啦。你的 Word 文档中的数据是按时间排列的，可以用纵向的树形图来呈现，它适用于梳理大事件时间表、发展历程等类型的数据。

［素材文件］05 / 素材文件 / 华为Mate系列手机摄像头配置发展.docx

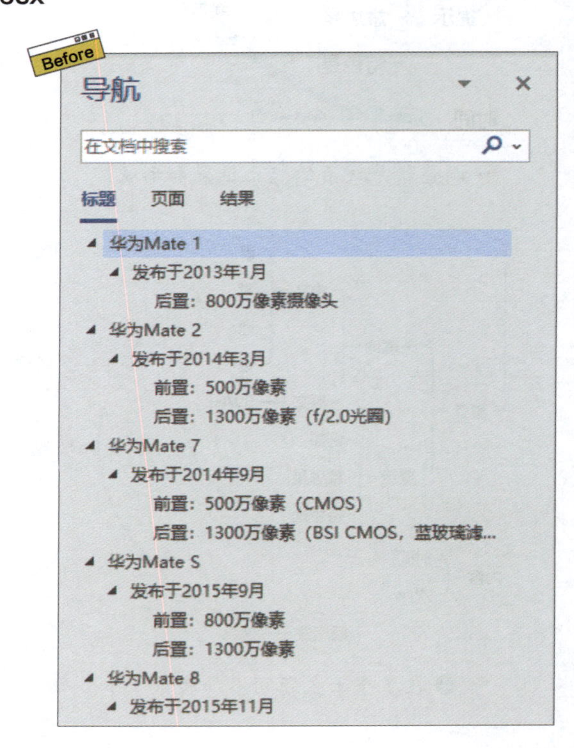

[实例文件] 05 / 实例文件 / 华为Mate系列手机摄像头配置发展.xmind

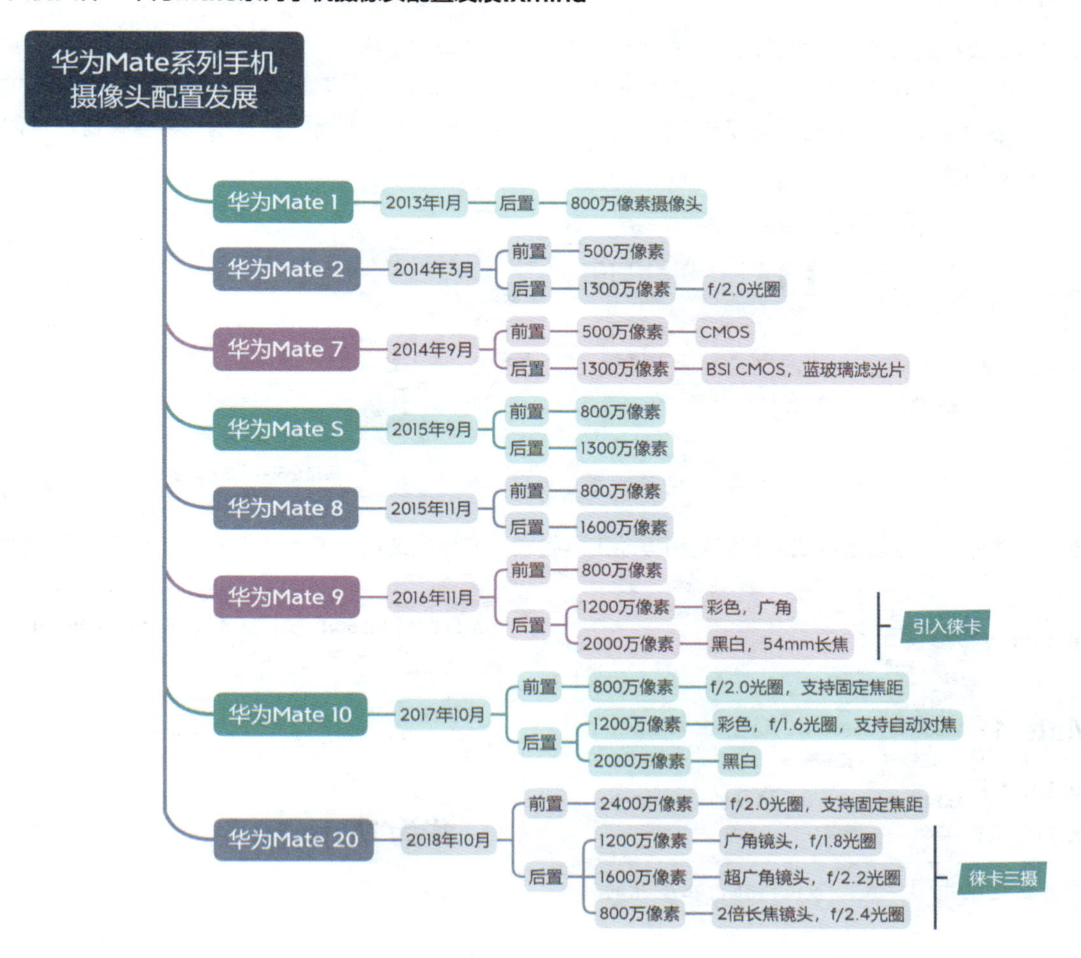

设置 Word 文档的段落样式

Xmind 支持读取 Word 文档的内容，并根据段落的样式自动创建不同层级的主题。

用 Word 打开素材文件中的 Word 文档，文档中已经事先对手机型号、发布时间、摄像头配置这几部分内容分别应用了“标题 1”“标题 2”“标题 3”的样式。在功能区的“视图”选项卡下的“显示”组中勾选“导航窗格”复选框，将会在窗口左侧显示“导航”窗格，在窗格中可以看到不同内容的层级。

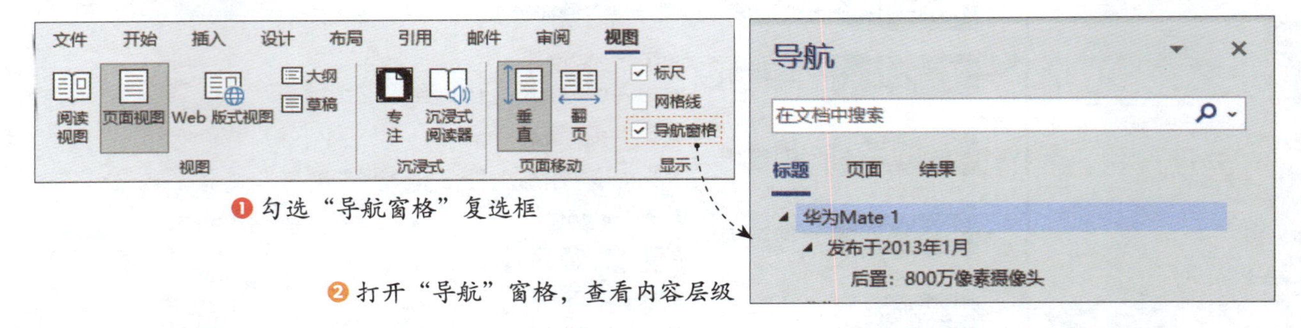

如果 Word 文档的内容尚未设置段落样式，可以利用浮动工具栏或“开始”选项卡下的“样式”组为段落应用样式。

选中段落，在浮动工具栏中单击“样式”下拉按钮，在展开的列表中选择样式

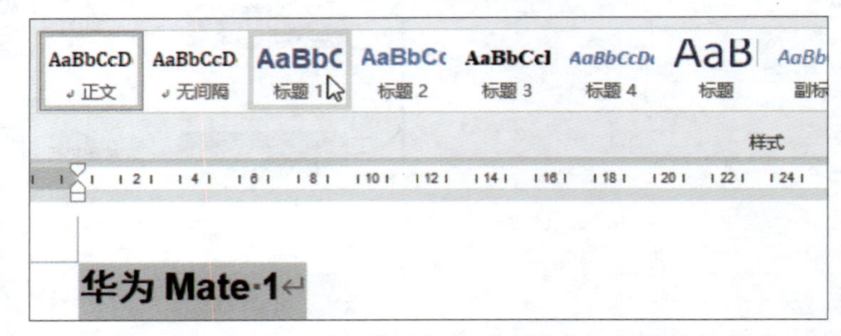

选中段落，在“开始”选项卡下的“样式”组中选择样式

在 Xmind 中导入 Word 文档

打开 Xmind，执行菜单命令“文件 > 导入 > Word（仅 DOCX）”，在弹出的“打开”对话框中选择 Word 文档。导入 Word 文档后，Xmind 会自动将文档内容创建成思维导图，默认使用“思维导图”结构，中心主题的文字内容是 Word 文档的文件名。

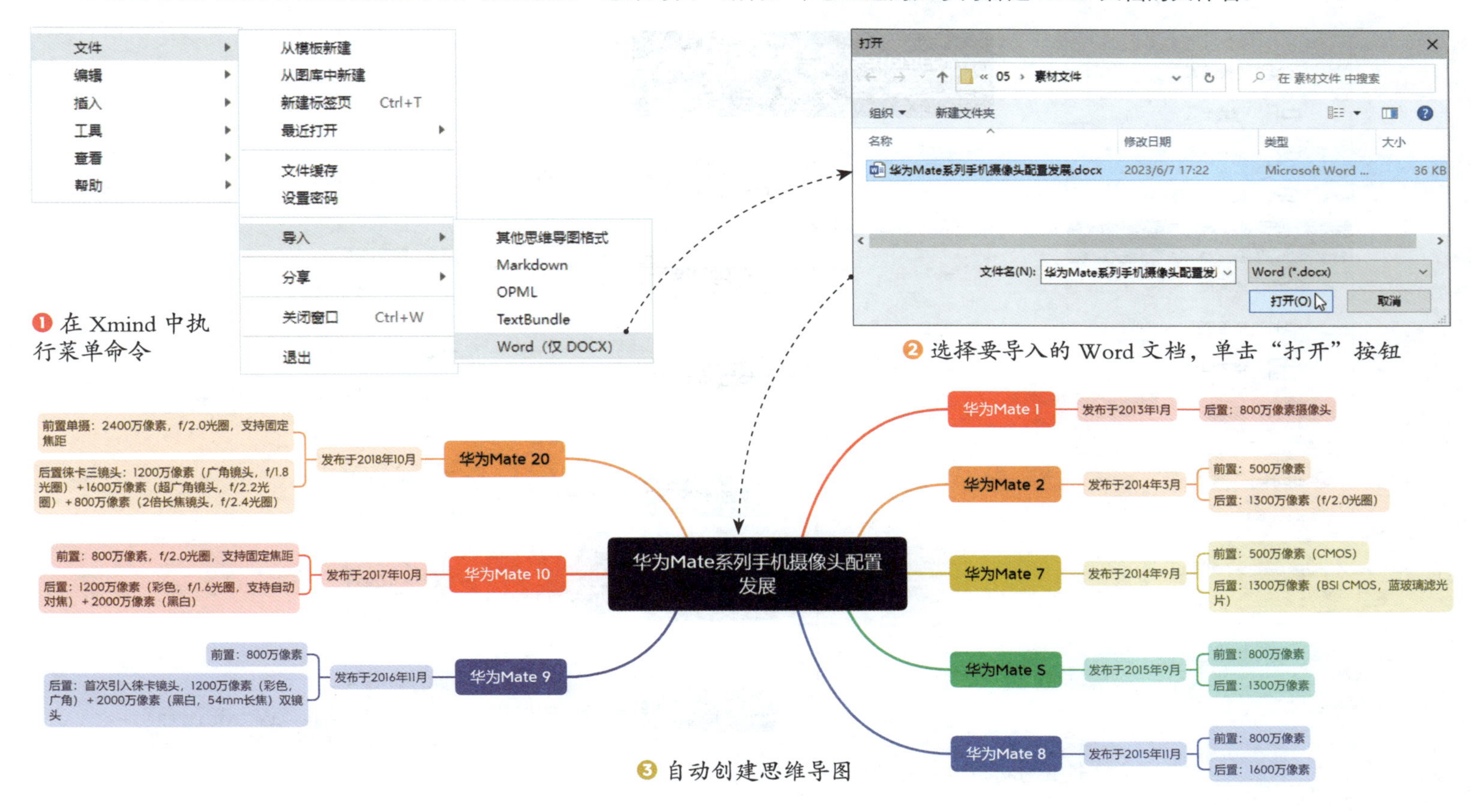

❶ 在 Xmind 中执行菜单命令

❷ 选择要导入的 Word 文档，单击“打开”按钮

❸ 自动创建思维导图

调整思维导图的结构和版面细节

本案例要创建的是树形图，所以接下来需要修改思维导图的结构。选中中心主题，打开“格式”面板，在“样式”选项卡的“结构”选项组中展开右侧的下拉列表，选择“树形图”选项。

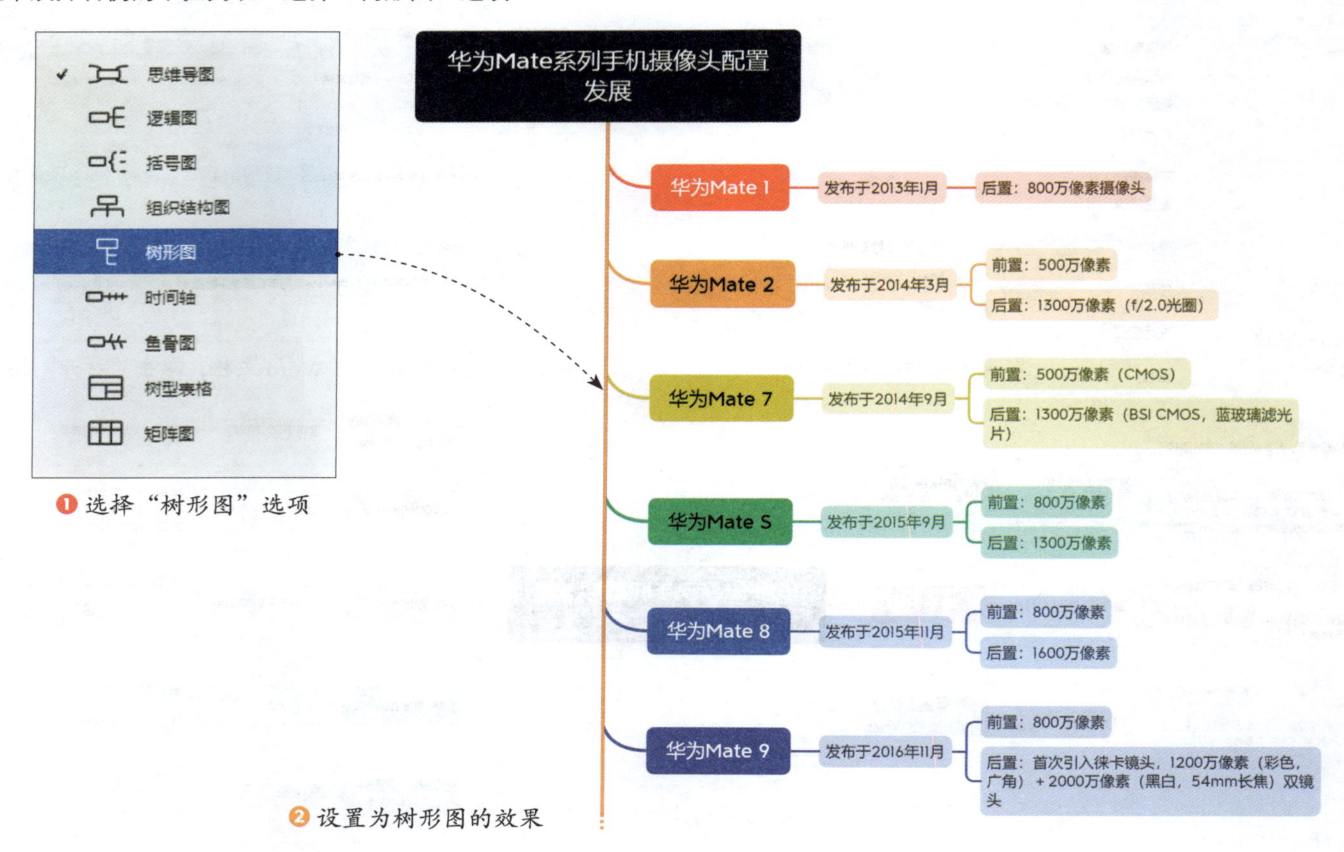

❶ 选择“树形图”选项

❷ 设置为树形图的效果

修改完整体结构后，开始优化版面的细节。中心主题的文字内容较多，自动排成了两行，但是两行文字的宽度相差较大，显得不美观，可以通过在文字中进行强制换行来做调整。

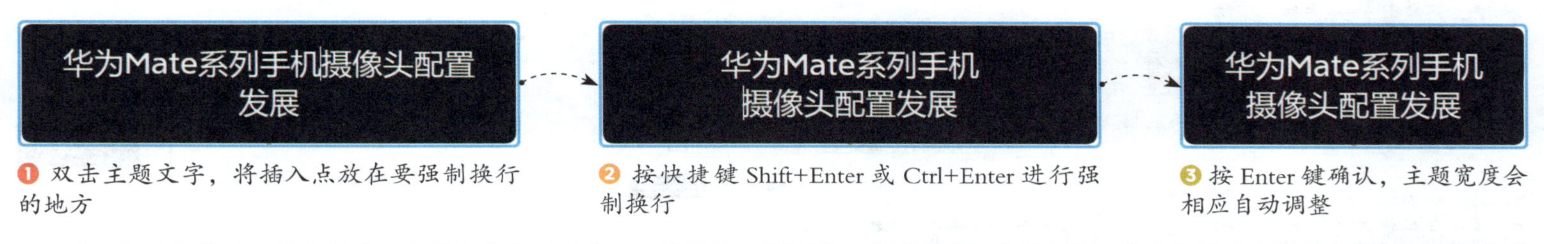

❶ 双击主题文字，将插入点放在要强制换行的地方

❷ 按快捷键 Shift+Enter 或 Ctrl+Enter 进行强制换行

❸ 按 Enter 键确认，主题宽度会相应自动调整

有一部分摄像头配置参数的子主题文字内容过多，不够精练，需要进一步拆分成多个子主题。在大纲模式下整理主题文字内容会比较方便，下面以华为 Mate 9 的后置摄像头配置参数为例进行讲解。

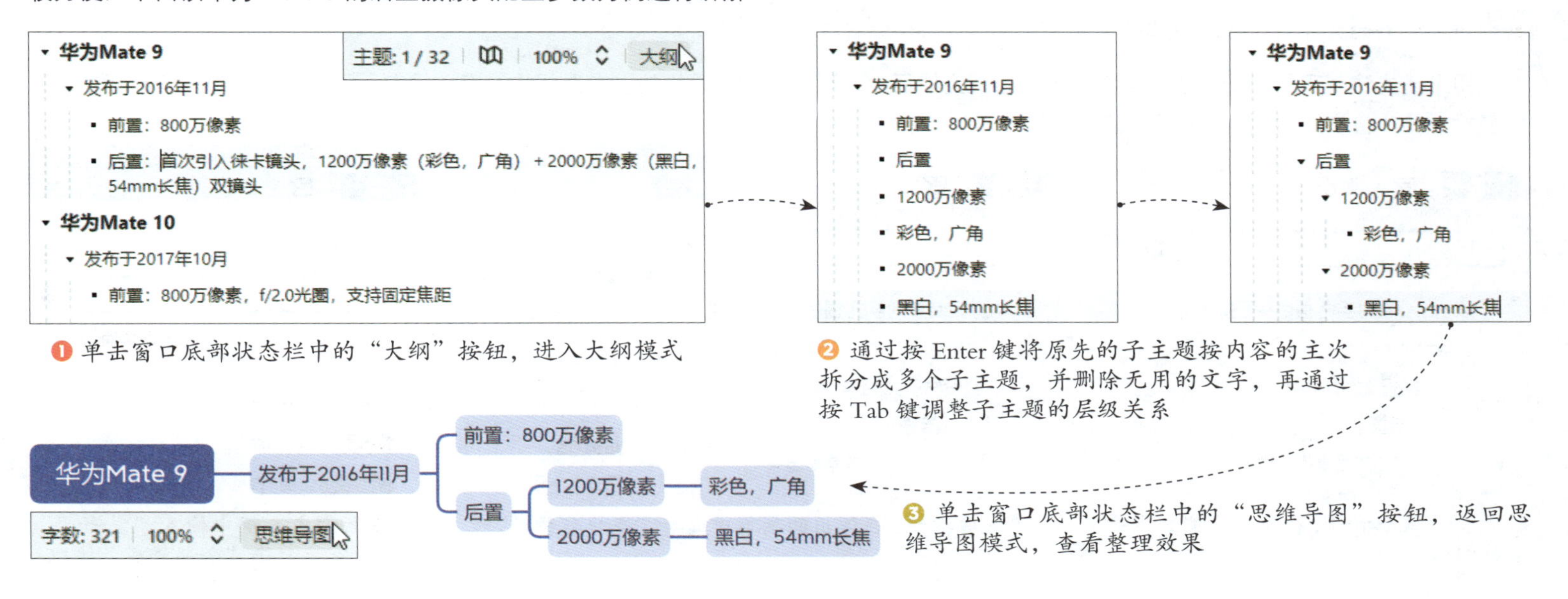

❶ 单击窗口底部状态栏中的“大纲”按钮，进入大纲模式

❷ 通过按 Enter 键将原先的子主题按内容的主次拆分成多个子主题，并删除无用的文字，再通过按 Tab 键调整子主题的层级关系

❸ 单击窗口底部状态栏中的“思维导图”按钮，返回思维导图模式，查看整理效果

华为 Mate 9 的后置摄像头配置参数中有一个重要的信息点是“首次引入徕卡镜头”，这个信息点适合用概要的形式来呈现。

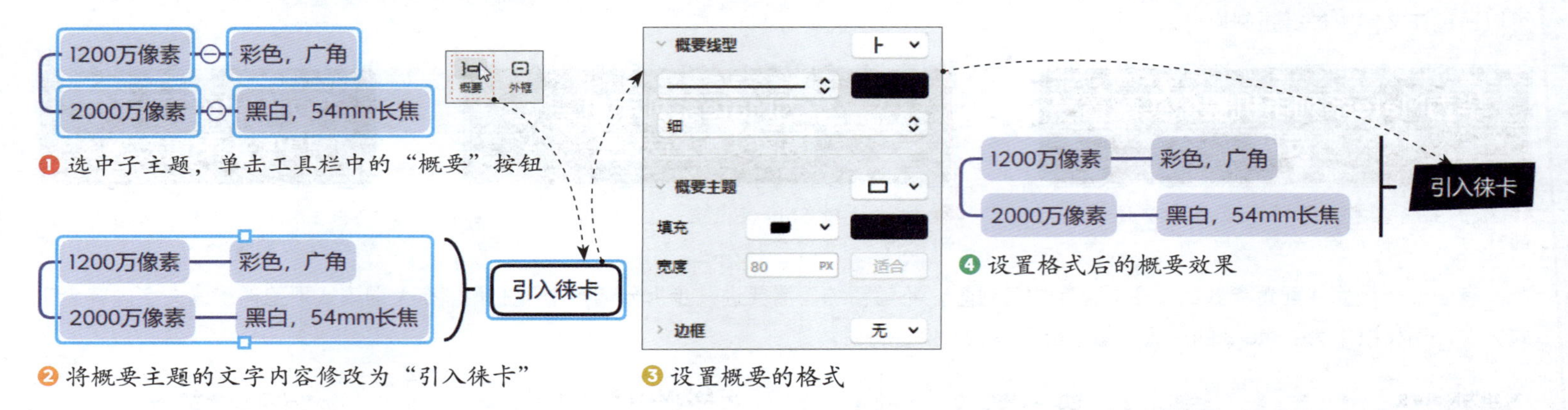

❶ 选中子主题，单击工具栏中的“概要”按钮

❷ 将概要主题的文字内容修改为“引入徕卡”

❸ 设置概要的格式

❹ 设置格式后的概要效果

用上述方法整理其他子主题的文字内容。整理完毕后，发现每款型号手机的发布时间均带有“发布于”的字样，显得有点累赘，可以通过查找 / 替换的方式将其批量删除。

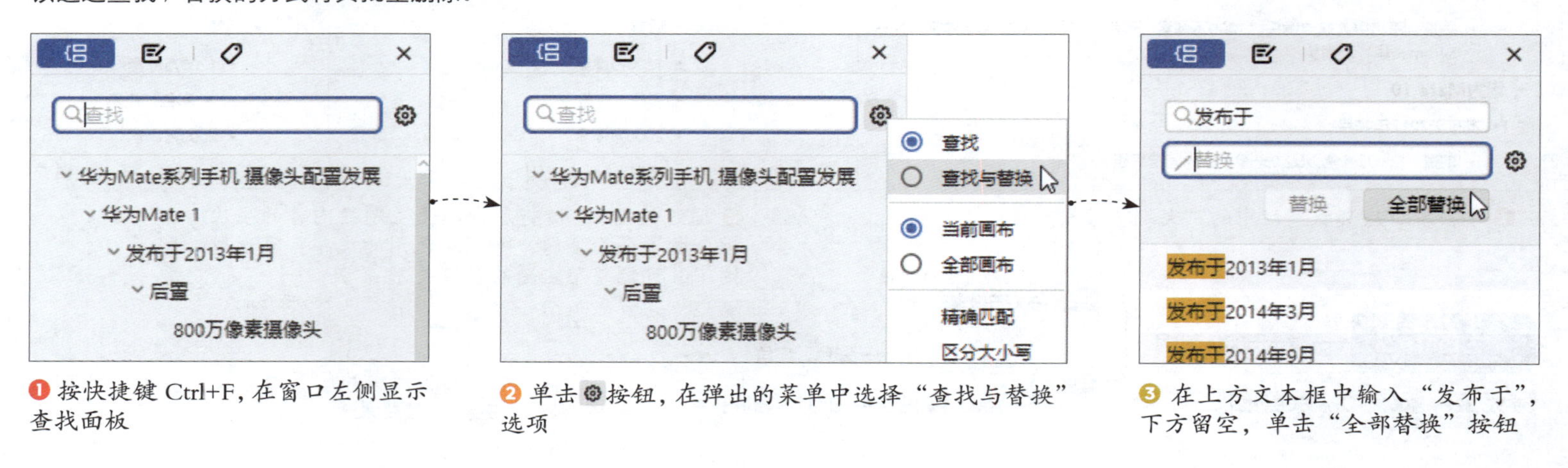

❶ 按快捷键 Ctrl+F，在窗口左侧显示查找面板

❷ 单击⚙按钮，在弹出的菜单中选择“查找与替换”选项

❸ 在上方文本框中输入“发布于”，下方留空，单击“全部替换”按钮

最后为整张思维导图应用紧凑型布局，减小元素的大小和间距，让版面更紧凑。

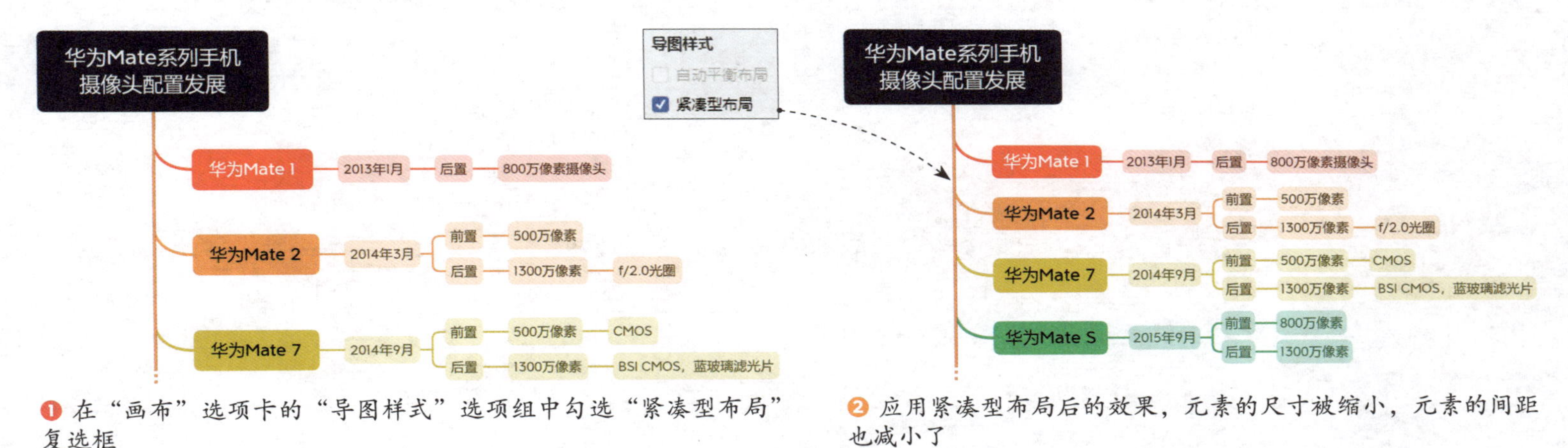

❶ 在“画布”选项卡的“导图样式”选项组中勾选“紧凑型布局”复选框

❷ 应用紧凑型布局后的效果，元素的尺寸被缩小，元素的间距也减小了

调整思维导图的配色

在“格式”面板中利用“配色方案”选项卡和“画布”选项卡调整思维导图的配色。

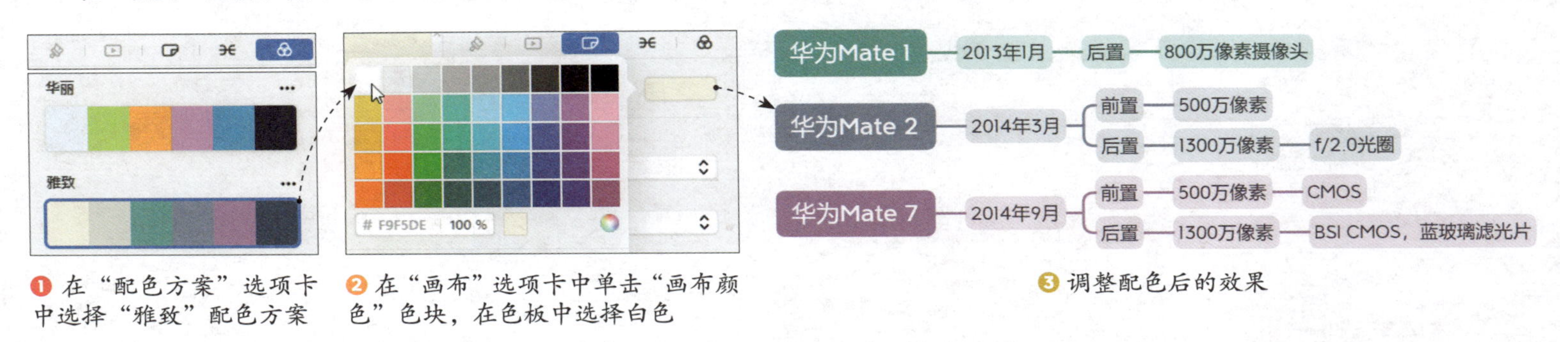

❶ 在“配色方案”选项卡中选择“雅致”配色方案

❷ 在“画布”选项卡中单击“画布颜色”色块，在色板中选择白色

❸ 调整配色后的效果

第6章 思维导图拯救拖延症

工作中的拖延是一种常见的现象，导致拖延的原因可能有多种，例如：高估了工作的任务量，从而产生畏难情绪；工作环境中存在持续不断的干扰源；精神状态差，无法集中注意力等。本章将介绍如何用 Xmind 进行时间管理，通过合理制定工作计划、及时追踪工作进度等有效措施提高生产力，远离拖延症的困扰。

用标记和标注让工作计划更有序

小新

我用思维导图制定近期的工作计划时，对各项任务进行了细致的拆解，并用颜色强调了重要的任务，但在计划的执行上还是感到有点迷茫。有什么优化的方法吗？

大牛

虽然你的思维导图对工作计划的各项任务进行了细致的拆解，但是没有明确的目标，也缺乏对进度的跟踪和时间节点的关注。可以在 Xmind 中利用标记和标注等图像元素和逻辑元素来弥补这些缺陷。

[素材文件] 06 / 素材文件 / 工作计划-Before.xmind

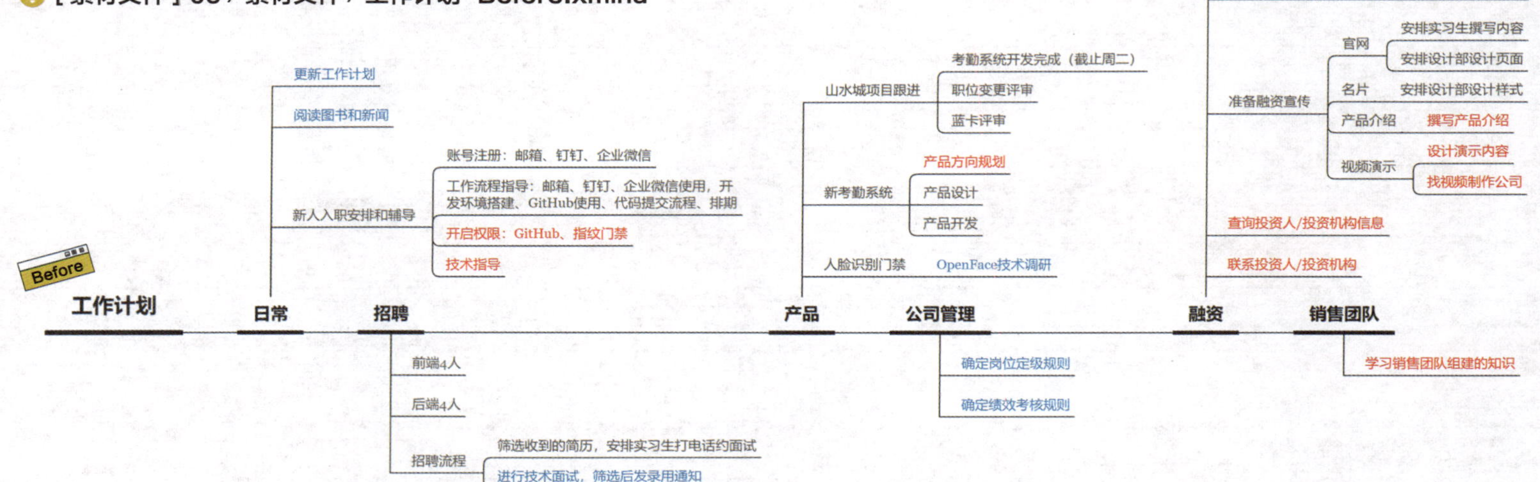

[实例文件] 06 / 实例文件 / 工作计划-After.xmind

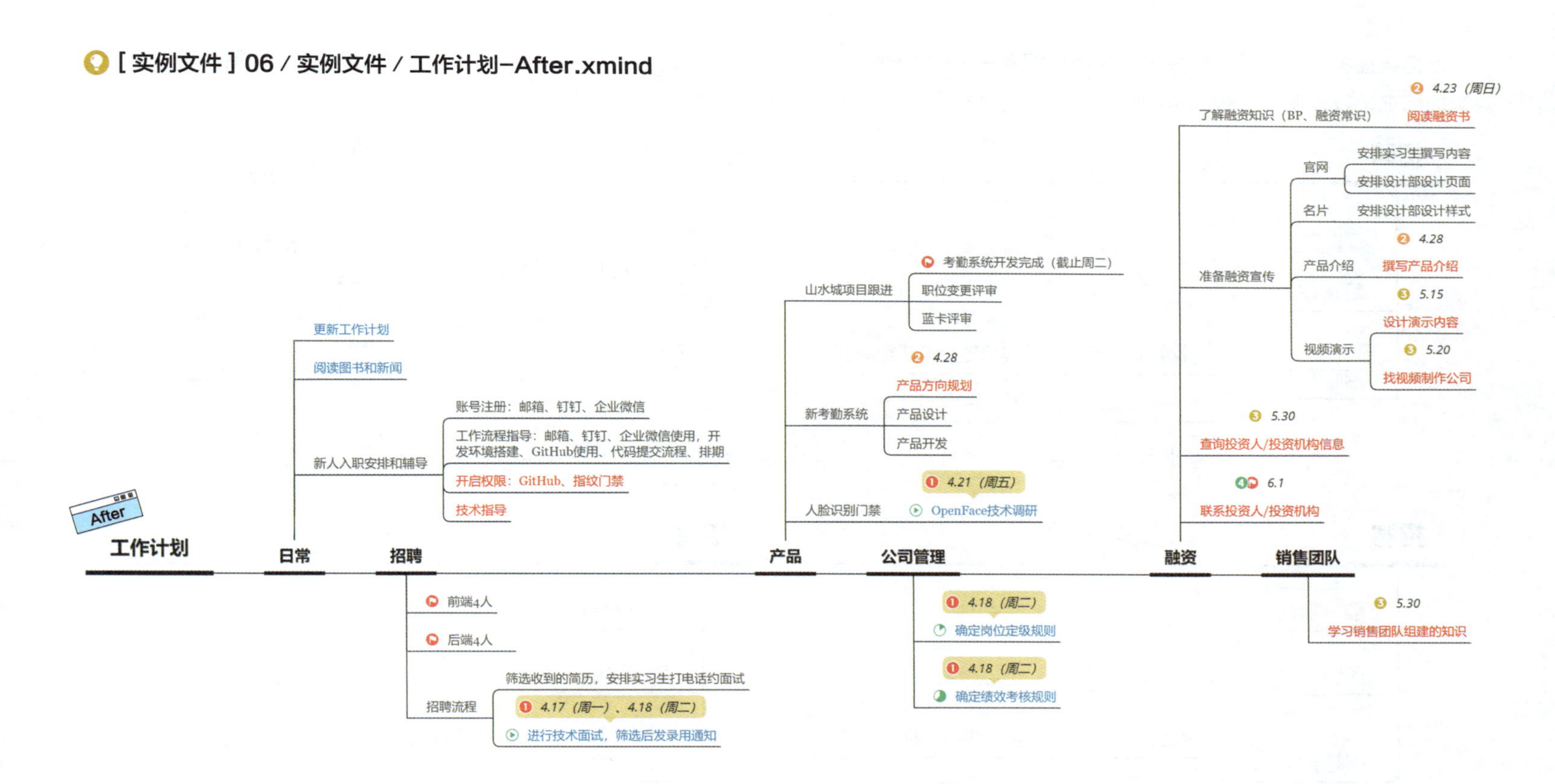

添加标记明确工作目标

制定工作计划的最终目的是确保实现工作目标，因此，一份有效的工作计划必须包含明确的工作目标。下面在本案例的工作计划中添加标记，以明确工作目标。

以招聘任务为例，其目标是为指定岗位招到一定数量的员工，对应的子主题是“前端 4 人”和“后端 4 人”，所以需要为这两个子主题添加标记，以表明它们是任务的目标。又因为“插旗”有“定下目标”的含义，所以选择添加旗帜标记。

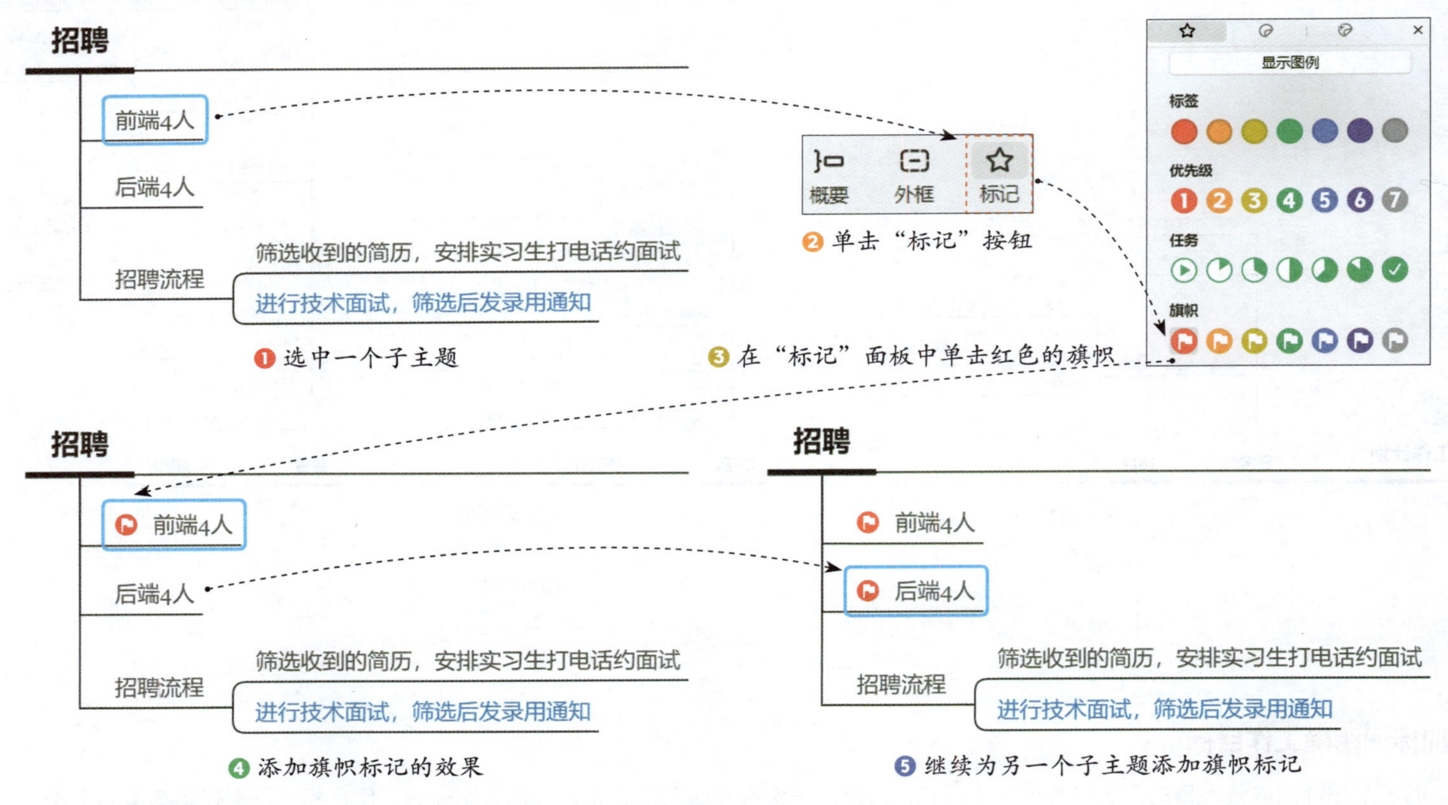

❶ 选中一个子主题

❷ 单击“标记”按钮

❸ 在“标记”面板中单击红色的旗帜

❹ 添加旗帜标记的效果

❺ 继续为另一个子主题添加旗帜标记

使用相同的方法可以为工作计划中其他代表工作目标的子主题添加合适的标记。

添加标记跟踪任务进度

明确工作目标后，继续梳理工作计划中的待办任务和进行中的任务。Xmind 的“标记”面板中有一组“任务”标记，非常适合用于呈现任务的进展情况。

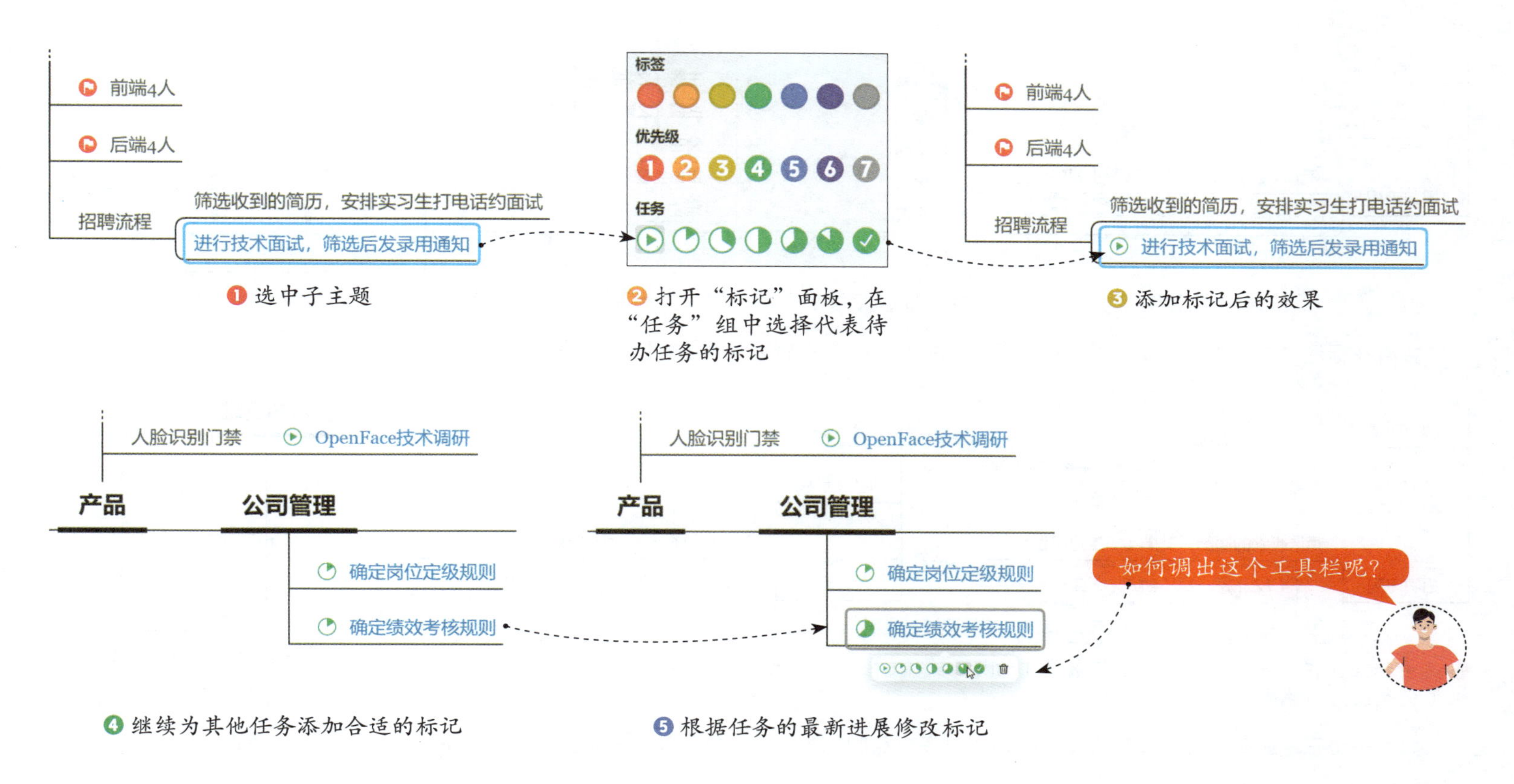

添加标注把控时间节点

要想在工作计划中一目了然地呈现什么时间应该做什么事情，就需要标注任务的时间节点和优先级。先通过为子主题添加标注来注明任务的时间节点。时间节点的内容通常是日期，如果是本周要完成的任务，还可以为日期注明是周几。

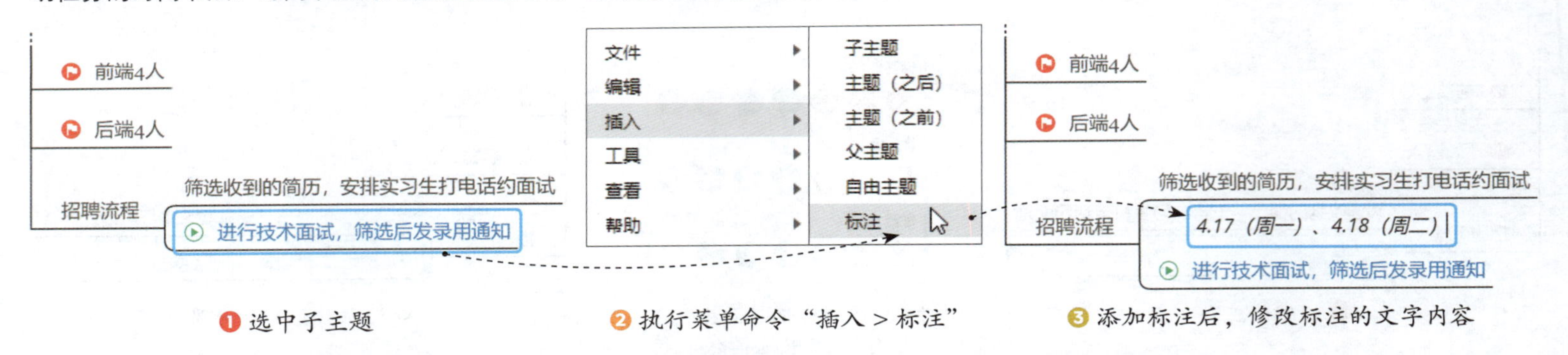

❶ 选中子主题　❷ 执行菜单命令“插入 > 标注”　❸ 添加标注后，修改标注的文字内容

接着在标注中添加“优先级”组中的标记，以注明任务的优先级。通常越小的数字代表越高的优先级。

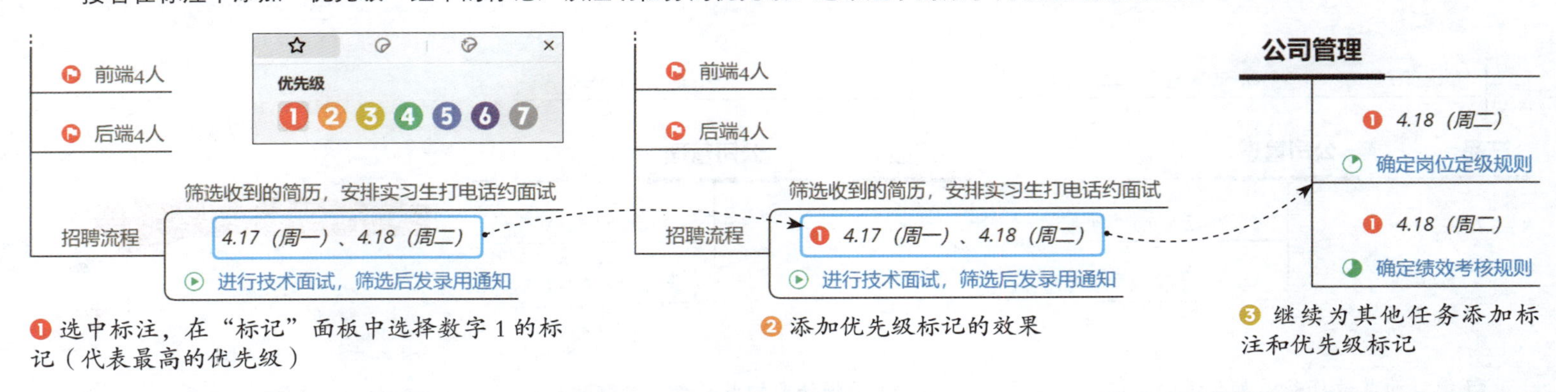

❶ 选中标注，在“标记”面板中选择数字 1 的标记（代表最高的优先级）　❷ 添加优先级标记的效果　❸ 继续为其他任务添加标注和优先级标记

如果一个子主题既代表工作目标又需要注明时间节点和优先级，可以先为该子主题添加标注来注明时间节点，再在标注中添加分别

代表工作目标和优先级的标记。多个标记将以并排叠放的形式显示。

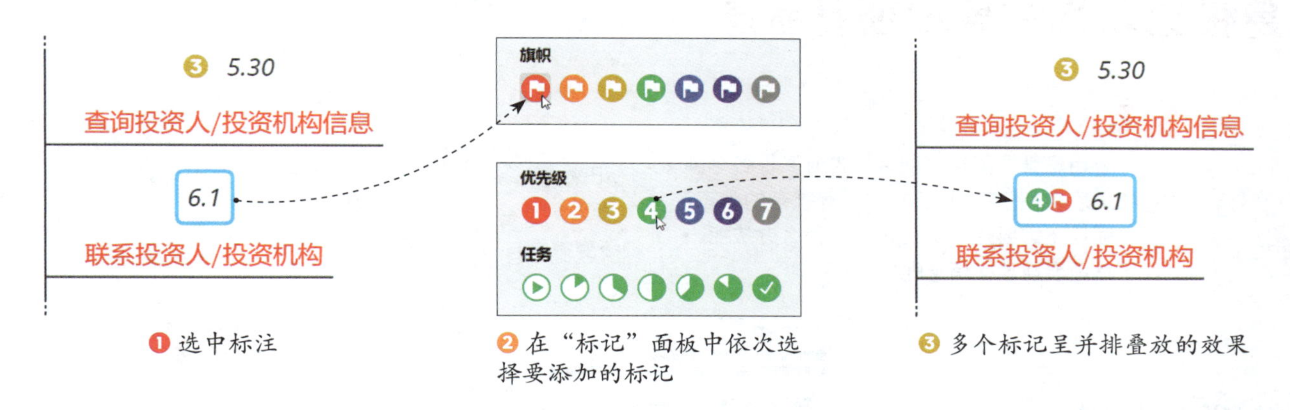

❶ 选中标注　❷ 在“标记”面板中依次选择要添加的标记　❸ 多个标记呈并排叠放的效果

更改标注属性突显当前任务

完成工作计划的制定后，就需要执行计划。对于当前正在执行的任务，可以在“格式”面板的“样式”选项卡中更改标注的填充颜色等属性，让标注变得更醒目。

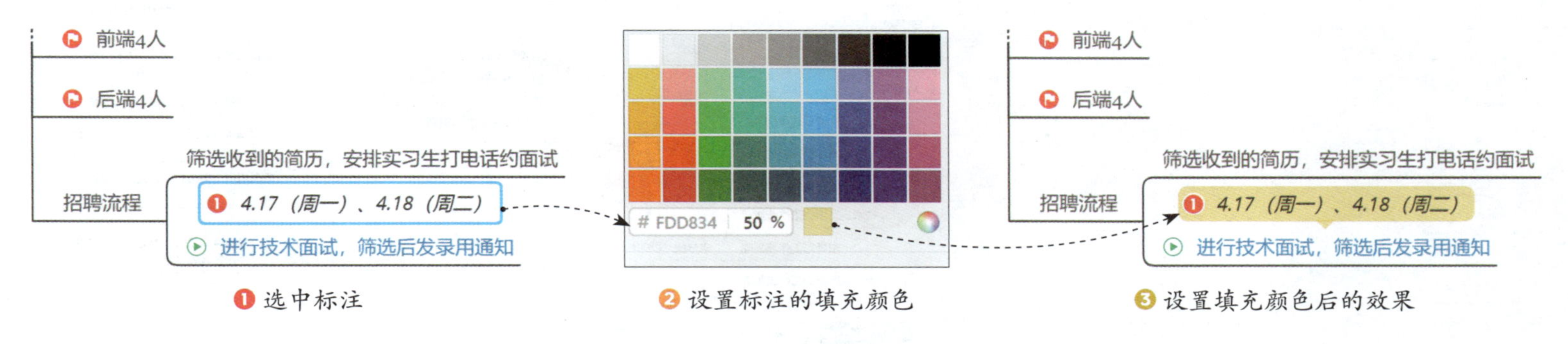

❶ 选中标注　❷ 设置标注的填充颜色　❸ 设置填充颜色后的效果

用标记和标签展现项目状态

我用思维导图梳理项目报告时发现各个项目的进度存在已完成、正在进行等繁杂的状态，有些项目还需要注明负责人，有什么办法能一目了然地展现这些信息呢？

我们可以通过在 Xmind 中为项目添加标记来展现工作进度，并用标签来注明项目负责人，这样就能让项目报告中各个项目的状态变得一目了然了。

[素材文件] 06 / 素材文件 / 项目状态-Before.xmind

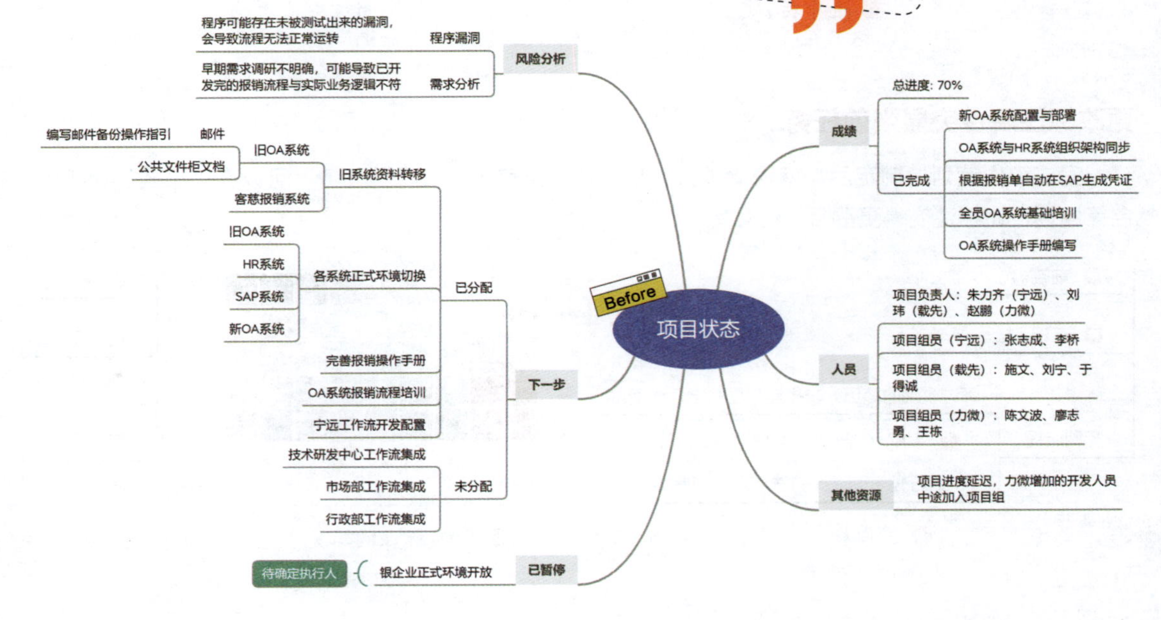

[实例文件] 06 / 实例文件 / 项目状态-After.xmind

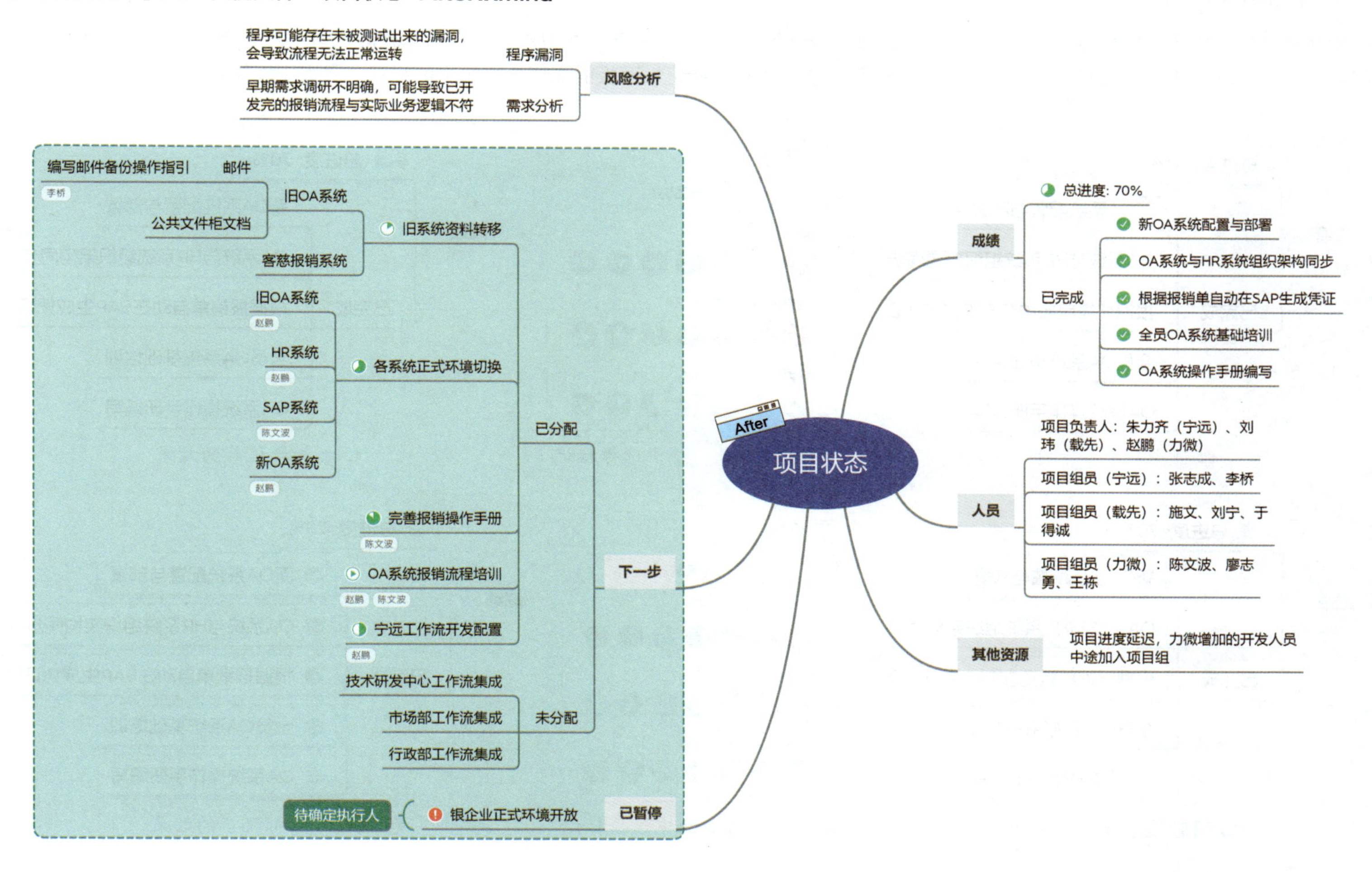

添加标记明确项目进度

素材文件的思维导图已经通过创建分支主题和子主题分类展示了不同进度的项目，包括已完成的项目、正在进行的项目、已暂停的项目等。对于已完成的项目和正在进行的项目，还可以通过添加“标记”面板的“任务”组中的标记，更直观地展示项目进度。

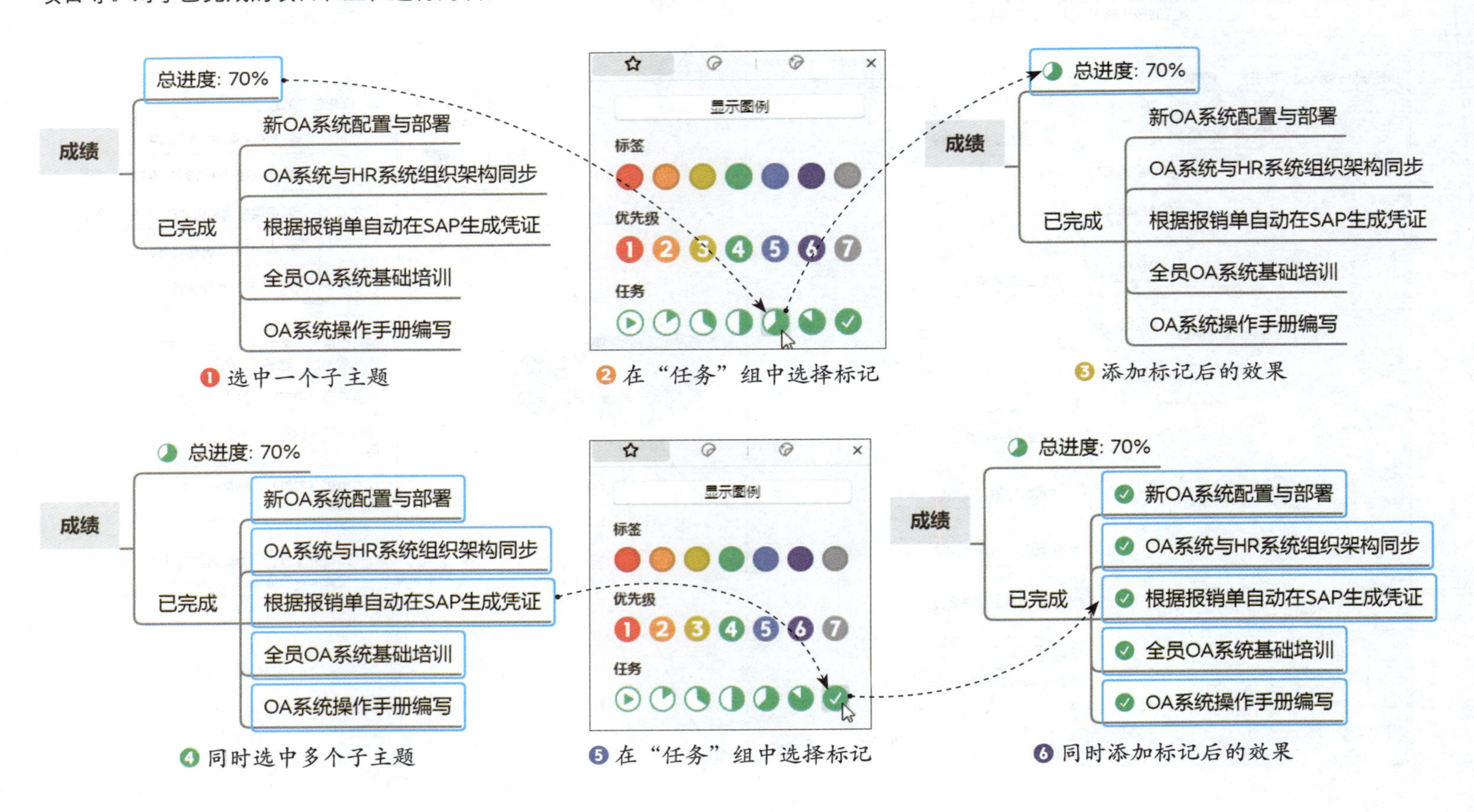

❶ 选中一个子主题

❷ 在“任务”组中选择标记

❸ 添加标记后的效果

❹ 同时选中多个子主题

❺ 在“任务”组中选择标记

❻ 同时添加标记后的效果

使用相同的方法，继续为正在进行的项目添加“任务”组中的合适的标记，帮助我们更好地把握项目进度。

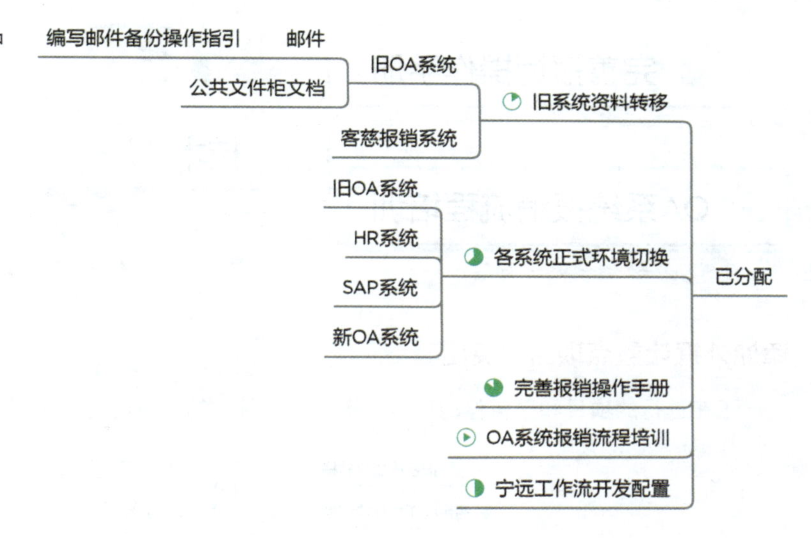

添加标签注明项目负责人

对于参与人员较多的项目，需要能快速查看项目负责人。在 Xmind 中，可以通过为子主题添加标签来注明项目负责人。添加过的标签如果要再次添加，可以在标签框中直接选取，不需要重复输入，从而大大减少了操作量。

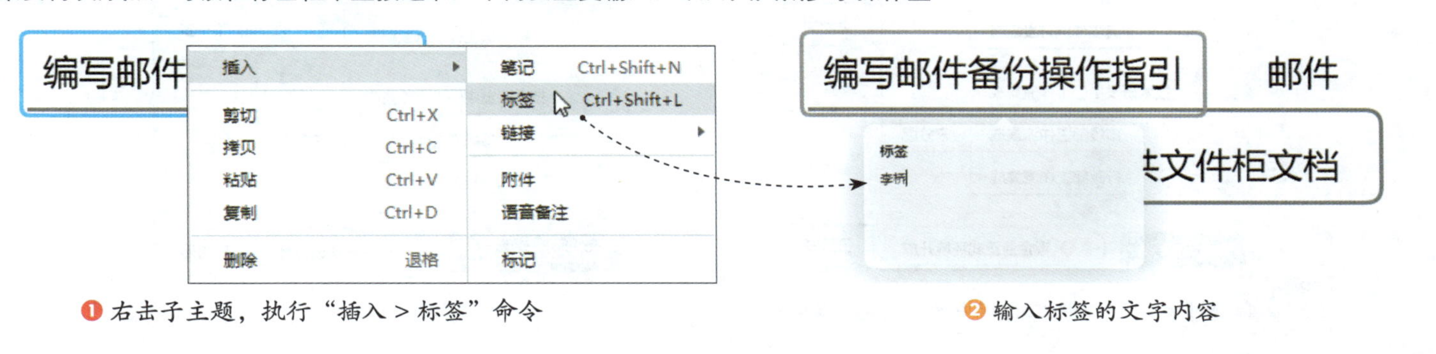

❶ 右击子主题，执行“插入 > 标签”命令

❷ 输入标签的文字内容

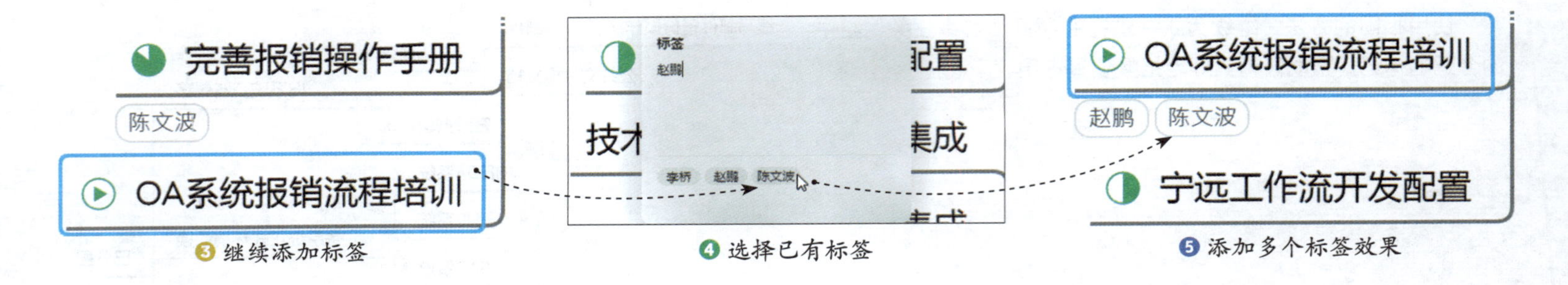

❸ 继续添加标签　❹ 选择已有标签　❺ 添加多个标签效果

添加外框让重点项目更突出

正在进行的项目和已暂停的项目是需要给予关注的重点内容，可以通过为这类项目添加外框进行视觉上的强调。

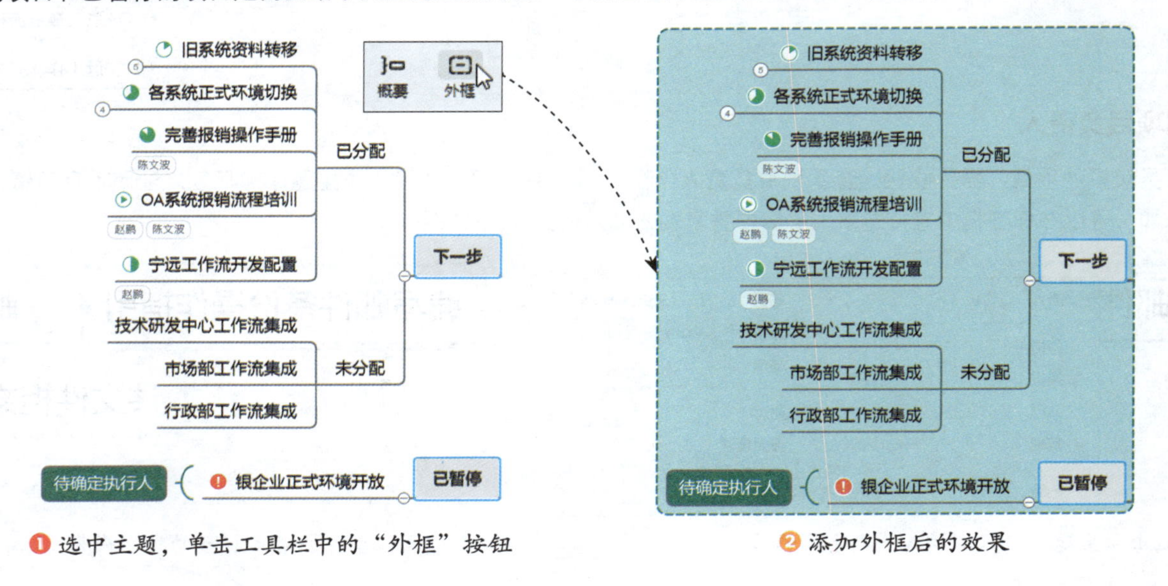

❶ 选中主题，单击工具栏中的“外框”按钮　❷ 添加外框后的效果

用删除线明确工作完成情况

每天开始工作前我都会用思维导图制定一个计划，再按计划执行工作。每完成一项工作，都需要相应更新思维导图。有没有什么好方法直观地区分已完成和未完成的工作呢？

可以为已完成的工作添加删除线格式，表示将这项工作"划掉"。对于应该完成却没有完成的工作，可为其添加标签以说明原因，并添加概要以说明当前进度及后续安排。

[素材文件] 06 / 素材文件 / 今日计划-Before.xmind

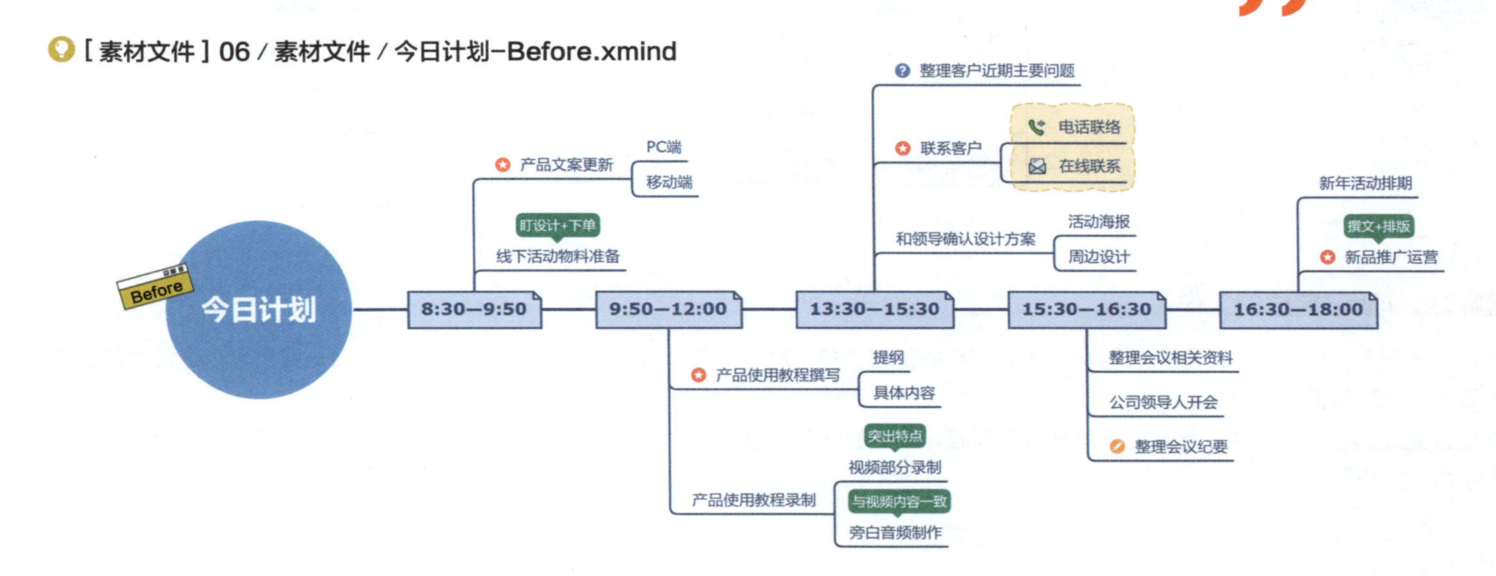

[实例文件] 06 / 实例文件 / 今日计划-After.xmind

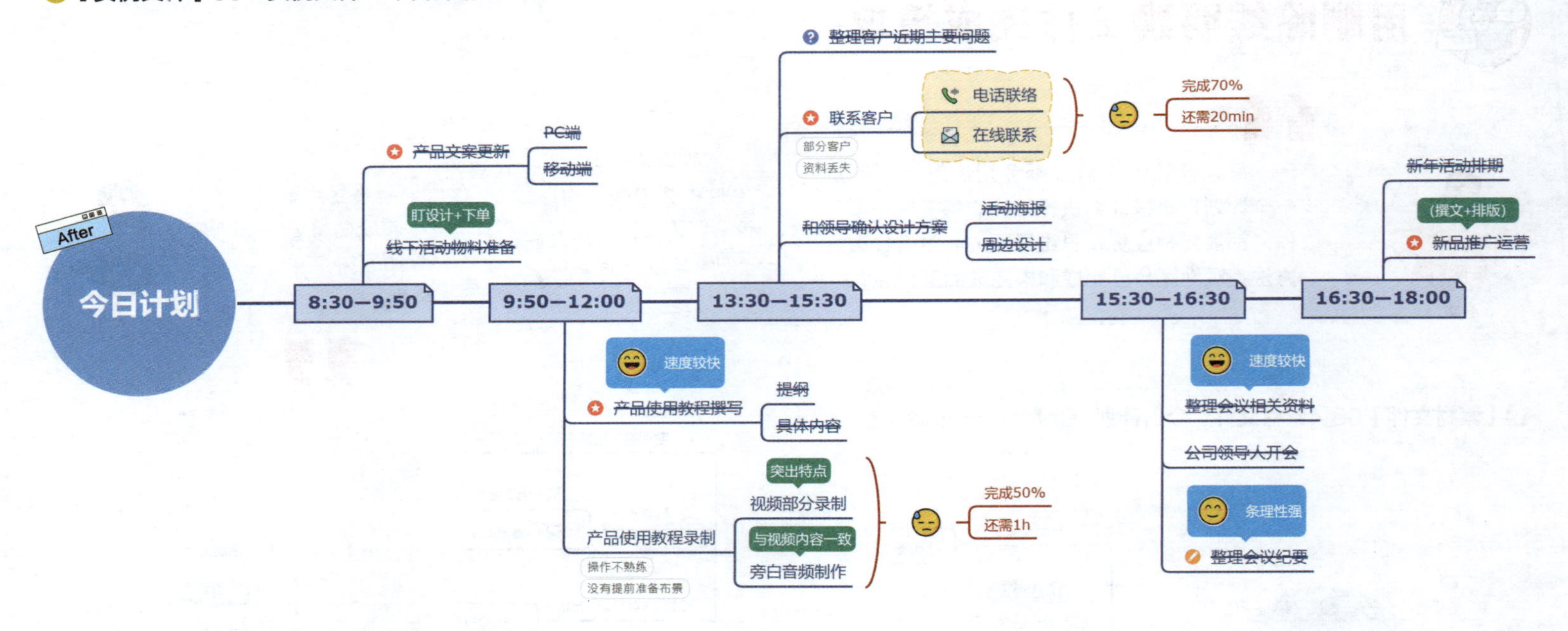

添加删除线标明已完成的工作

利用纸笔制定工作计划时，我们可以用笔将已完成的工作划掉。Xmind 中没有这种可以随意涂写的笔，但是我们可以通过为主题文字添加删除线来达到类似的效果。

选中已完成的工作对应的主题，打开“格式”面板，在“样式”选项卡的“文本”选项组中单击“删除线”按钮，即可为所选主题的文字添加删除线。

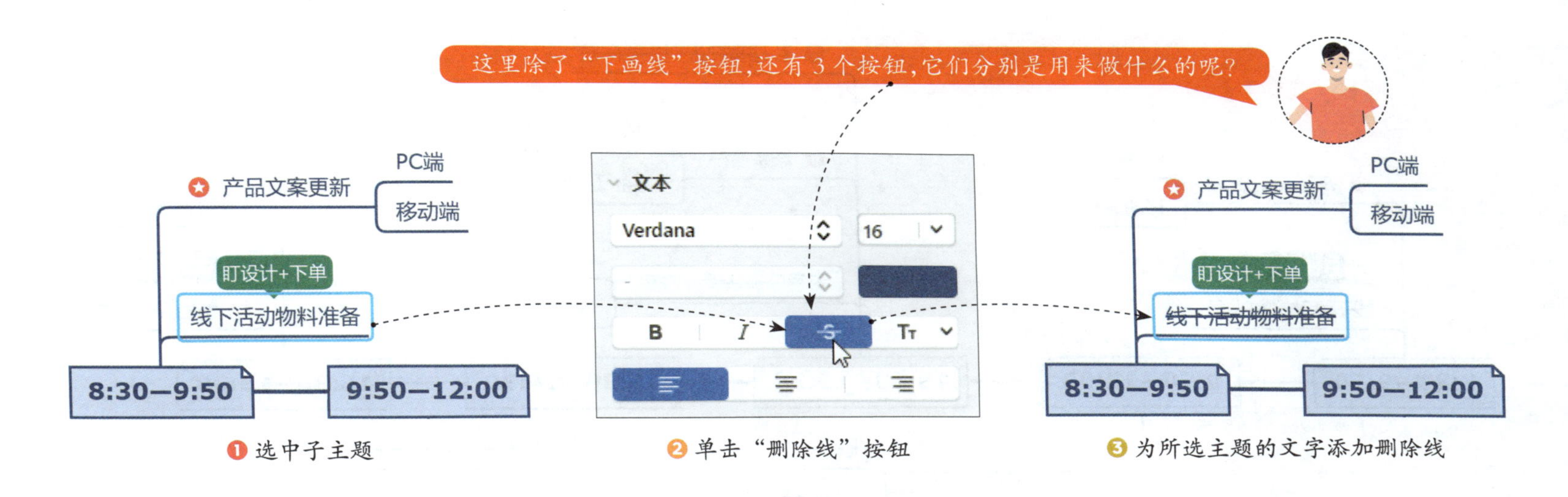

❶ 选中子主题　❷ 单击“删除线”按钮　❸ 为所选主题的文字添加删除线

批量为主题文字添加删除线

如果要为多个主题的文字添加删除线，只需同时选中这些主题，再单击“删除线”按钮即可。

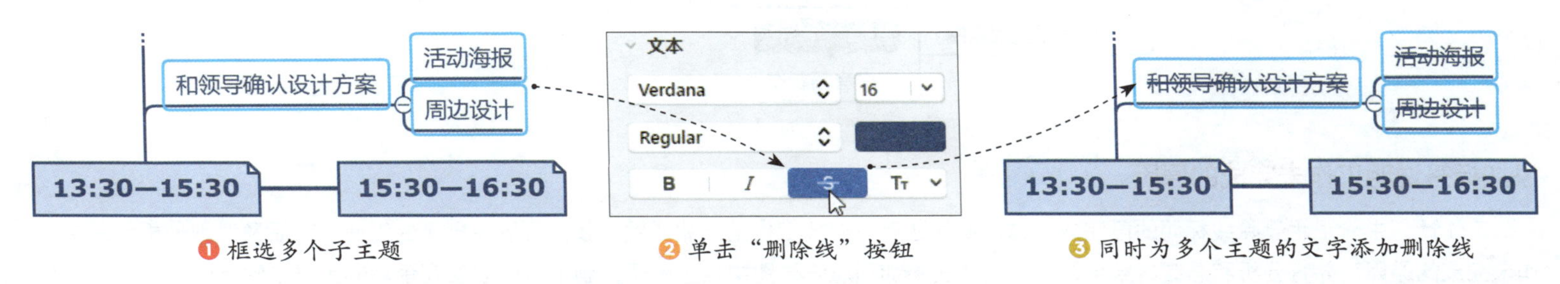

❶ 框选多个子主题　❷ 单击“删除线”按钮　❸ 同时为多个主题的文字添加删除线

使用相同的方法为工作计划中所有已完成工作对应的主题添加删除线，这样还有哪些工作未完成就一目了然了。如果不小心把未完成的工作“划掉”了，可以选中该主题，再次单击“删除线”按钮，去掉删除线。

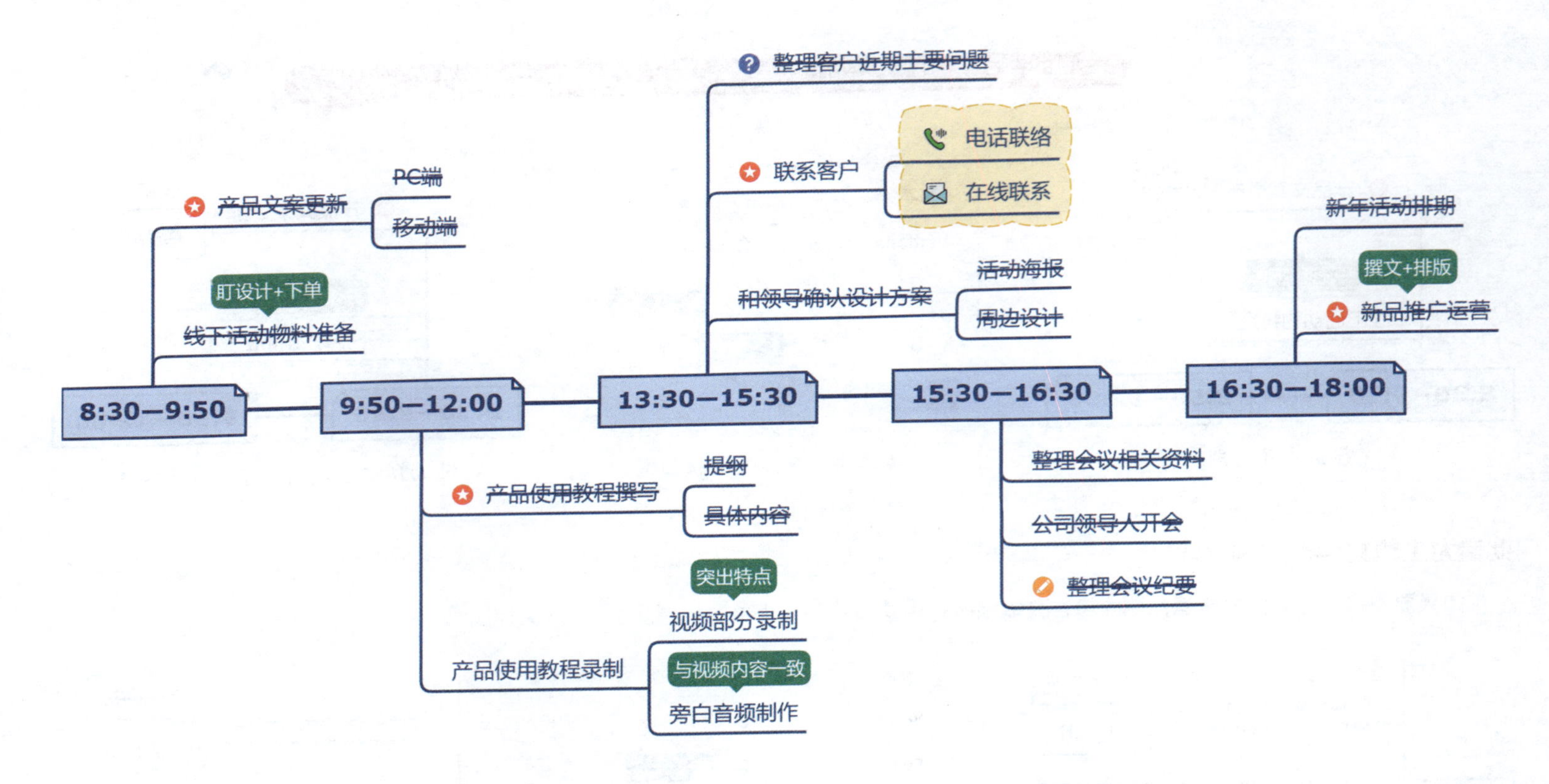

添加标签说明工作未完成的原因

工作计划中除了用删除线标明的已完成工作，常常还有一部分工作是未完成的。我们可以在当天的工作结束后及时地分析和总结工作未完成的原因，并将分析和总结的结果以标签的形式添加到思维导图中相应的子主题下方，以便在今后的工作中做出改进，从而不断提高工作计划的完成率。

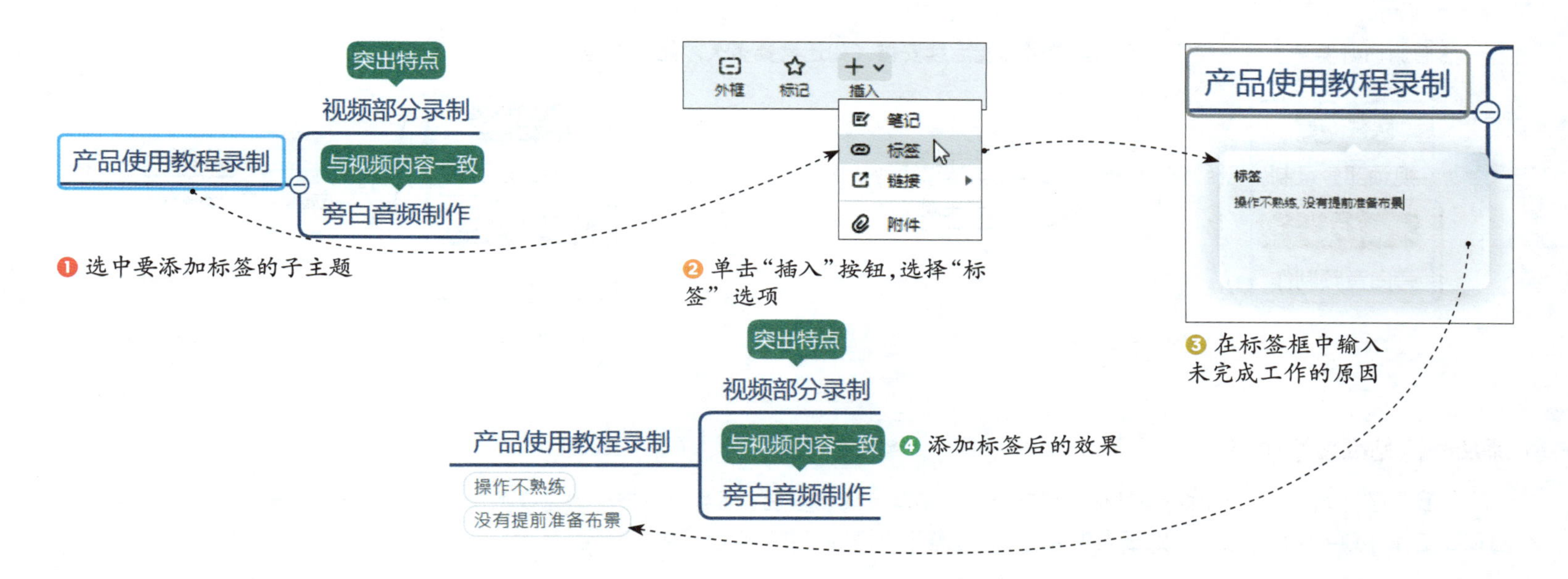

❶ 选中要添加标签的子主题

❷ 单击“插入”按钮，选择“标签”选项

❸ 在标签框中输入未完成工作的原因

❹ 添加标签后的效果

添加概要说明当前进度及后续安排

对于未完成的工作，还需要明确当前进度及后续安排，以便制定第二天的工作计划。先通过添加概要突出标记未完成的工作。

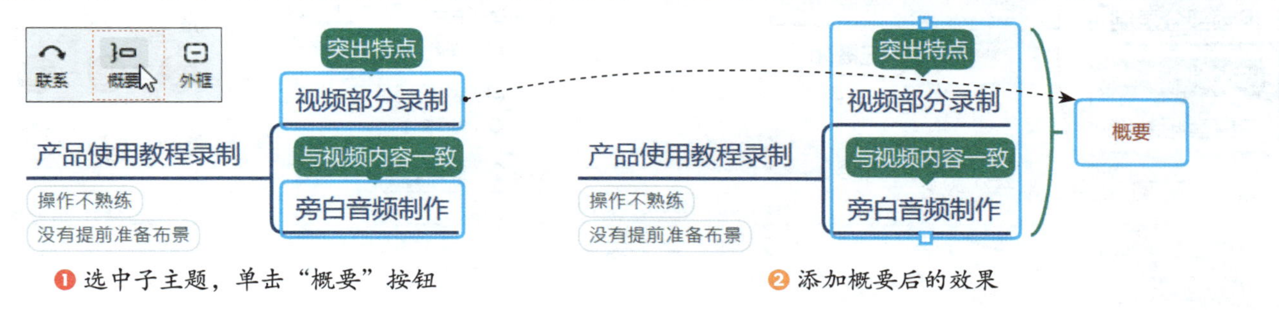

❶ 选中子主题，单击“概要”按钮

❷ 添加概要后的效果

然后添加概要子主题，说明工作的当前进度及后续安排（如还需要多久才能完成等）。

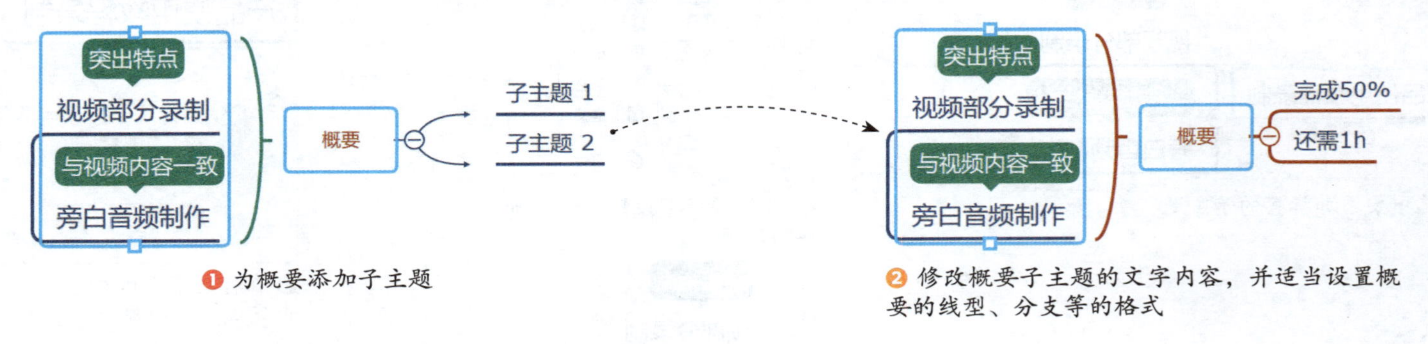

❶ 为概要添加子主题

❷ 修改概要子主题的文字内容，并适当设置概要的线型、分支等的格式

添加心情贴纸表达情绪

当我们按计划完成工作时，往往很有成就感，心情就会变得愉悦；而当不能按计划完成工作时，则会产生挫败感，心情变得烦躁。可以在工作计划中使用“心情”贴纸来表达情绪，让整张思维导图变得生动起来。

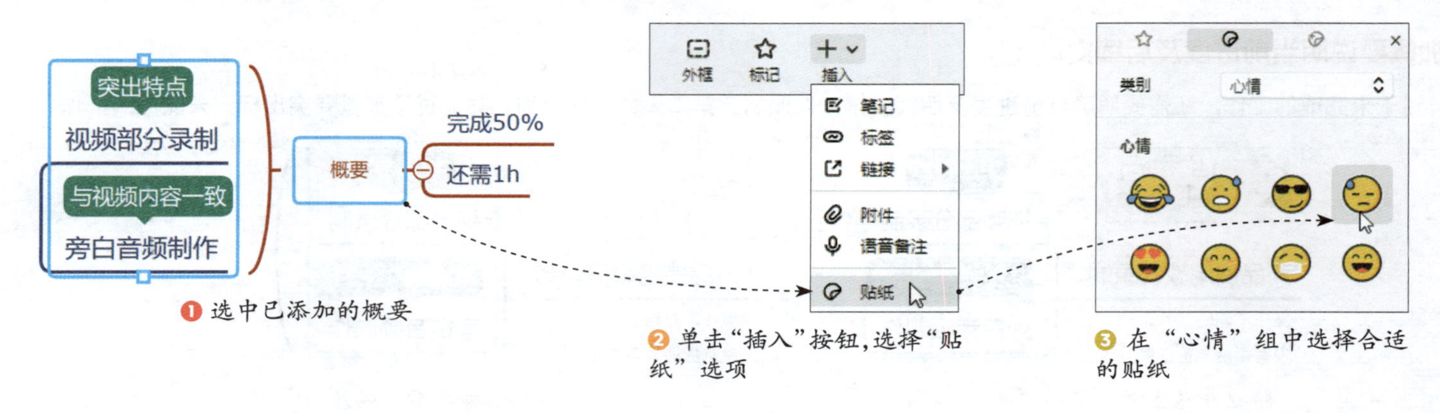

❶ 选中已添加的概要

❷ 单击“插入”按钮，选择“贴纸”选项

❸ 在“心情”组中选择合适的贴纸

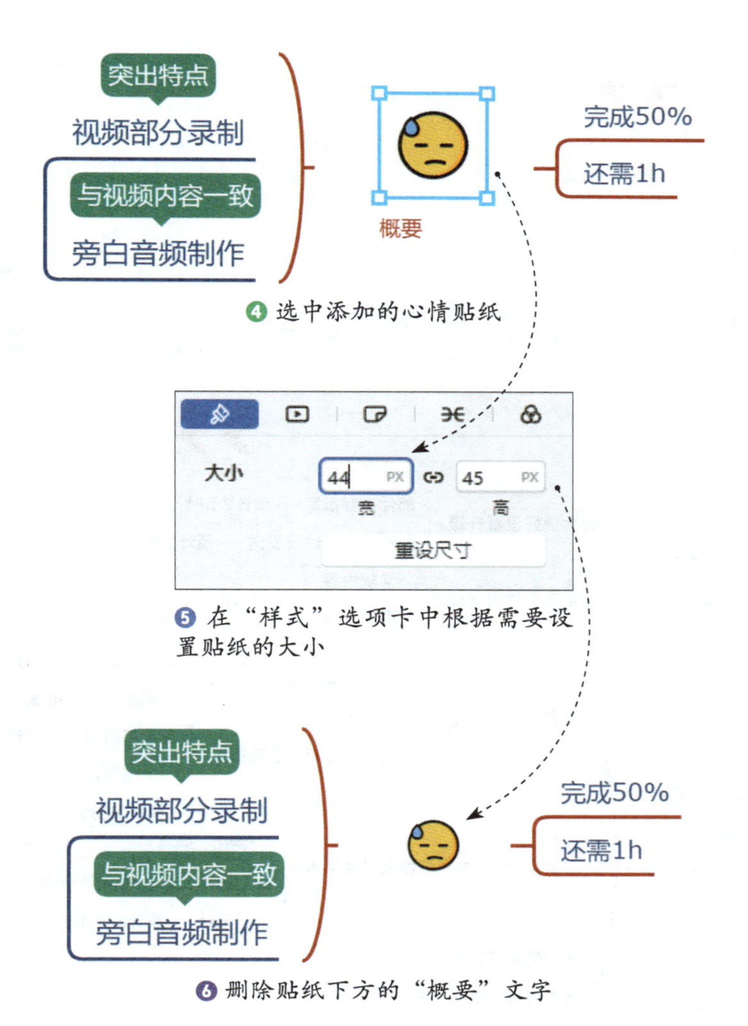

❹ 选中添加的心情贴纸

❺ 在“样式”选项卡中根据需要设置贴纸的大小

❻ 删除贴纸下方的“概要”文字

T 思考

对于已完成的工作，可以用标记或删除线来标明。这两种方式各有哪些优点和缺点呢？

用外框和标记让工作计划有条不紊

小新

我正在用思维导图梳理下一周的工作计划，想要在图中清晰地显示各项工作需要在哪一天完成，以及各项工作的重要程度，有什么好方法吗？

可以在思维导图中用外框来划分每天的工作，明确各项工作的时间要求；用标记来标明工作的优先级。这样我们就能按照工作的轻重缓急有条不紊地执行计划。

大牛

[素材文件] 06 / 素材文件 / 一周工作时间安排-Before.xmind

Before

一周工作时间安排
- 邮件
  - 邮件偏好设置升级
    - 邮件内容撰写 —— 预计2小时
    - 邮件后台测试及发送 —— 预计1小时
  - 上半年邮件内容规划
    - 常规内容
    - 活动策划
    - （常规内容、活动策划）预计2小时
- 公众号
  - 推送文章撰写
    - 拖延症患者如何提高执行力？
      - 内容撰写 —— 预计3小时
      - 配图制作及排版 —— 预计1小时
    - 真正的职场高手都会高效工作
      - 内容撰写 —— 预计2小时
      - 配图制作及排版 —— 预计1小时
  - 页面设计 —— 本月选题及设计要求
    - 构思选题 —— 预计30分钟
    - 开会讨论决定
    - 确定选题和需求 —— 预计45分钟
    - 排版设计 —— 预计2小时
  - 内容的审核和修改 —— 预计1小时
  - 更新内容，查看和回复信息 —— 预计90分钟

【文件】06 / 实例文件 / 一周工作时间安排-After.xmind

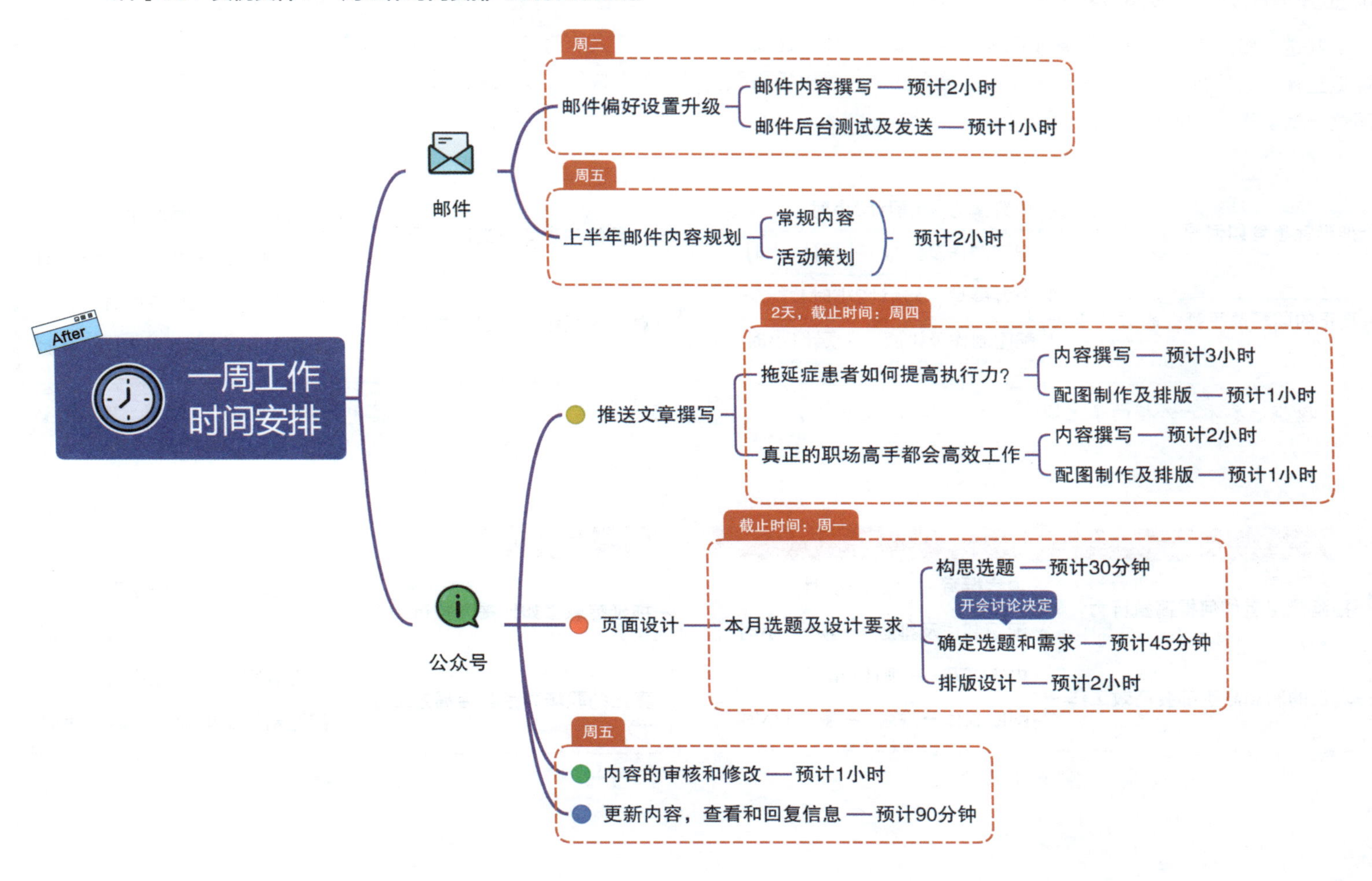

添加外框明确工作的时间要求

制定一周的工作计划时，除了明确需要完成的工作，还要根据工作量的大小为各项工作设定时间要求，如预计用时或截止时间，以保证工作计划的执行效果。在本案例的思维导图中，可以把需要在同一天完成的一批工作用外框框在一起，然后在外框上添加文字，说明这一批工作的时间要求。

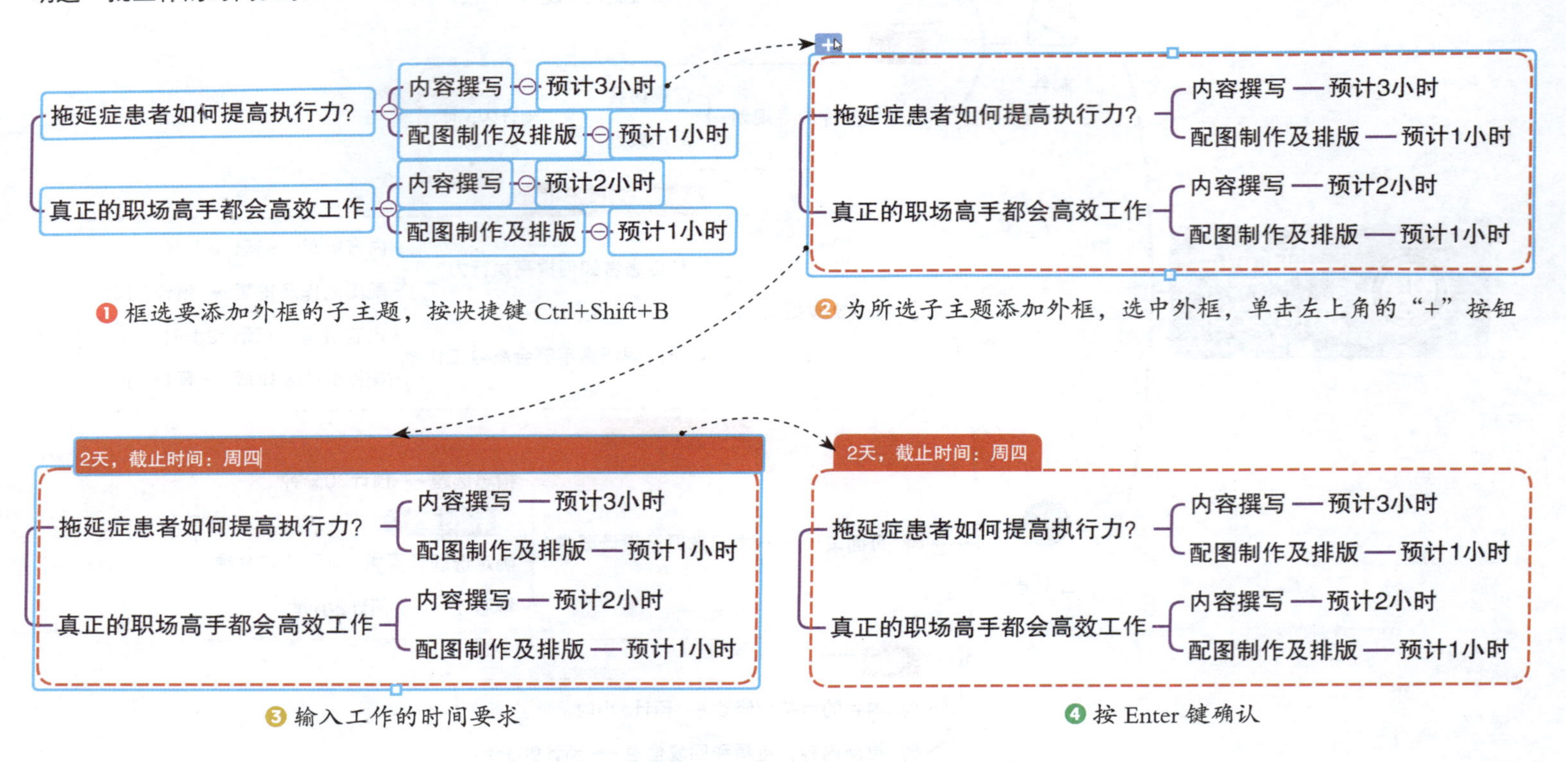

添加标记明确工作的优先级

为了更好地把控工作进程，有序地完成各项工作，可以通过添加标记的方式来明确工作的优先级。“标记”面板的“标签”组提供了多种颜色的圆形标记，可以用于代表不同的优先级。例如，红色圆形标记代表重要任务，需要先完成；黄色圆形标记代表次要任务，可以稍后完成等。添加标记后，如果需要更改标记的颜色，可以单击标记，在弹出的浮动工具栏中重新选择。

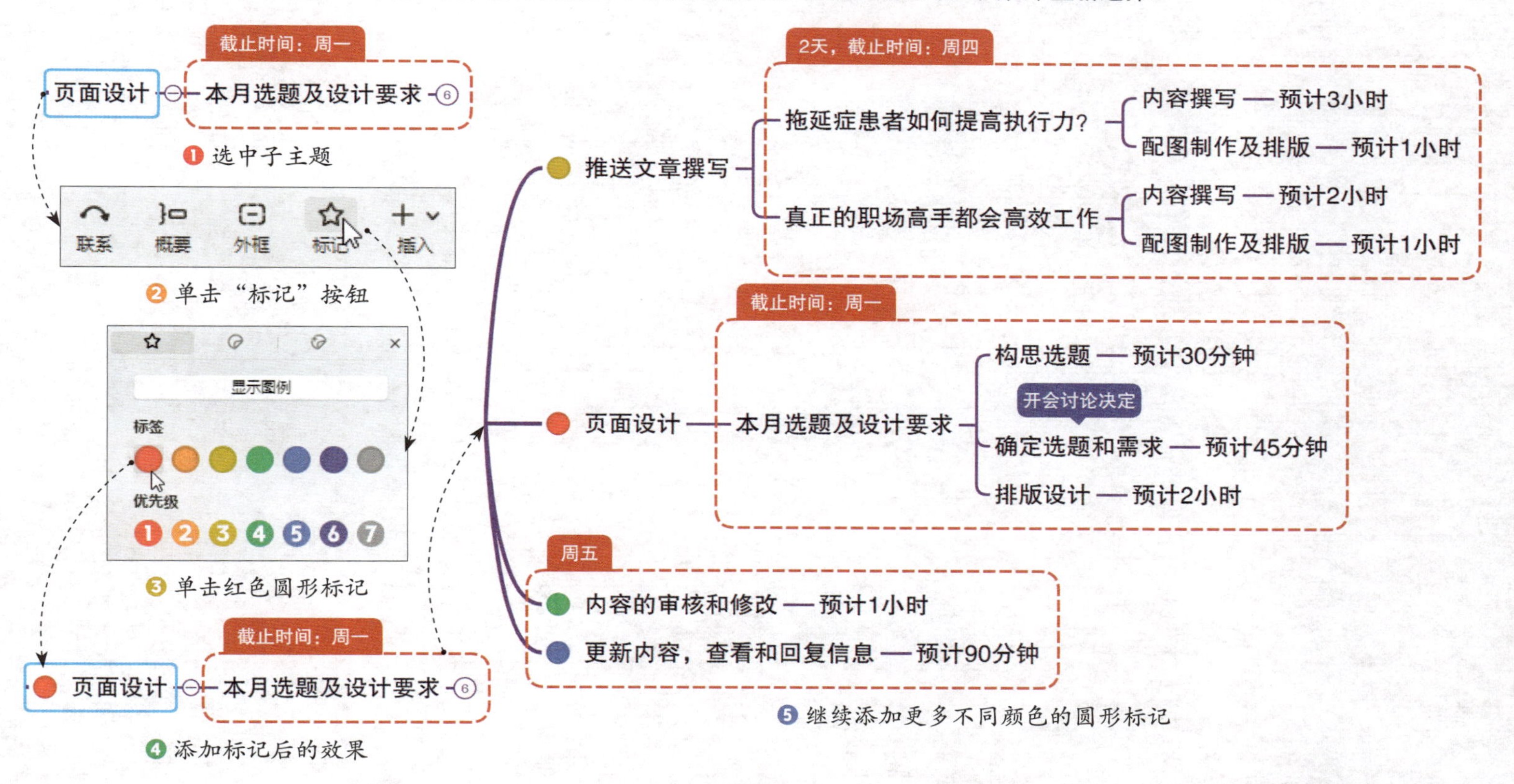

第7章

思维导图提升工作效率

许多职场“打工人”经常会处于毫无头绪、效率低下的工作状态，一整天看似忙忙碌碌，却没有多少实实在在的工作成果。本章将介绍如何借助 Xmind 将工作整理得井井有条，从而提升工作成效。

用笔记简化烦琐的项目流程

小新

我正在用思维导图梳理一个项目的工作流程，发现各流程的细节项目很多，整张图显得很臃肿，各流程的先后关系也没有被呈现出来。能不能帮我想个办法优化一下呢？

可以通过将子主题转换成笔记的方式来隐藏细节项目，这样既能让思维导图更简洁，又能在需要时方便地调阅细节项目。此外，还可以利用鱼骨图更直观地呈现项目各流程的先后关系。

大牛

[素材文件] 07 / 素材文件 / 项目管理-Before.xmind

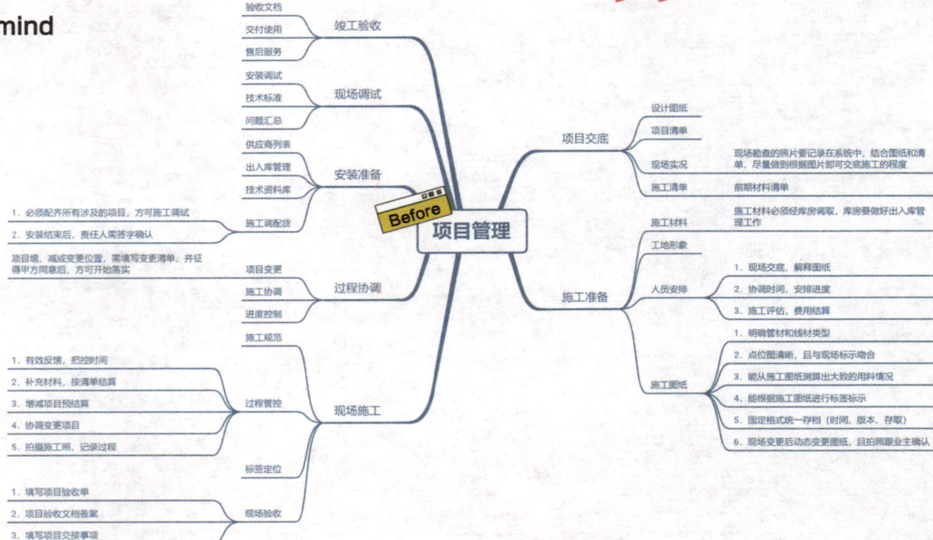

[实例文件] 07 / 实例文件 / 项目管理-After.xmind

将文字内容较多的子主题转换成笔记

本案例素材文件的思维导图将各个细节项目都表述得很详尽，这对于项目的执行确实有很大的帮助，但是也让整张图变得臃肿，不便于查看。下面通过将文字内容较多的子主题转换成笔记来解决这个问题，具体方法是将某个细节项目对应的子主题剪切到剪贴板，再为上一级子主题添加笔记，将剪贴板的内容粘贴到笔记中。添加笔记后，如果要再次查看笔记的内容，可单击子主题中的笔记图标。

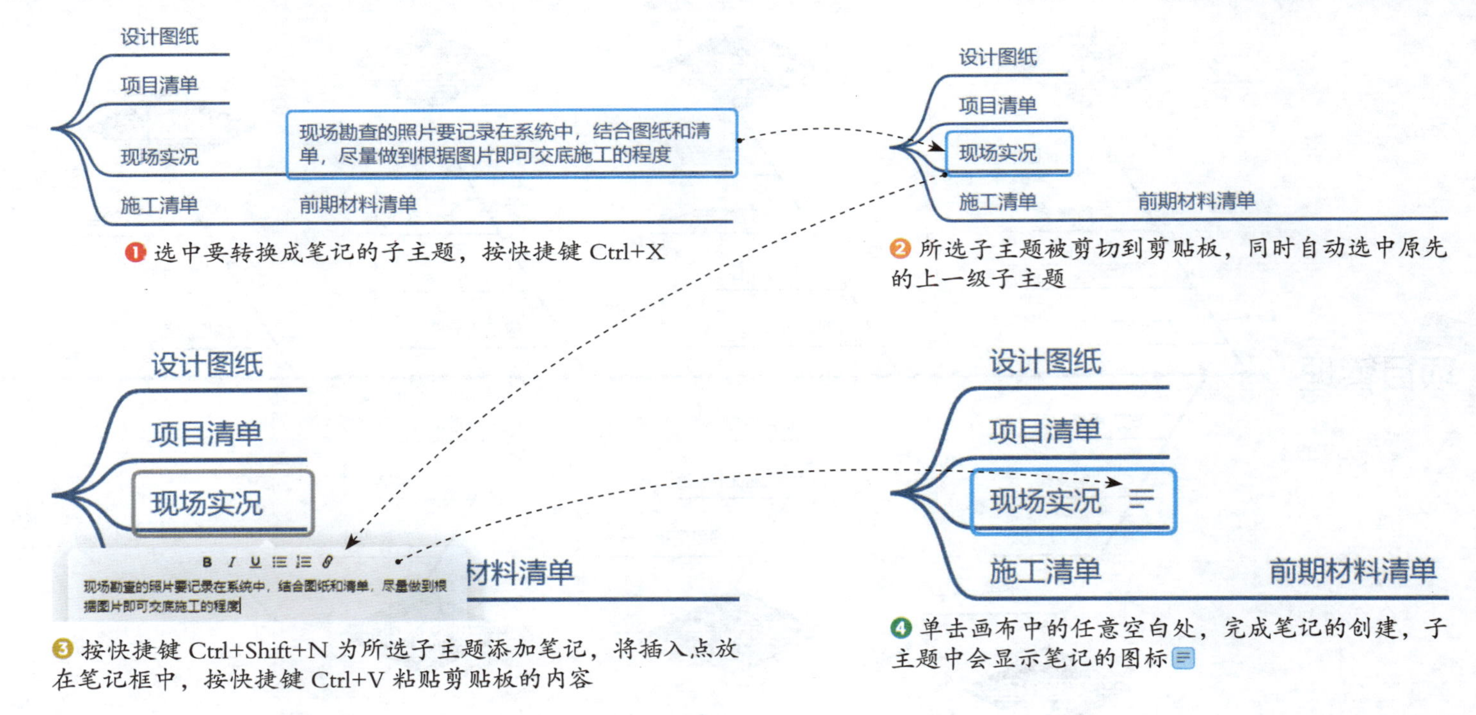

❶ 选中要转换成笔记的子主题，按快捷键 Ctrl+X

❷ 所选子主题被剪切到剪贴板，同时自动选中原先的上一级子主题

❸ 按快捷键 Ctrl+Shift+N 为所选子主题添加笔记，将插入点放在笔记框中，按快捷键 Ctrl+V 粘贴剪贴板的内容

❹ 单击画布中的任意空白处，完成笔记的创建，子主题中会显示笔记的图标

将多个子主题批量转换成笔记

前面是将单个子主题转换成笔记，如果要转换的是多个子主题，操作也是类似的。用鼠标框选需要转换成笔记的多个子主题，将它们剪切到剪贴板，再为上一级子主题添加笔记，然后将剪贴板的内容粘贴到新创建的笔记中，原先的多个子主题的内容会以多行笔记的形式出现。

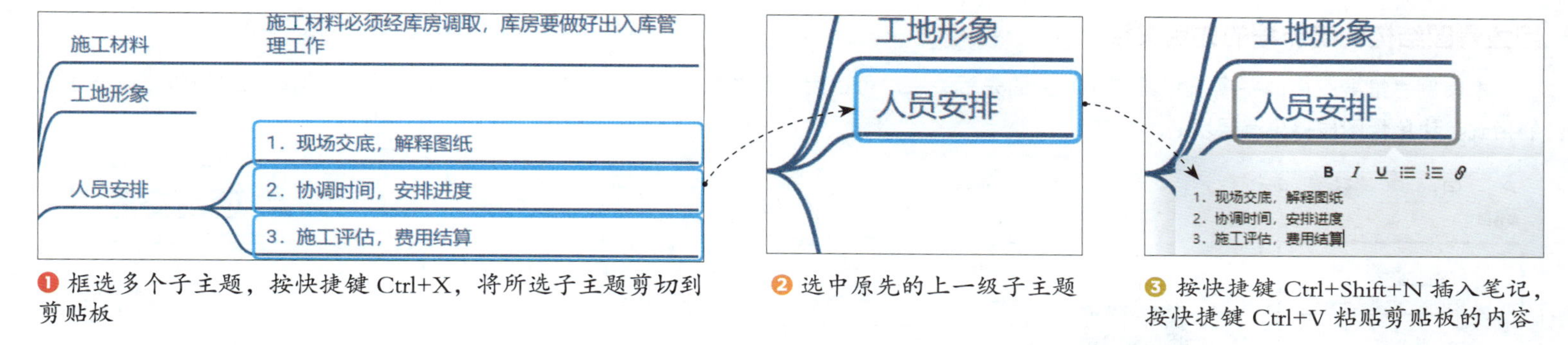

❶ 框选多个子主题，按快捷键 Ctrl+X，将所选子主题剪切到剪贴板

❷ 选中原先的上一级子主题

❸ 按快捷键 Ctrl+Shift+N 插入笔记，按快捷键 Ctrl+V 粘贴剪贴板的内容

使用相同的方法将原先的四级子主题内容全部转换成笔记，这样具体的项目细节就不必全部展现在思维导图中，而是可以根据需要随时调阅或隐藏。

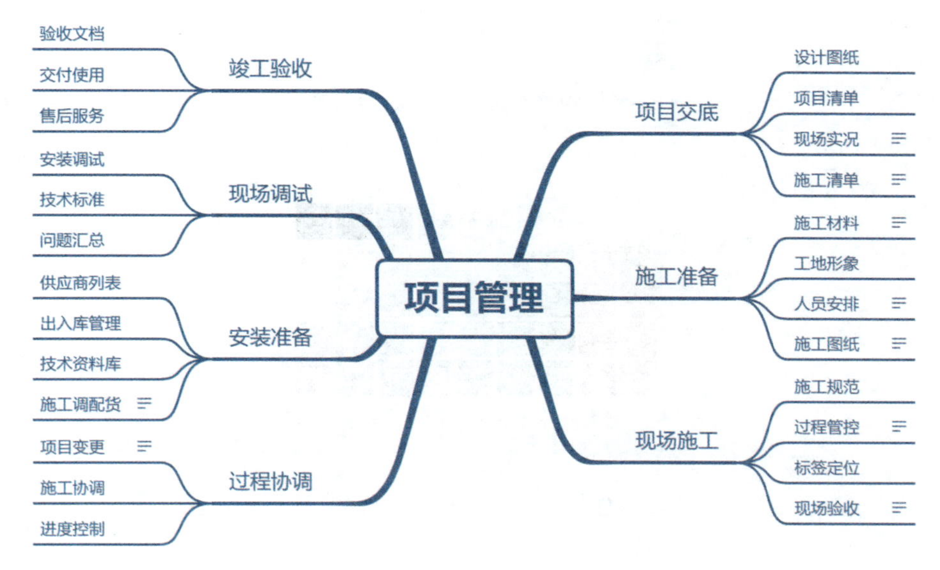

用鱼骨图结构明确流程的先后关系

本案例思维导图中的各项流程具有时间上的先后关系，可以用鱼骨图来呈现这种关系。更改思维导图的结构后，进一步更改子主题的格式，让鱼骨图显得更有层次。

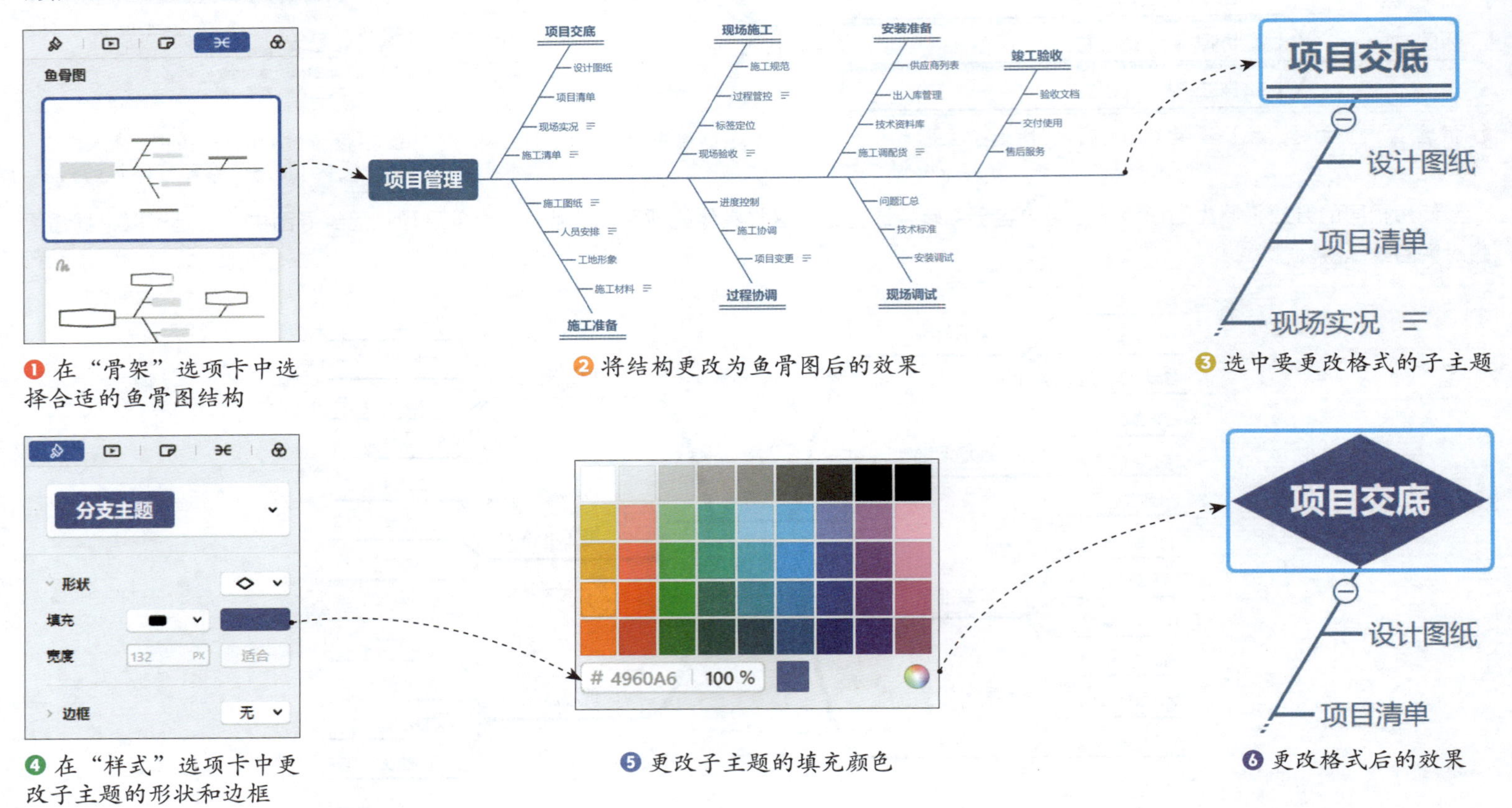

❶ 在“骨架”选项卡中选择合适的鱼骨图结构

❷ 将结构更改为鱼骨图后的效果

❸ 选中要更改格式的子主题

❹ 在“样式”选项卡中更改子主题的形状和边框

❺ 更改子主题的填充颜色

❻ 更改格式后的效果

继续选中下一级子主题，调整其格式。最后利用“样式”选项卡中的“更新”按钮将新的主题格式批量应用到同一层级的其他子主题上，统一整张鱼骨图的设计风格。

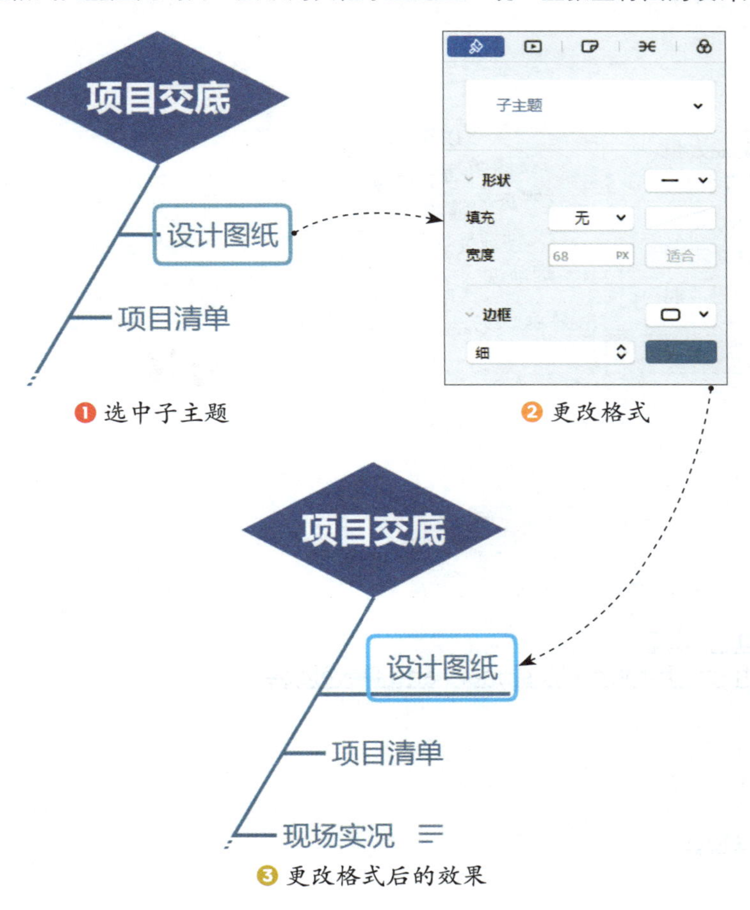

❶ 选中子主题

❷ 更改格式

❸ 更改格式后的效果

T 思考

鱼骨图还适用于呈现哪些类型的内容呢？（例如：分析棘手问题、制定对策等）

用链接集中管理关联资料

我为了提升自己的工作能力，收集了大量的学习资料，既有在浏览器中收藏的网页书签，又有存放在本地硬盘中的 PDF 文档、Word 文档等多种格式的文件。听说 Xmind 可以将不同类型的相关资料集中整理成一张思维导图，能教教我怎么做吗？

可以用 Xmind 创建思维导图，再在图中插入链接，链接的对象可以是网页的链接，也可以是本地硬盘中的文件或文件夹，这样就能非常方便快捷地调阅不同来源的资料了。

[素材文件] 07 / 素材文件 / 启动项目练习.docx

启动项目练习

学习CSS布局
Learn to Code HTML & CSS
40 Essential Cheatsheets for Web Designers and Developers
HTML Tutorial
HTML 系列教程
HTML5 Tutorial
Pro Git（中文版）
Set up Git - GitHub Docs

[实例文件] 07 / 实例文件 / 启动项目练习.xmind

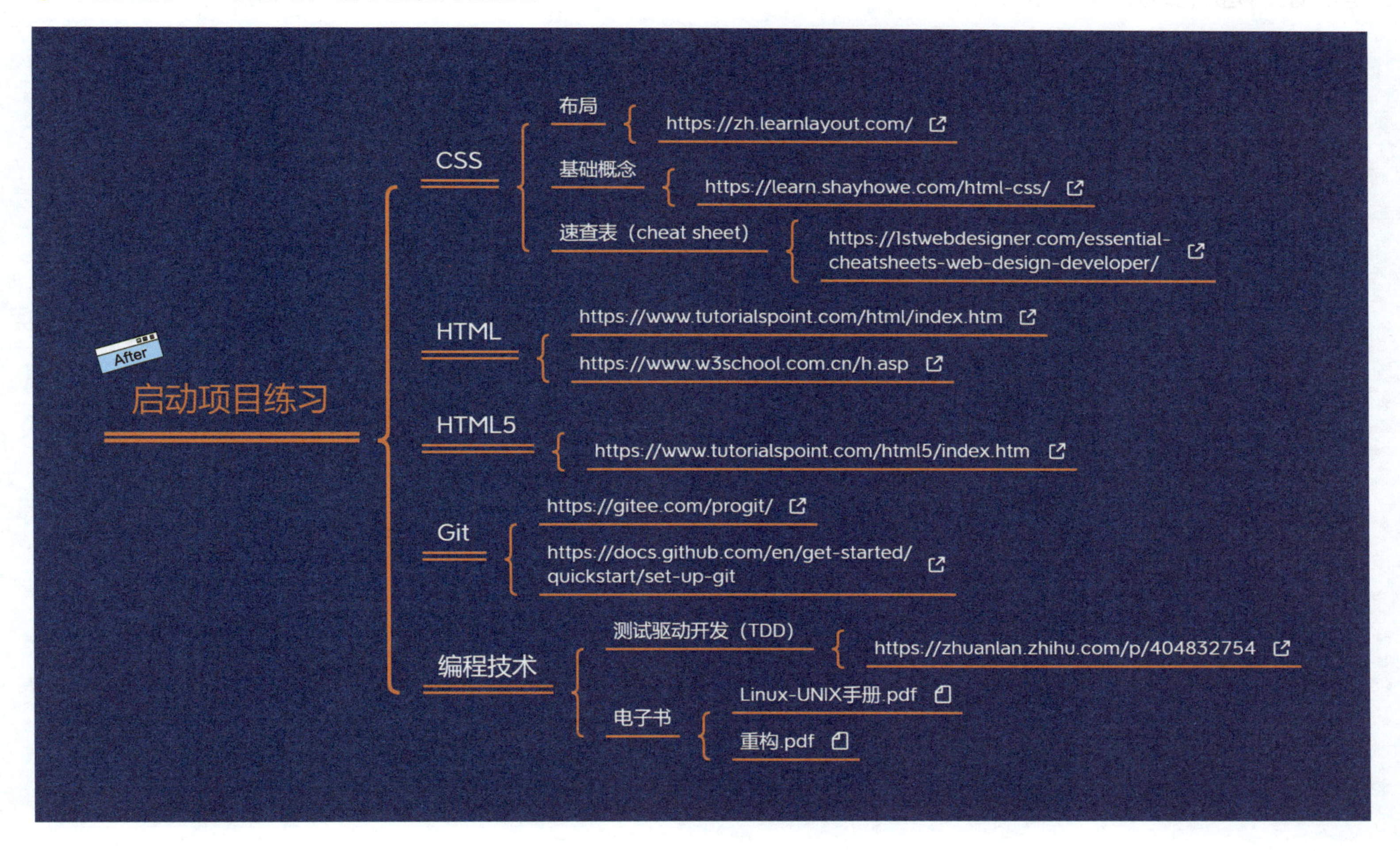

导出网页书签并整理成 Word 文档

Xmind 无法读取浏览器中收藏的网页书签，我们需要将书签导出，再整理成 Word 文档。这里以谷歌浏览器为例，先打开书签管理器并将书签导出成网页文件，然后将网页文件中的资料链接复制、粘贴到 Word 文档中，最后对 Word 文档中的链接进行分组整理，添加要链接的本地文件的条目，并按照第 5 章讲解的方法为段落应用不同层级的标题样式，为通过导入 Word 文档创建思维导图做准备。

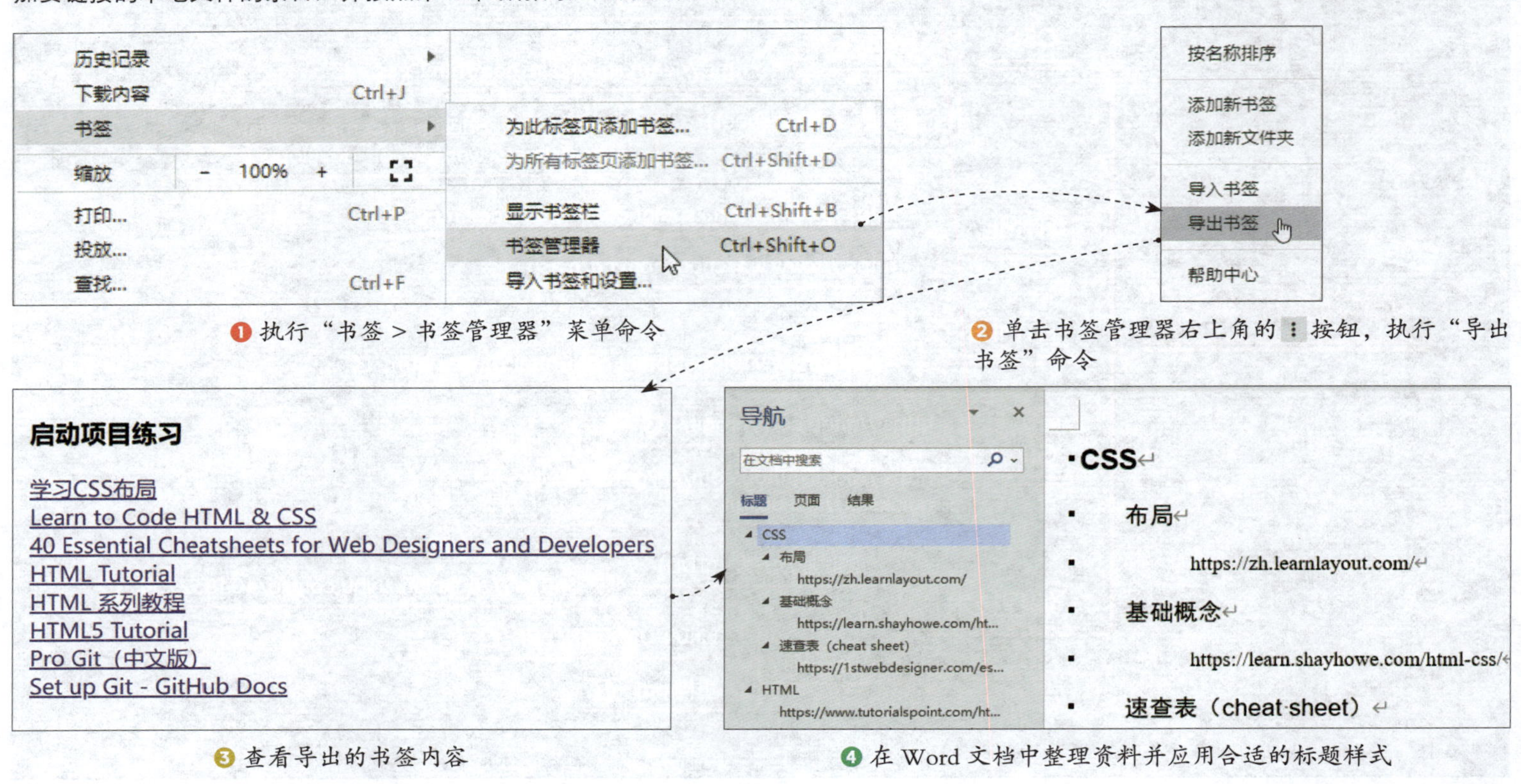

❶ 执行“书签 > 书签管理器”菜单命令

❷ 单击书签管理器右上角的 ⋮ 按钮，执行“导出书签”命令

❸ 查看导出的书签内容

❹ 在 Word 文档中整理资料并应用合适的标题样式

导入 Word 文档创建思维导图

整理好 Word 文档后，用 Xmind 导入 Word 文档并创建思维导图，然后更改思维导图的骨架结构、配色方案和布局样式。

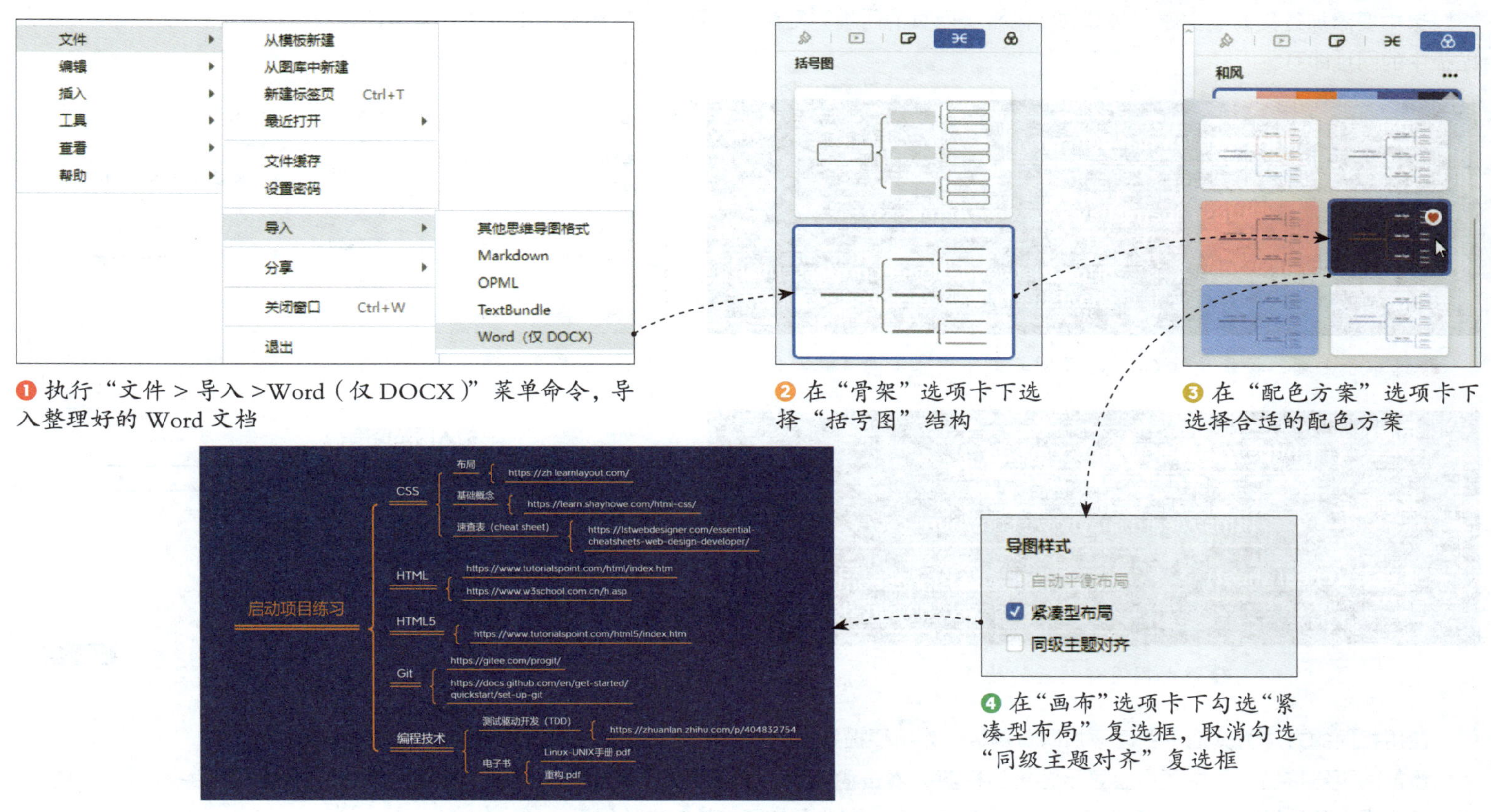

❶ 执行“文件 > 导入 >Word（仅 DOCX）”菜单命令，导入整理好的 Word 文档

❷ 在“骨架”选项卡下选择“括号图”结构

❸ 在“配色方案”选项卡下选择合适的配色方案

❹ 在“画布”选项卡下勾选“紧凑型布局”复选框，取消勾选“同级主题对齐”复选框

❺ 创建的思维导图效果

为书签资料添加网页链接

下面为思维导图中的各类资料添加链接。不同类型的资料，添加链接的方式也不同，这里先添加网页链接。

选中要添加链接的子主题，将其文字内容（网页的网址）复制到剪贴板，然后利用右键快捷菜单创建网页链接，在对话框中粘贴剪贴板中的网址即可。

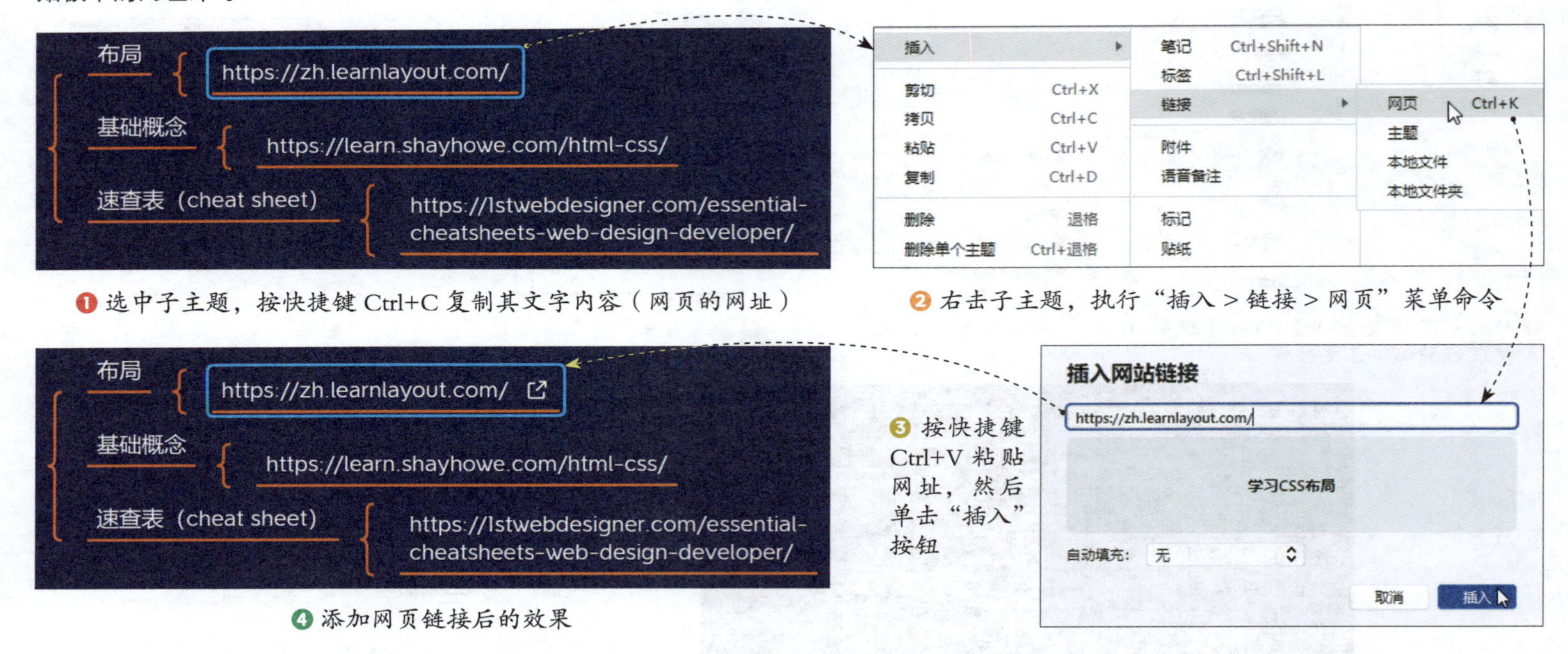

❶ 选中子主题，按快捷键 Ctrl+C 复制其文字内容（网页的网址）

❷ 右击子主题，执行“插入 > 链接 > 网页”菜单命令

❸ 按快捷键 Ctrl+V 粘贴网址，然后单击“插入”按钮

❹ 添加网页链接后的效果

使用相同的方法为其他子主题添加网页链接。如果要提高操作效率，可以通过按快捷键 Ctrl+K 来创建网页链接。

添加网页链接后，子主题中会显示链接图标。右击图标，在弹出的快捷菜单中选择“编辑”命令或“删除”命令，可以对链接执行修改或删除的操作。单击图标则会调用系统的默认浏览器打开链接对应的网页。

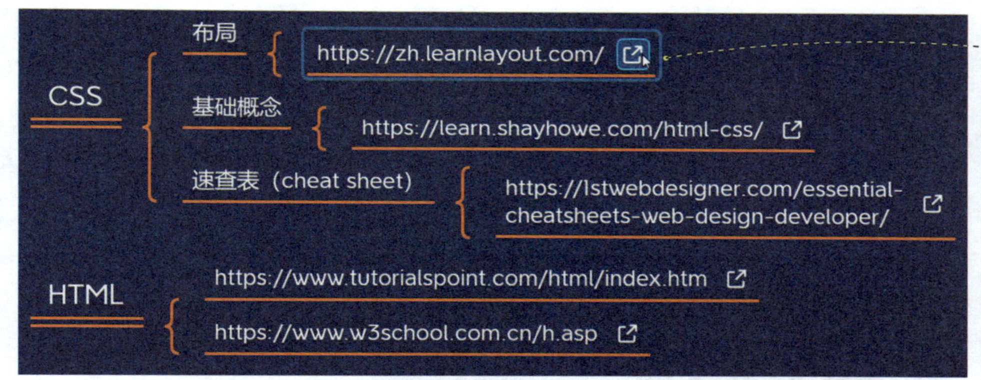

❶ 单击图标

❷ 用默认浏览器打开对应的网页

链接本地文件

添加完网页链接，接着添加本地文件的链接。选中要添加链接的子主题，然后利用右键快捷菜单创建本地文件链接，在对话框中选择本地硬盘上的文件即可。子主题中将会显示链接图标，单击该图标可打开对应的文件。

如果要链接本地文件夹，操作也是类似的，这里不再赘述。需要注意的是，如果链接的目标文件或文件夹被重命名或移动位置，则链接会失效。

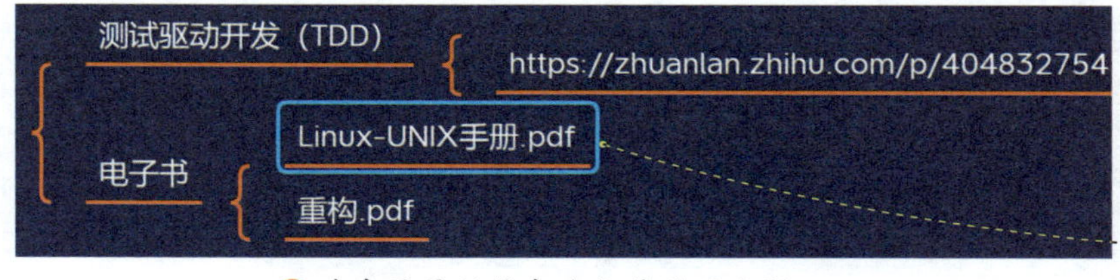

❶ 选中需要链接本地文件的子主题

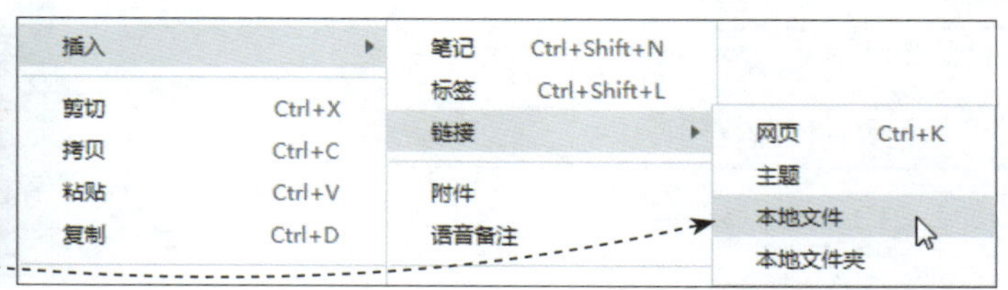

❷ 右击子主题，执行“插入 > 链接 > 本地文件”菜单命令

T 思考

除了为网页和本地文件创建链接，是否可以创建思维导图之间的链接？如果可以，应该怎么做呢？

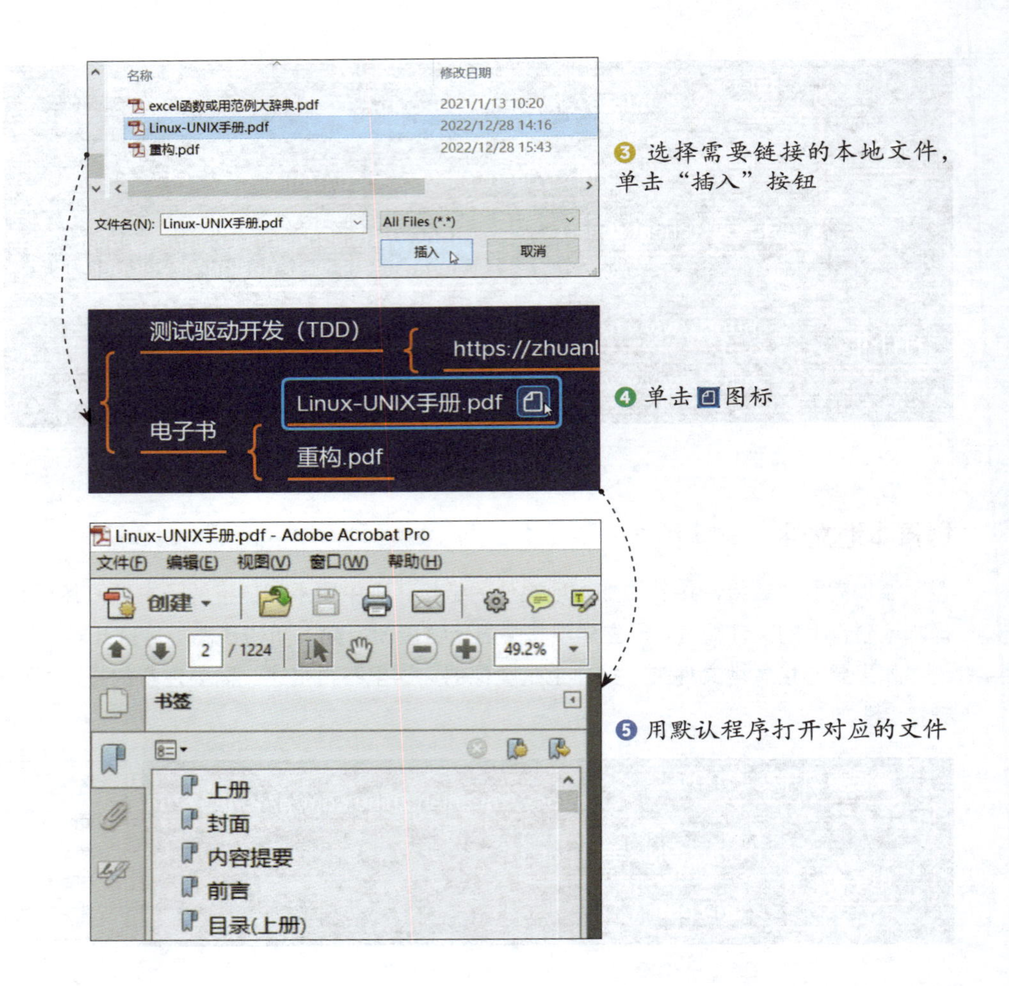

用链接和画布拆分思维导图

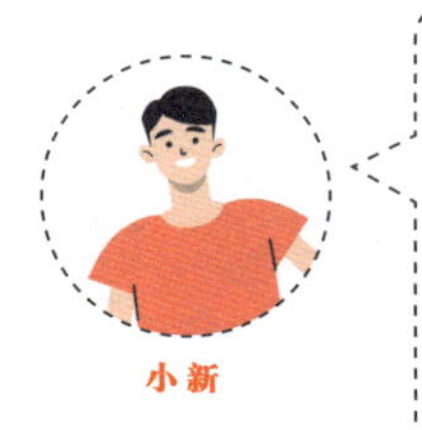

我正在利用思维导图梳理一门课程的知识体系。对于一些文字较多的主题，我运用前面讲解的方法，通过创建笔记进行了隐藏。但是有些主题的分支层级较多，如果放进笔记中，就不能很好地呈现层级关系。有没有其他的解决办法呢？

你说的这种情况的确不适合用笔记来处理，我再教你另一种处理思路：结合使用链接和画布。将要隐藏的主题分支移动到新的画布中去，然后在不同画布的关联主题之间建立链接，这样既不影响层级关系的呈现，又能方便地跳转查阅。

[素材文件] 07 / 素材文件 / 仓储管理-Before.xmind

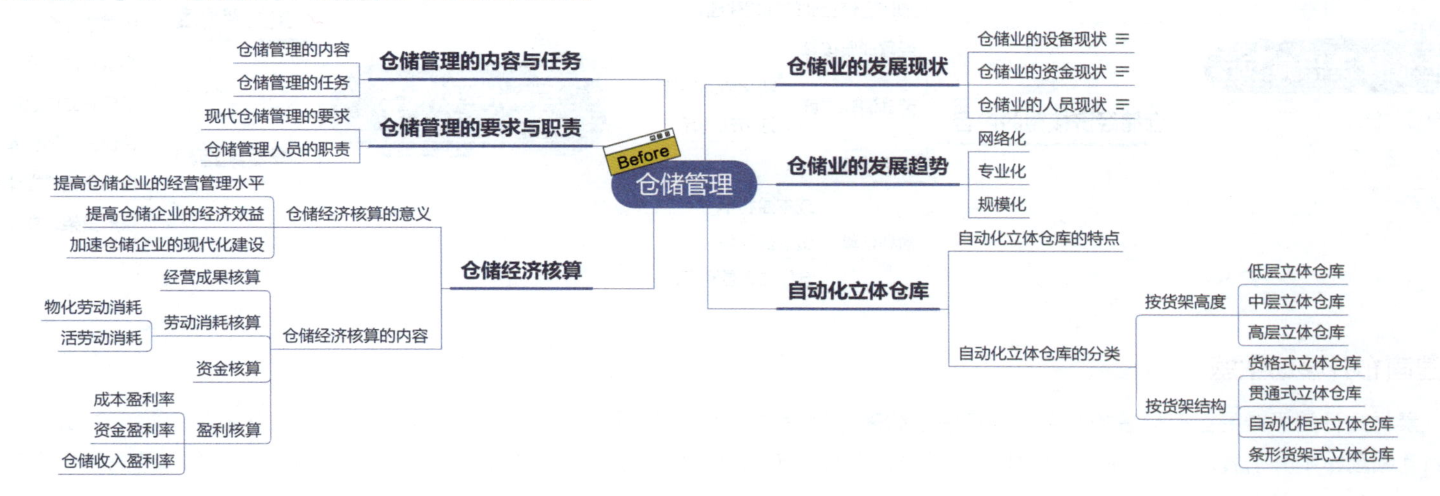

[实例文件] 07 / 实例文件 / 仓储管理-After.xmind

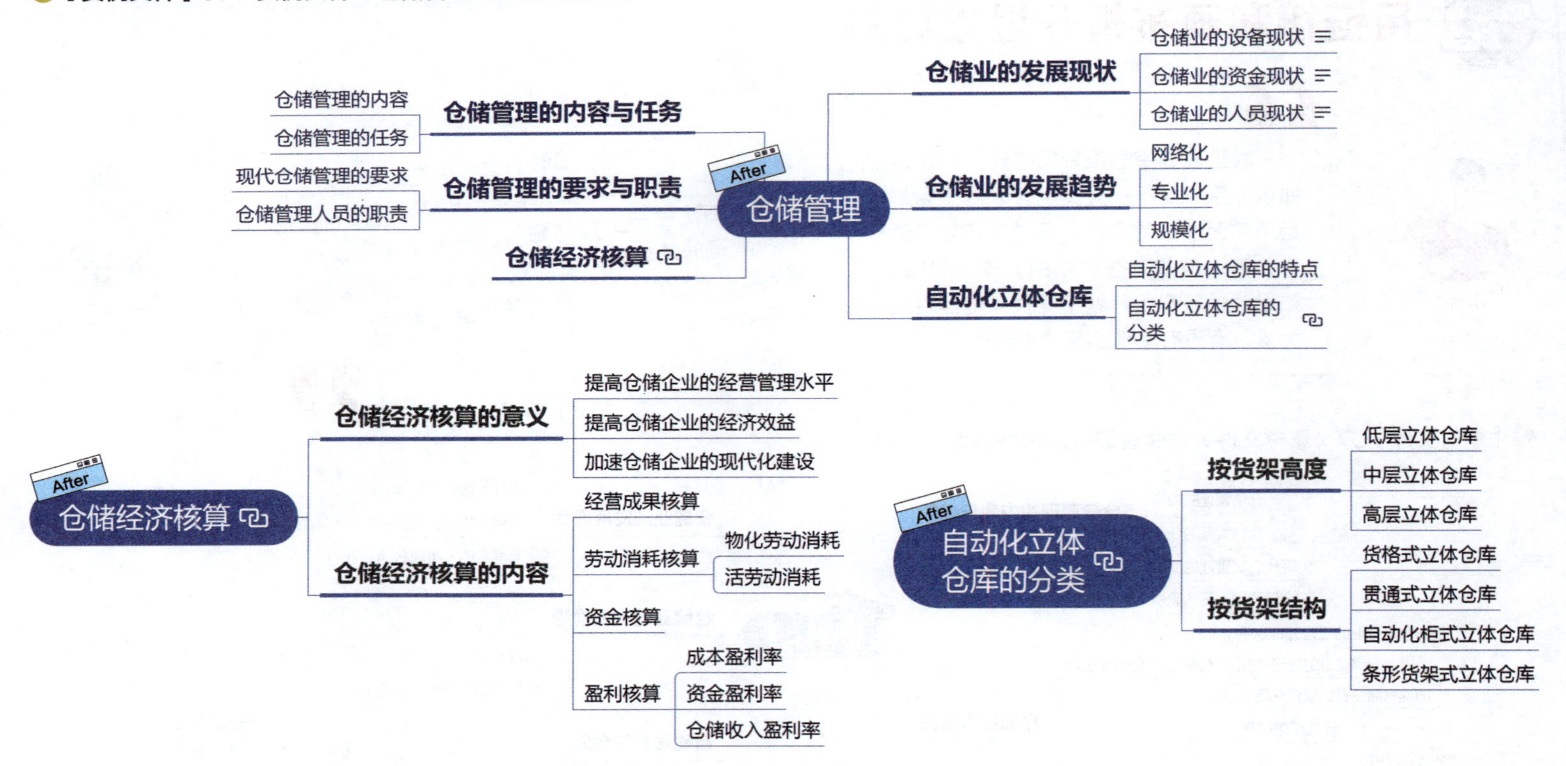

创建画布并移动主题

素材文件的思维导图有较多的文字，不仅阅读起来比较费力，而且较难厘清内容之间的逻辑关系。解决办法是将思维导图的内容拆分到几张画布中分别展示。画布的创建和切换等操作可在窗口底部状态栏的左侧区域进行，主题的移动则可通过剪切和粘贴的方式完成。

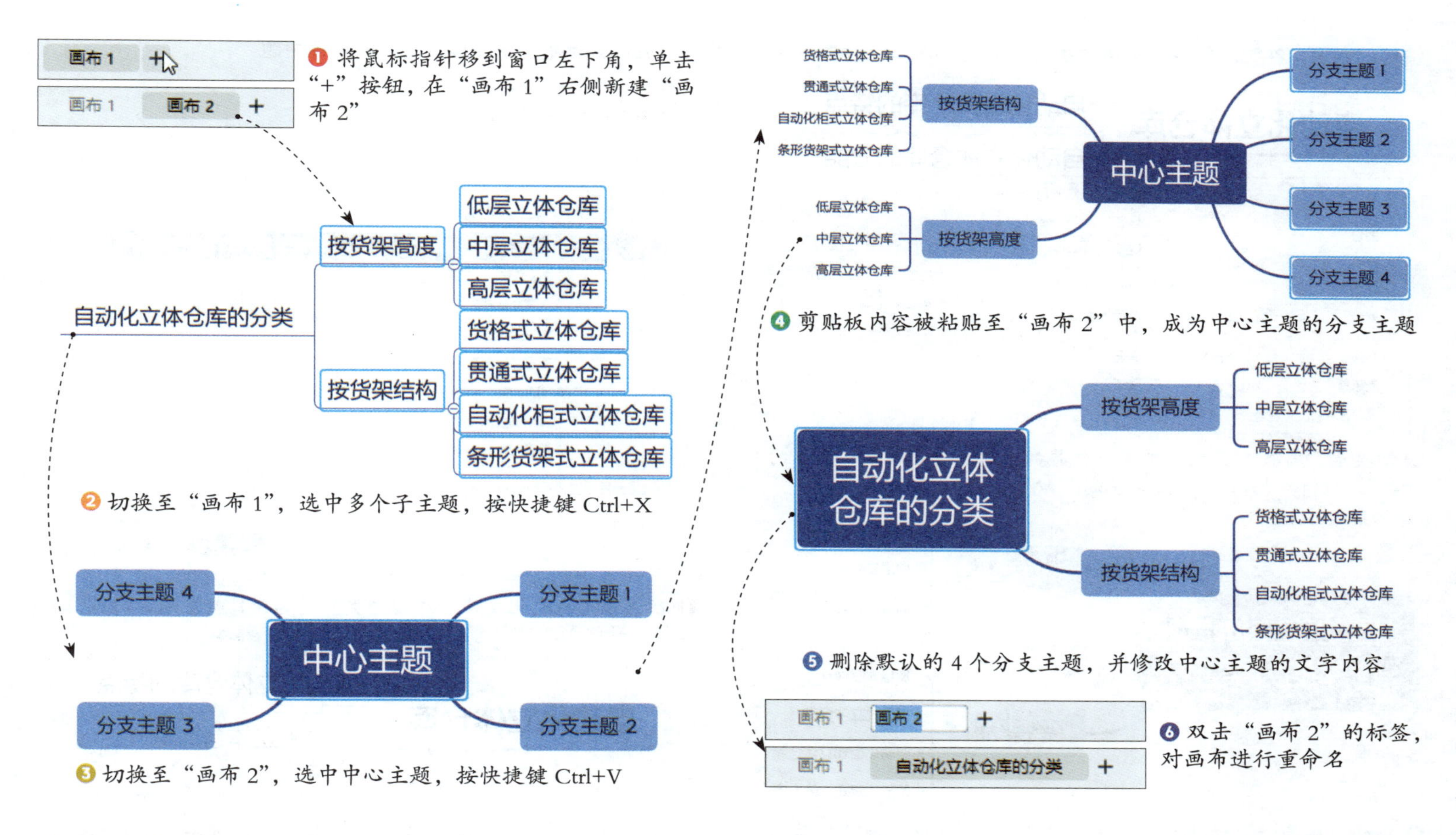

在不同画布的关联主题之间建立链接

将一部分主题移动到新的画布中后，就可以在各画布的关联主题之间建立链接，以便切换至不同的画布中阅读内容。右击需要添加链接的主题，在弹出的快捷菜单中执行“插入 > 链接 > 主题”命令，再在打开的对话框中选择要链接到的目标主题。

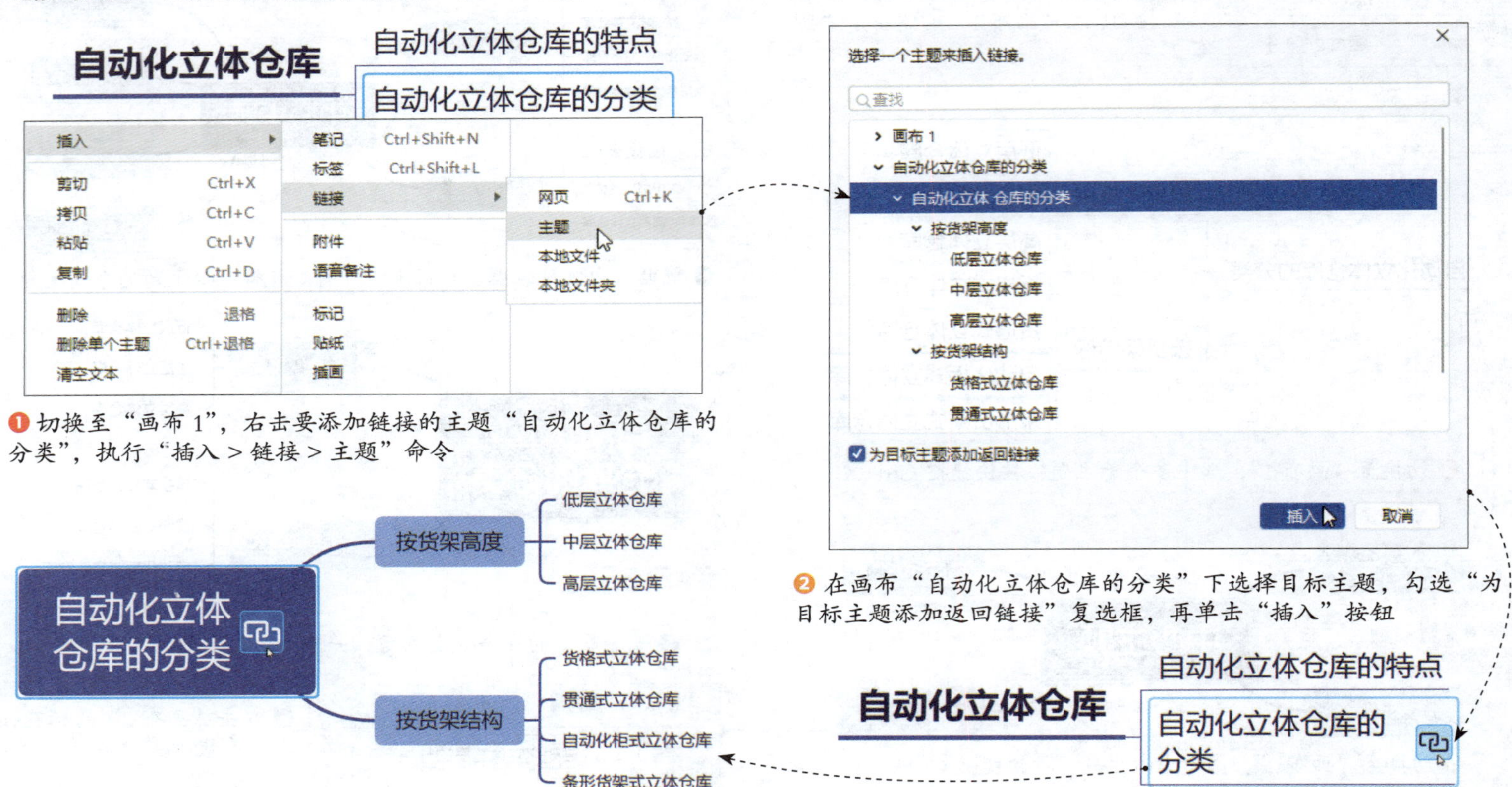

❶ 切换至“画布 1”，右击要添加链接的主题“自动化立体仓库的分类”，执行“插入 > 链接 > 主题”命令

❷ 在画布“自动化立体仓库的分类”下选择目标主题，勾选“为目标主题添加返回链接”复选框，再单击“插入”按钮

❸ 在“画布 1”中的主题“自动化立体仓库的分类”中会出现主题链接图标，单击该图标

❹ 跳转至画布“自动化立体仓库的分类”，并选中主题“自动化立体仓库的分类”，单击该主题中的链接图标，可返回“画布 1”中的关联主题

用“从主题新建画布”快速完成拆分

Xmind 提供的“从主题新建画布”的功能可以一键完成创建画布、复制主题、建立链接等一系列操作，从而大大提高拆分思维导图的效率。

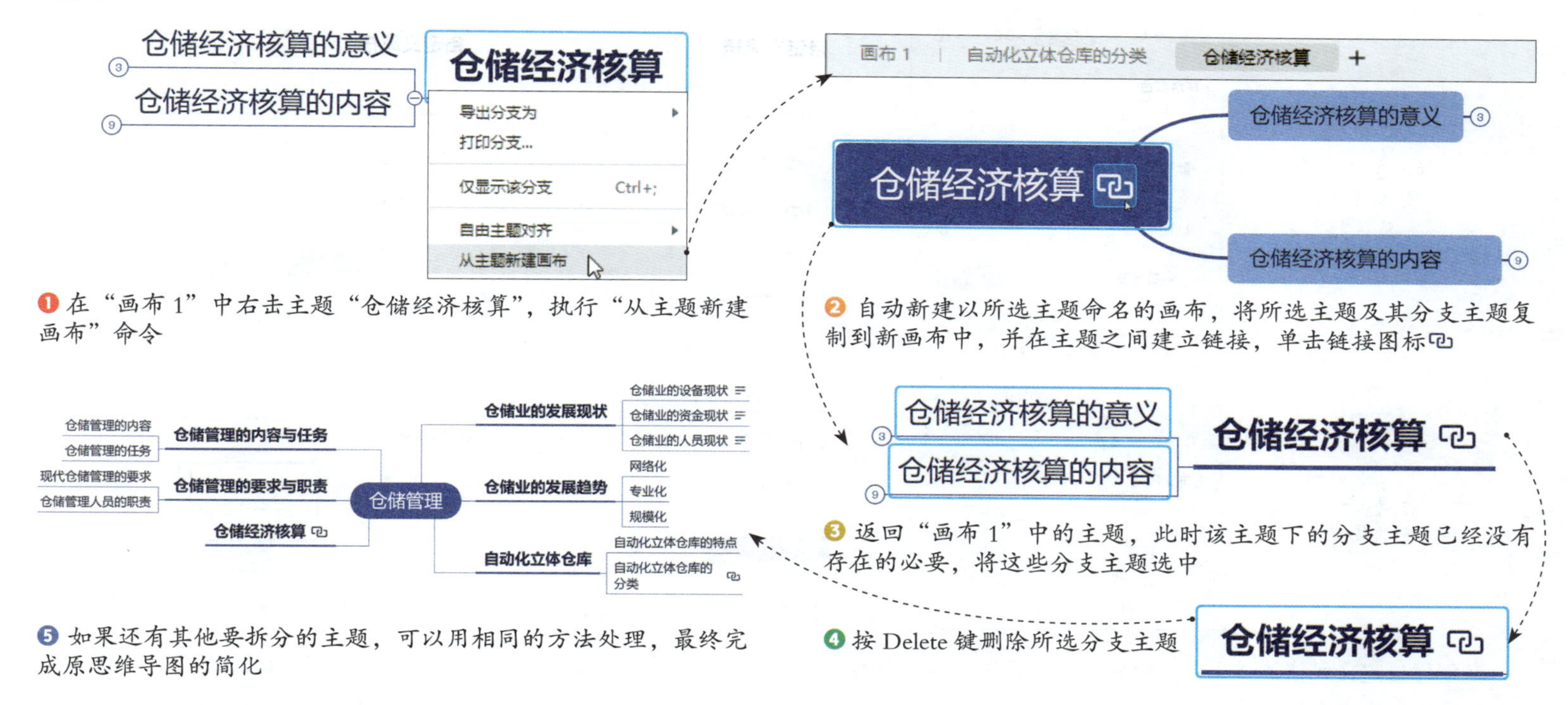

用自定义风格统一视觉效果

被拆分到新画布中的主题会使用默认的导图结构和样式，这样原画布中的思维导图和新画布中的思维导图可能会拥有不同的视觉效果。如果要让新画布中的思维导图沿用原画布中的思维导图的结构和样式，可以通过创建和应用自定义风格来实现。

首先要将原画布中的思维导图的结构和样式创建成自定义风格。切换到“画布 1”，打开“格式”面板，切换至“画布”选项卡，单击“自定义风格”按钮，再单击“创建风格”按钮，即可开始创建自定义风格。

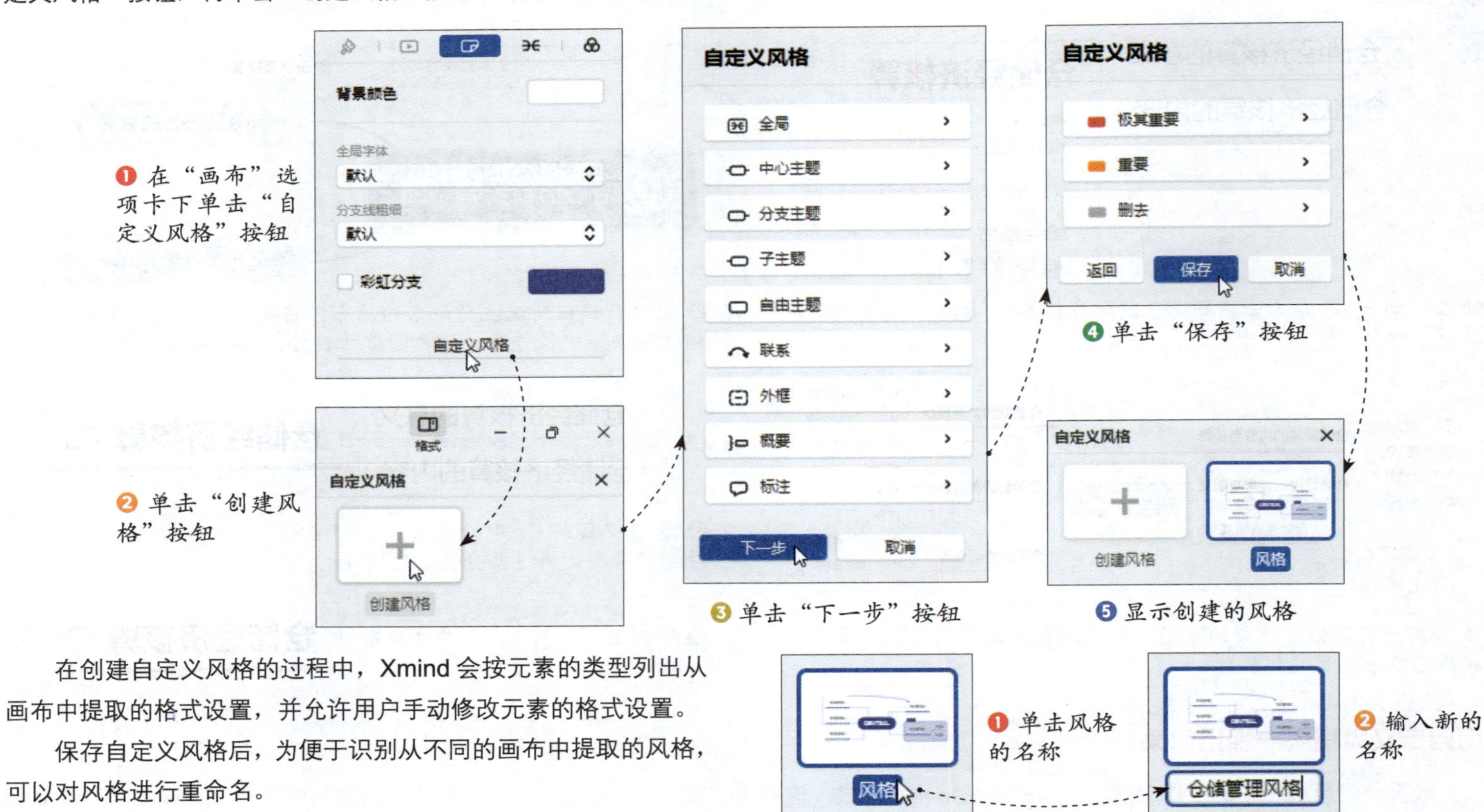

在创建自定义风格的过程中，Xmind 会按元素的类型列出从画布中提取的格式设置，并允许用户手动修改元素的格式设置。

保存自定义风格后，为便于识别从不同的画布中提取的风格，可以对风格进行重命名。

将“画布 1”的结构和样式创建成自定义风格后，就可以在其他画布中应用该风格。切换至要应用自定义风格的画布，在“画布”选项卡中单击“自定义风格”按钮，再单击要应用的风格即可。

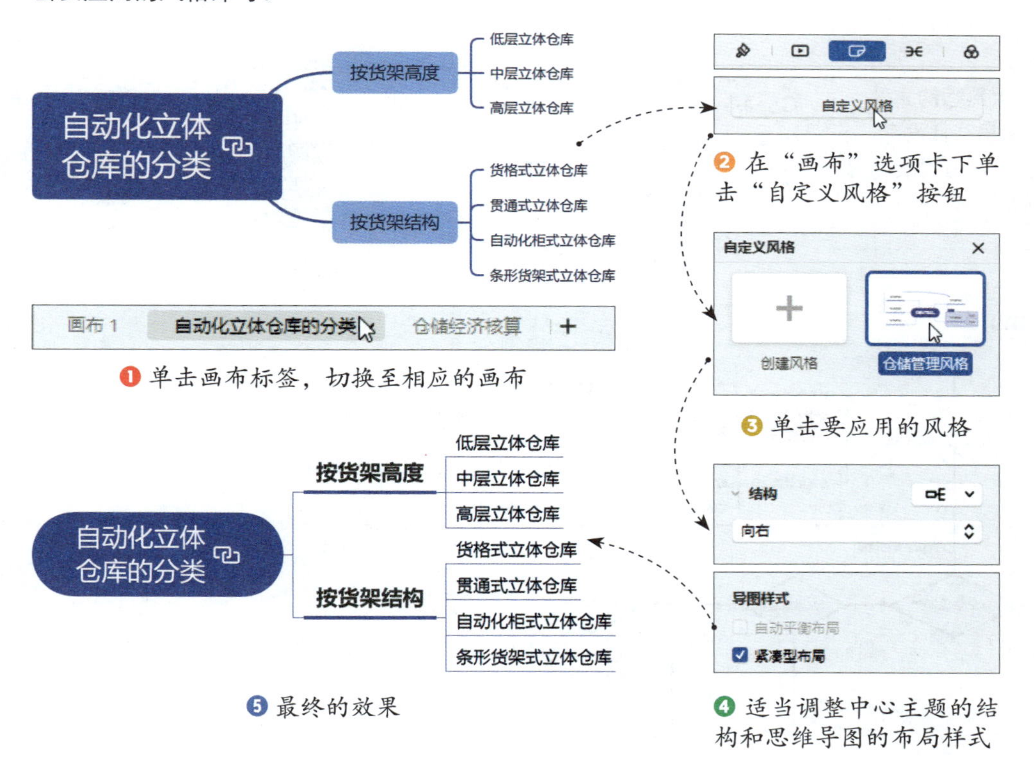

❶ 单击画布标签，切换至相应的画布

❷ 在“画布”选项卡下单击“自定义风格”按钮

❸ 单击要应用的风格

❹ 适当调整中心主题的结构和思维导图的布局样式

❺ 最终的效果

T 思考

对于已有的自定义风格，如何进行编辑或删除？如果想要以一个自定义风格为基础进行微调，得到新的自定义风格，应该如何操作？

一键生成思维导图

小新

我需要围绕一个自己不太熟悉的主题制作思维导图，但是现在一点思路都没有，也没有足够的时间去收集资料。有没有什么方法可以快速获得灵感呢？

Xmind 发布了一个在线 AI 小工具——Xmind Copilot，可以根据指定的主题一键生成思维导图。如果你不知道该在思维导图里写些什么，不妨用它帮自己找找灵感。

大牛

[实例文件] 07 / 实例文件 / 活动后台管理.xmind

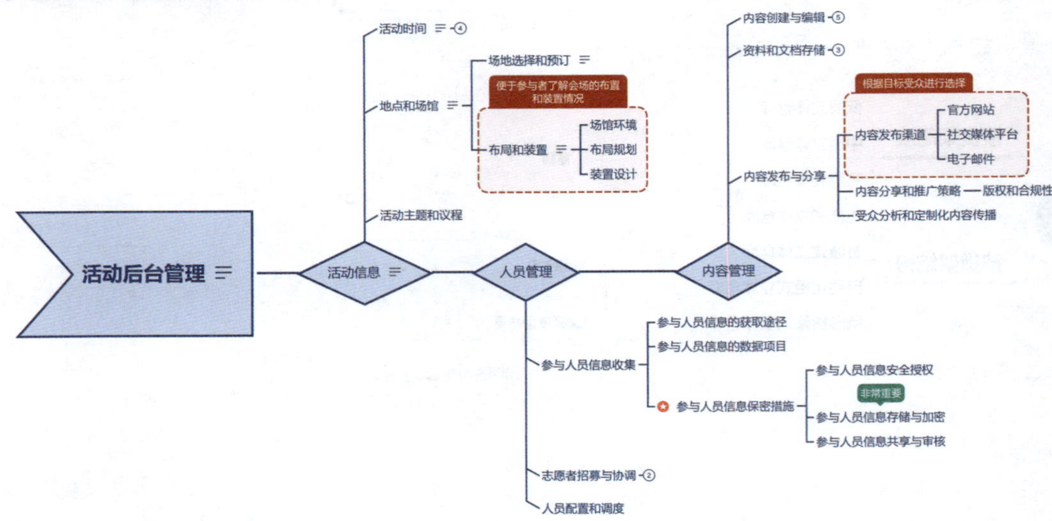

Xmind Copilot 工具简介

Xmind Copilot 是基于 GPT 模型开发的 AI 写作助手，能帮助用户拓展思路，并基于思维导图结构高效生成文章。Xmind Copilot 主要提供 4 个功能：

- One–liner：根据一句话自动生成思维导图，解决起笔时没有思路的痛点；
- Inspire Me：根据思维导图中的指定主题或随机一键拓展新思路，帮助用户在已有框架上激发更多创意灵感；
- Ghostwriter：基于思维导图一键生成整篇文章；
- Outliner：一键将文章总结成思维导图，帮助用户从繁杂的内容中快速获取概要。

用网页浏览器打开网址 https://xmind.ai/cn/，单击“立即使用”按钮，然后按照提示输入邮箱地址，通过邮件获取验证码后进行验证登录，即可开始使用 Xmind Copilot。

输入主题并生成思维导图

登录成功之后，先使用 Xmind Copilot 的核心功能 One-liner 生成思维导图。在文本框中输入思维导图的主题，然后单击“给我思维导图”按钮，Xmind Copilot 会立即根据输入的主题生成相应的思维导图。

❶ 输入思维导图的主题，单击右侧的“给我思维导图”按钮

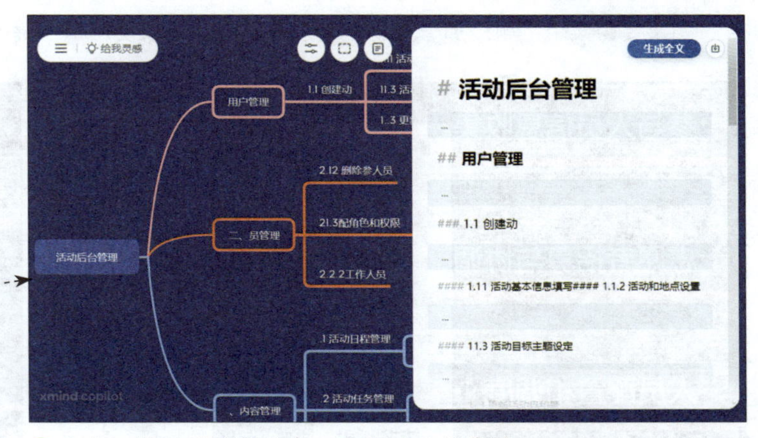

❷ 生成以输入的主题为中心主题的思维导图

编辑思维导图

Xmind Copilot 自动生成的思维导图可能存在文字不准确或内容不符合特定需求等问题，用户可以直接在界面中手动修改文字内容。

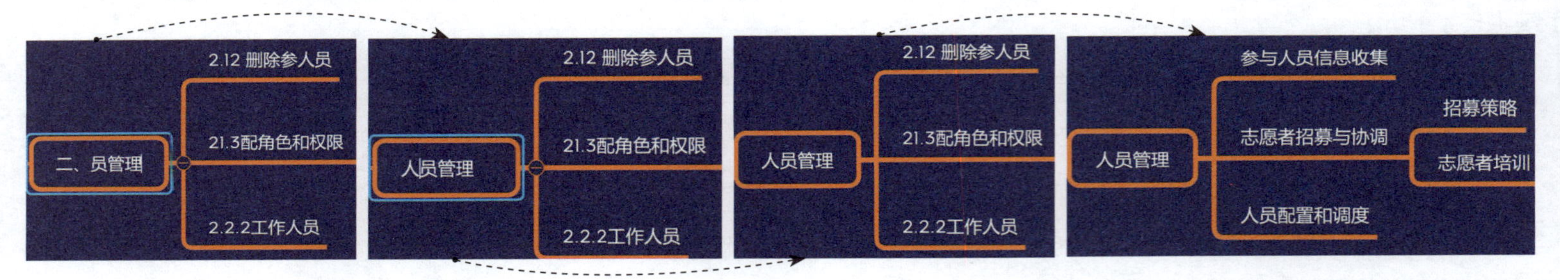

❶ 双击要编辑的分支主题，进入文字编辑状态　❷ 修改分支主题的文字内容　❸ 按 Enter 键确认，完成修改　❹ 使用相同的方法修改其他分支主题的文字内容

除了修改主题的文字内容，还可以右击主题，在弹出的快捷菜单中选择菜单命令，完成添加子主题或同级主题、删除主题等操作。如果要为某个主题添加子主题但又没有思路，可以使用“一键扩展”功能，让 AI 自动添加子主题。

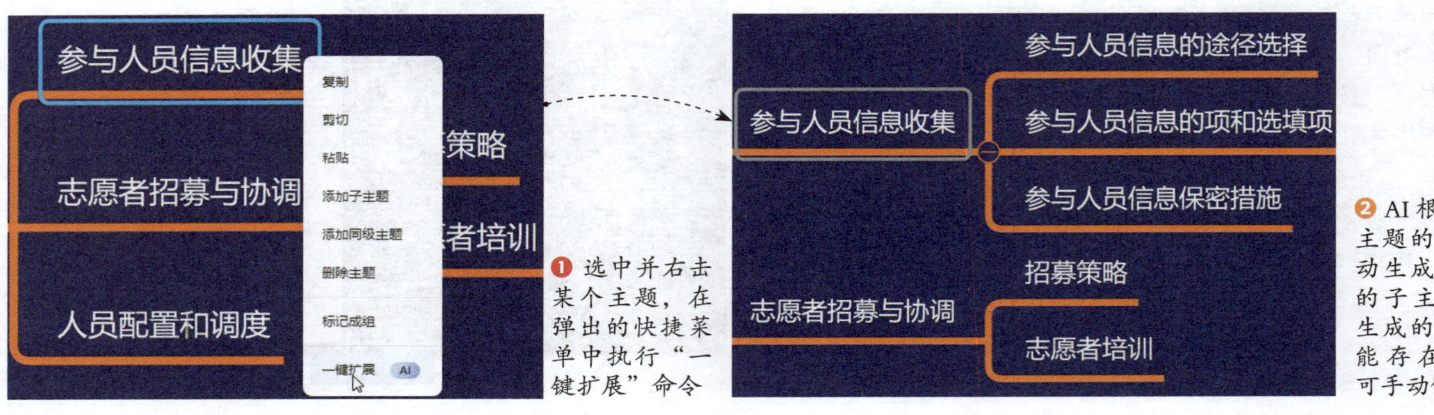

❶ 选中并右击某个主题，在弹出的快捷菜单中执行“一键扩展”命令

❷ AI 根据所选主题的内容自动生成下一级的子主题（AI 生成的内容可能存在错误，可手动修改）

如果不知道该对哪个主题进行扩展，可以单击页面左上角的“给我灵感”按钮，让 AI 随机扩展主题，从而帮助自己激发灵感。

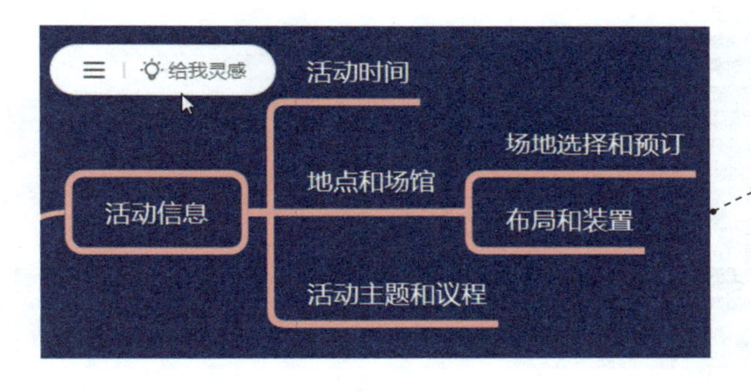

❶ 单击页面左上角的“给我灵感”按钮

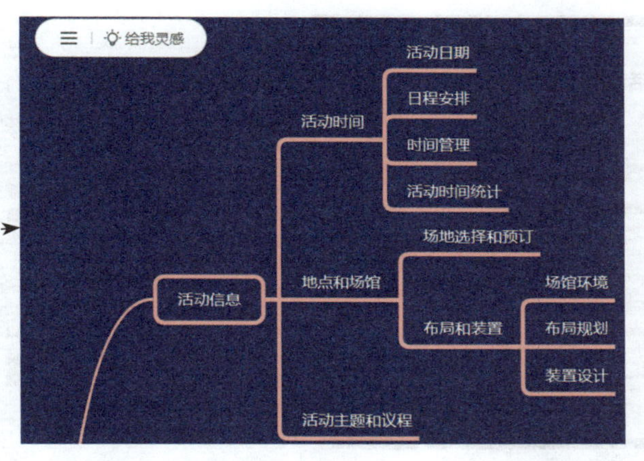

❷ AI 随机选择主题并自动为其添加下一级的子主题（AI 生成的内容可能存在错误，可手动修改）

根据思维导图自动生成文章

Xmind Copilot 的 Ghostwriter 功能可基于思维导图一键生成整篇文章。在生成文章之前，还可以使用“标记成组”功能将多个主题及其分支的内容合并成完整的段落，更灵活地控制文章的结构。

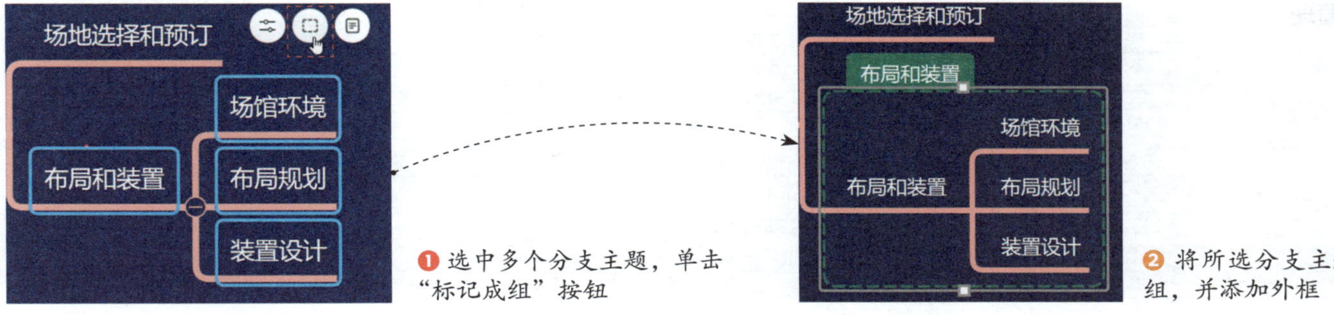

❶ 选中多个分支主题，单击“标记成组”按钮

❷ 将所选分支主题标记成一个分组，并添加外框

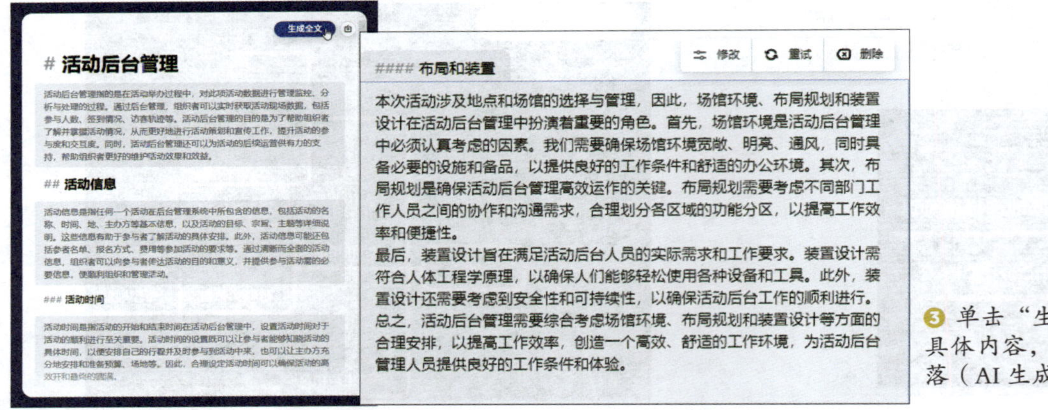

❸ 单击“生成全文”按钮，AI 会为每个主题分别生成具体内容，其中之前已标记成组的主题会合并生成段落（AI 生成的内容可能存在错误，可手动修改）

在 Xmind 中进一步编辑思维导图

用户可以将在 Xmind Copilot 中制作的思维导图导出为 Xmind 文件或 Markdown 文件，然后用 Xmind 打开导出的文件，进行进一步的编辑、排版和美化。这里以导出 Markdown 文件为例进行讲解。

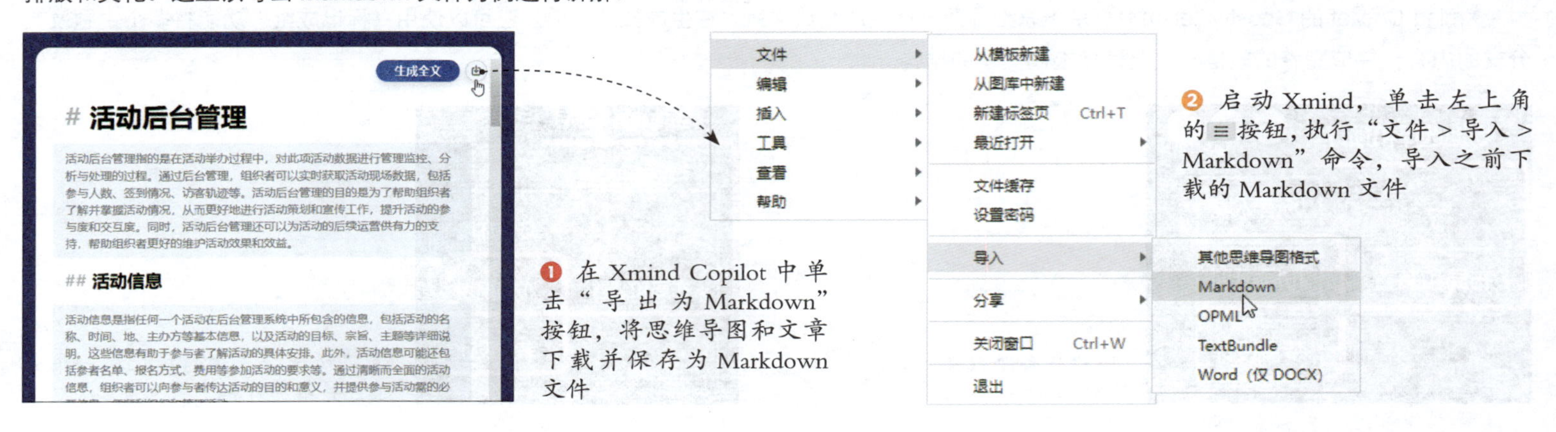

❶ 在 Xmind Copilot 中单击“导出为 Markdown”按钮，将思维导图和文章下载并保存为 Markdown 文件

❷ 启动 Xmind，单击左上角的 ≡ 按钮，执行“文件 > 导入 > Markdown”命令，导入之前下载的 Markdown 文件

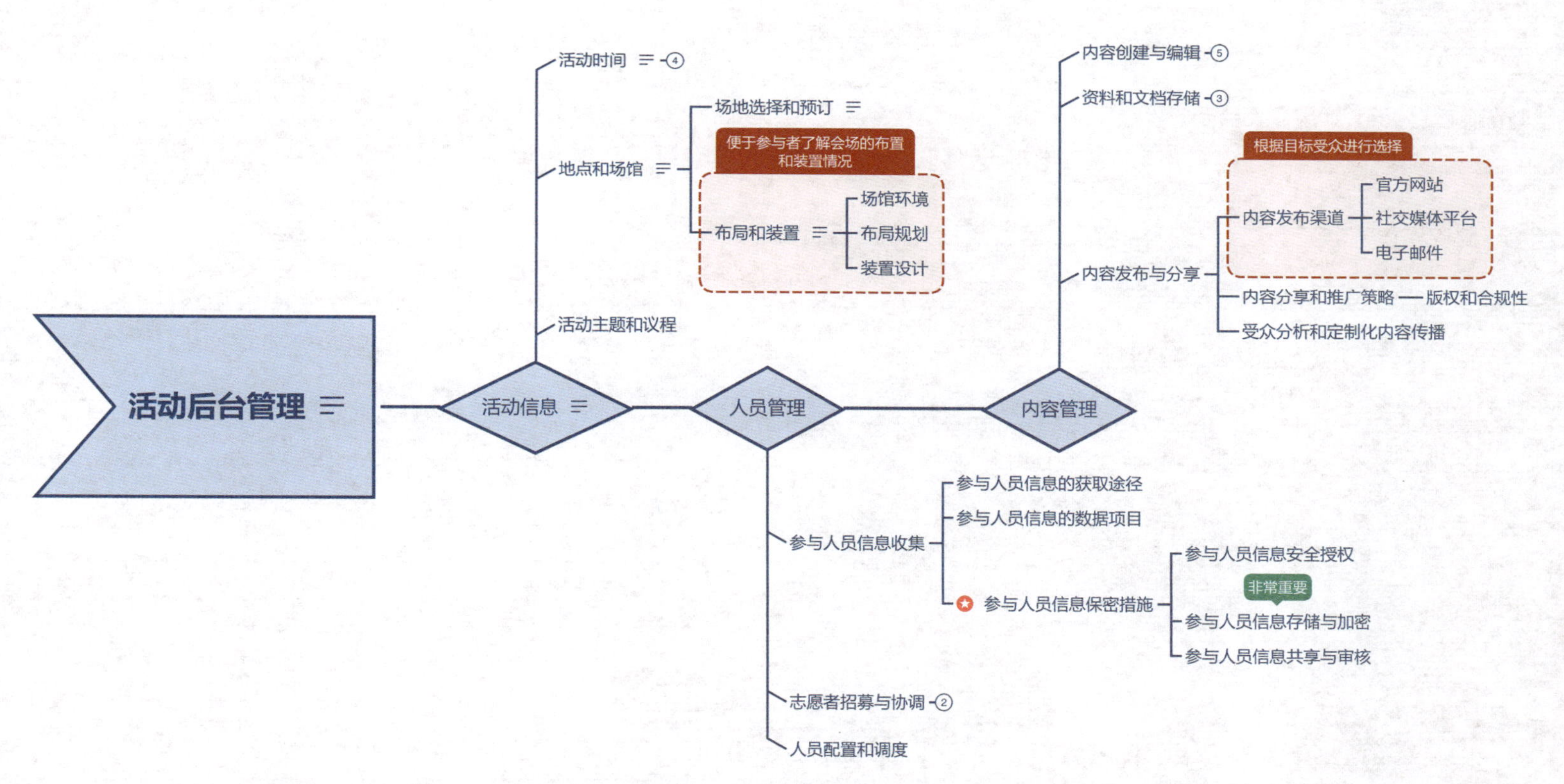

❸ 在 Xmind 中对思维导图做进一步的编辑、排版和美化

第 8 章

输出高质量思维导图

用 Xmind 制作好一幅思维导图后，如果要分享给其他人，就需要进行思维导图的输出，包括导出为其他软件的文件格式、用打印机打印成纸质材料等。本章就将介绍如何在 Xmind 中输出高质量的思维导图。

用 SVG 格式输出高清思维导图

小新

我正在编写一本书，其中有一些思维导图是用 Xmind 制作的。为了保证图书的印刷质量，我需要给出版社提供足够清晰的图片。我应该将思维导图导出成哪种格式呢？

Xmind 支持多种导出格式，根据你的需求，建议导出成 SVG 格式。SVG 格式是一种可以无损缩放的矢量图形，并且当前的主流排版软件都支持这种格式。

大牛

[素材文件] 08 / 素材文件 / 番茄工作法.xmind

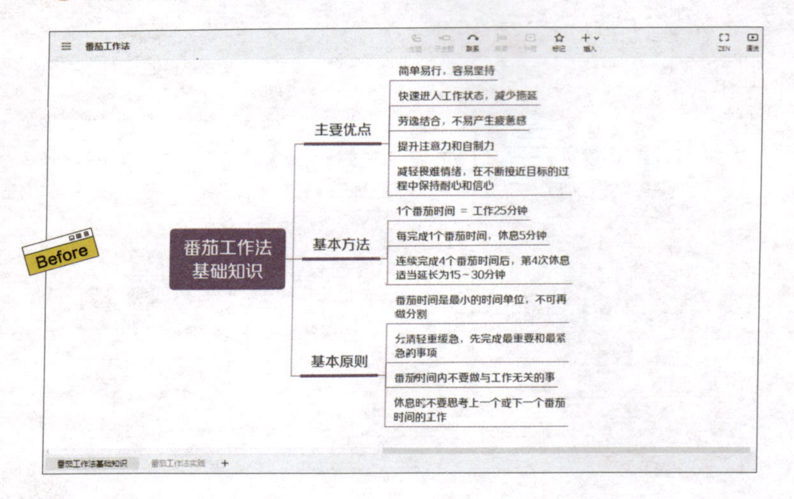

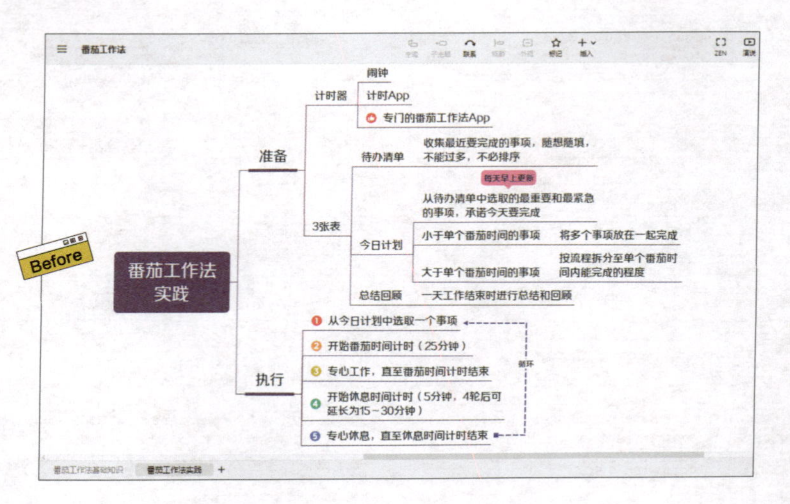

[实例文件] 08 / 实例文件 / 番茄工作法 / 番茄工作法基础知识.svg、番茄工作法实践.svg

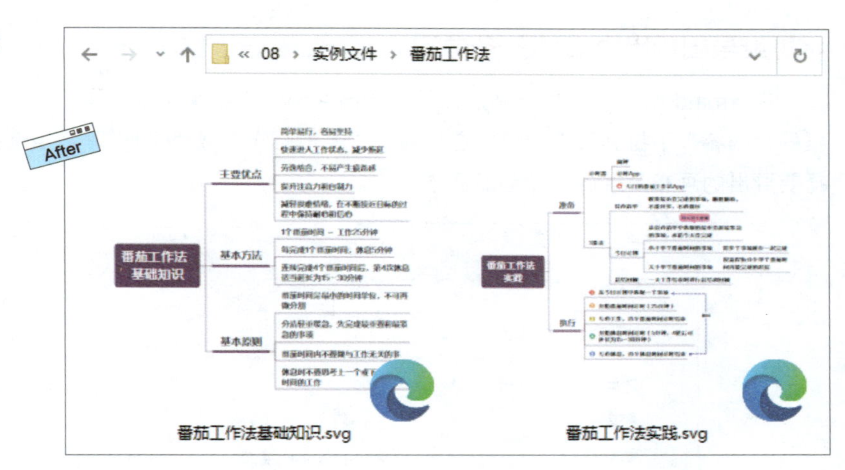

PNG 格式和 SVG 格式的区别

Xmind 支持将思维导图导出成多种文件格式，其中最常用的是 PNG 和 SVG。PNG 是一种位图存储格式，图像质量由分辨率决定，分辨率越高图像越清晰，在缩放时图像容易变模糊；SVG 是一种矢量存储格式，可以在不损害图像质量的情况下任意地缩放。

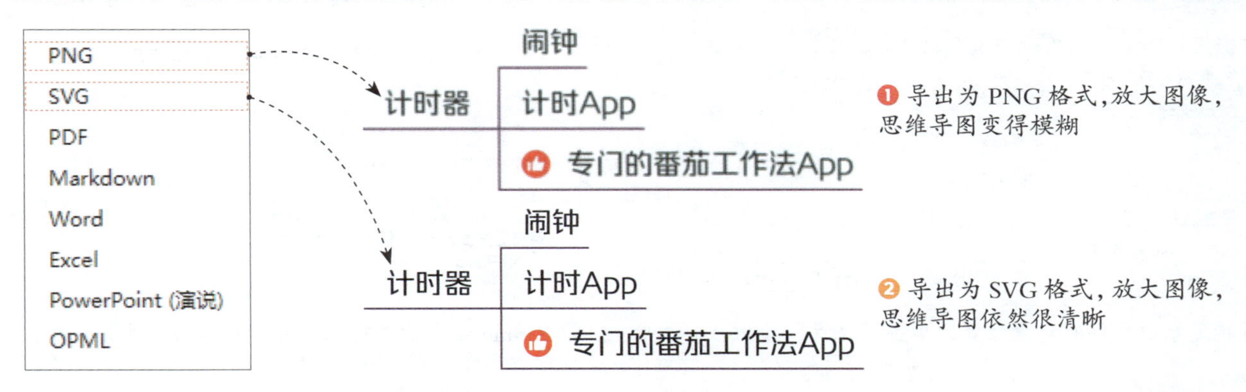

将思维导图导出为 SVG 格式

在 Xmind 中打开素材文件，执行“导出 >SVG”菜单命令，弹出“导出为 SVG”对话框，即可用 SVG 格式输出思维导图。在对话框的“内容”下拉列表框中可以选择导出“当前画布”或“工作簿”。当选择导出“工作簿”时，可以通过下方的“选中”下拉列表框选择要导出的画布，默认选择全部画布。

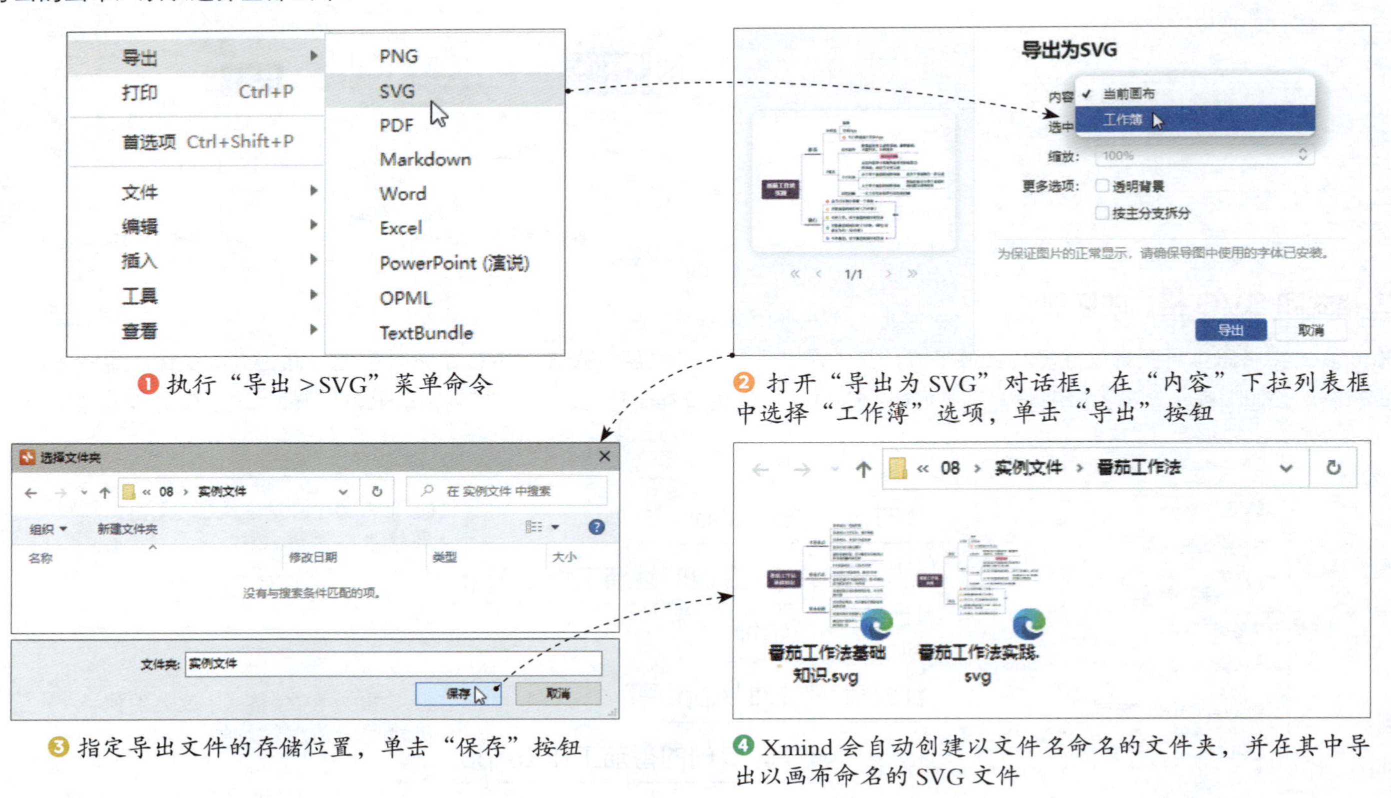

❶ 执行“导出 >SVG”菜单命令

❷ 打开“导出为 SVG”对话框，在“内容”下拉列表框中选择“工作簿”选项，单击“导出”按钮

❸ 指定导出文件的存储位置，单击“保存”按钮

❹ Xmind 会自动创建以文件名命名的文件夹，并在其中导出以画布命名的 SVG 文件

排版和打印单页思维导图

小新

我用 Word 整理出了一本书的目录，现在想要把这份目录创建成思维导图，并用一页纸打印出来。由于目录的内容比较多，我担心打印出来后会出现看不清文字的情况，有没有什么好的解决办法呢？

先调整思维导图的骨架结构，然后设置分支主题和子主题的格式属性，如选择合适的配色、把文字放大并加粗等，最后在打印输出时选择合适的页面尺寸和布局方式，这样就能最大限度地保证打印效果的清晰度。

大牛

[素材文件] 08 / 素材文件 / 目录.docx

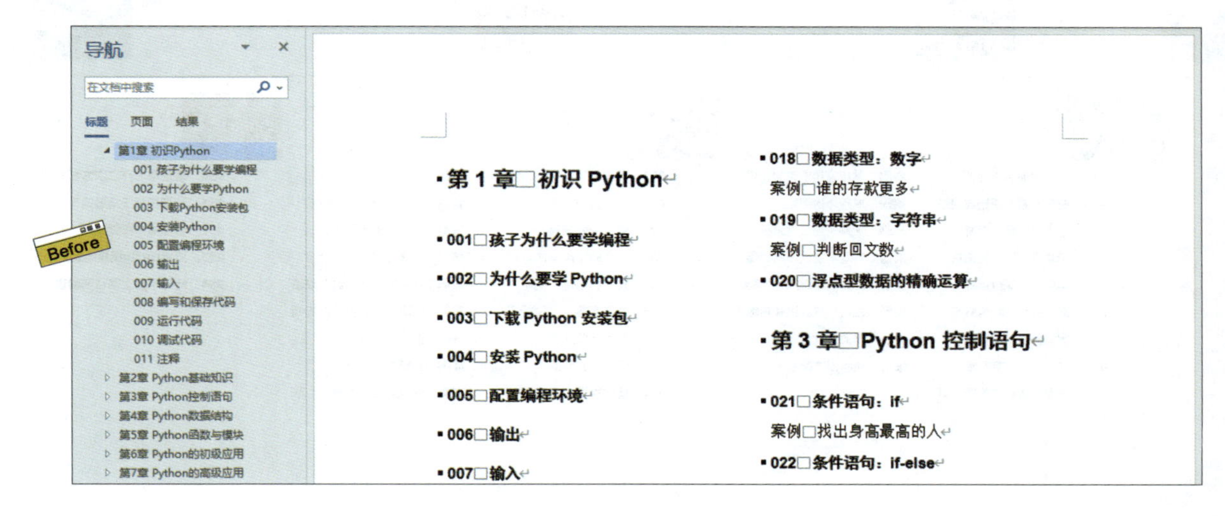

[实例文件] 08 / 实例文件 / 目录.xmind

导入 Word 文档创建思维导图

本案例素材文件中的 Word 文档已经按照目录的层级结构设置好标题样式，可以在 Xmind 中导入此文档并自动创建思维导图。

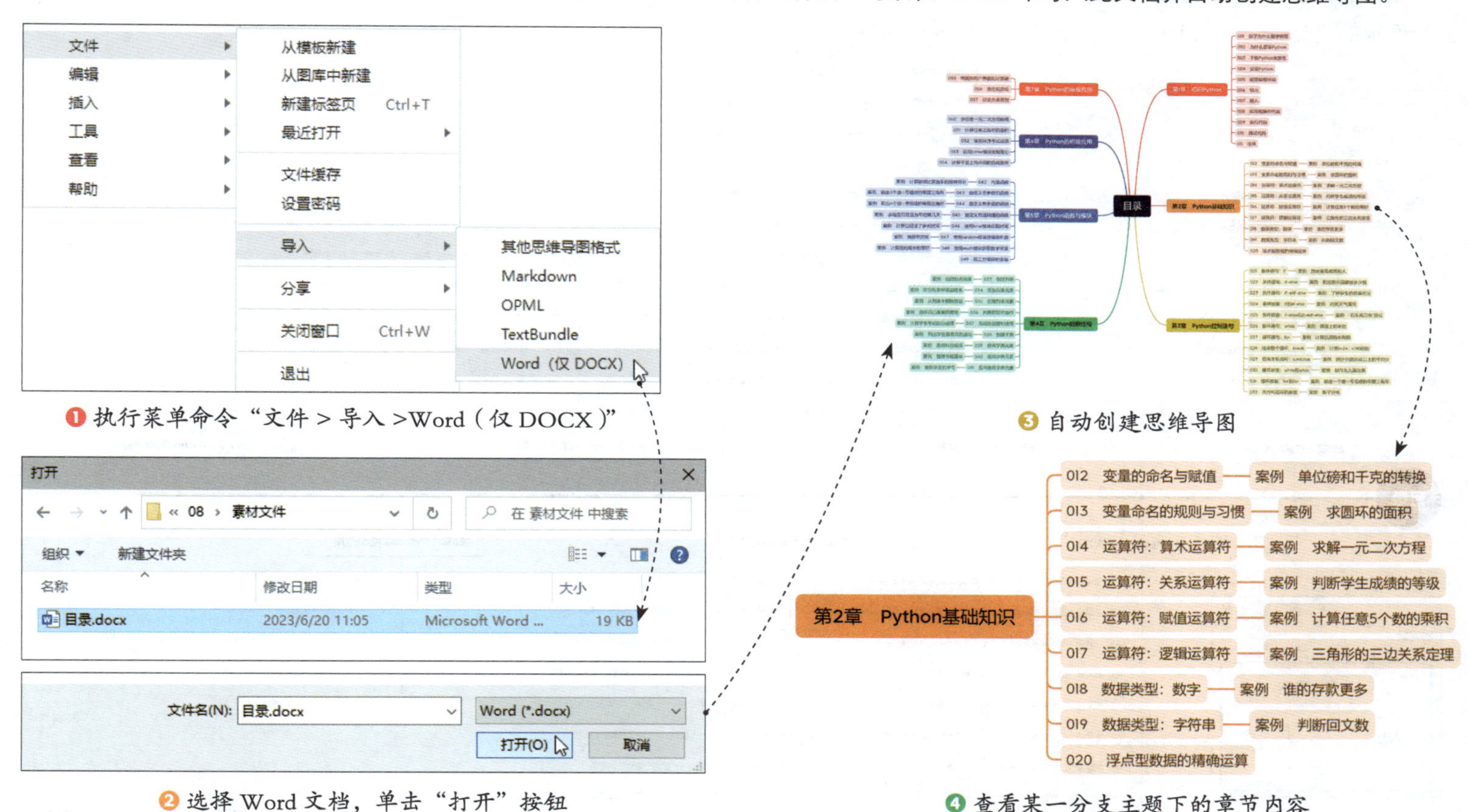

❶ 执行菜单命令“文件 > 导入 >Word（仅 DOCX）”

❷ 选择 Word 文档，单击“打开”按钮

❸ 自动创建思维导图

❹ 查看某一分支主题下的章节内容

调整思维导图的结构

图书的目录通常是按照章节次序编排的，因此，需要将思维导图的结构更改成能体现这种次序的结构，如横向的时间轴结构。在“格式”面板的“骨架”选项卡中可以选择合适的时间轴结构。

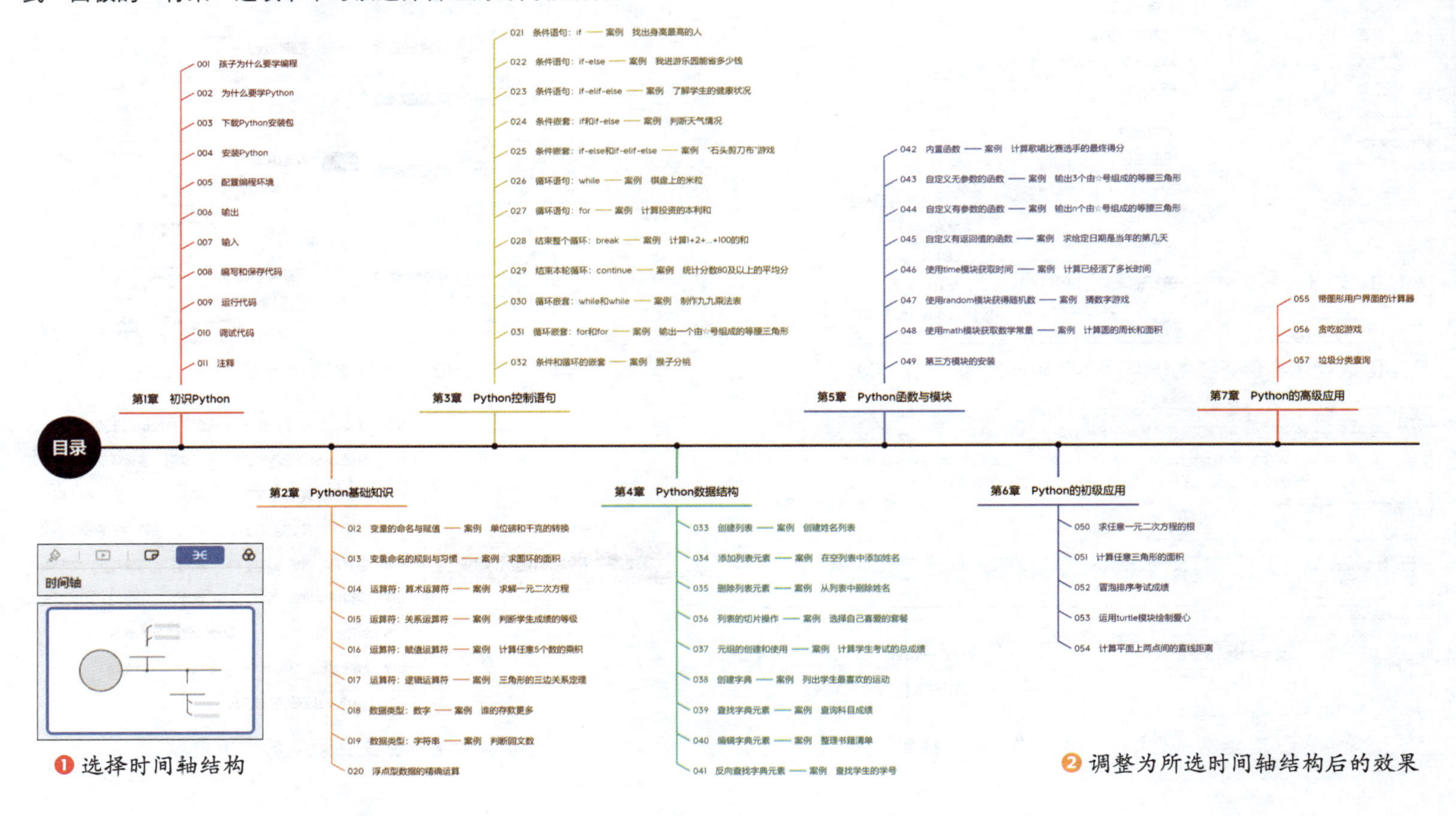

❶ 选择时间轴结构

❷ 调整为所选时间轴结构后的效果

调整分支主题的填充样式

为了突出代表章名的分支主题，需要调整分支主题的格式属性。这里通过更改分支主题的填充样式来突出分支主题。

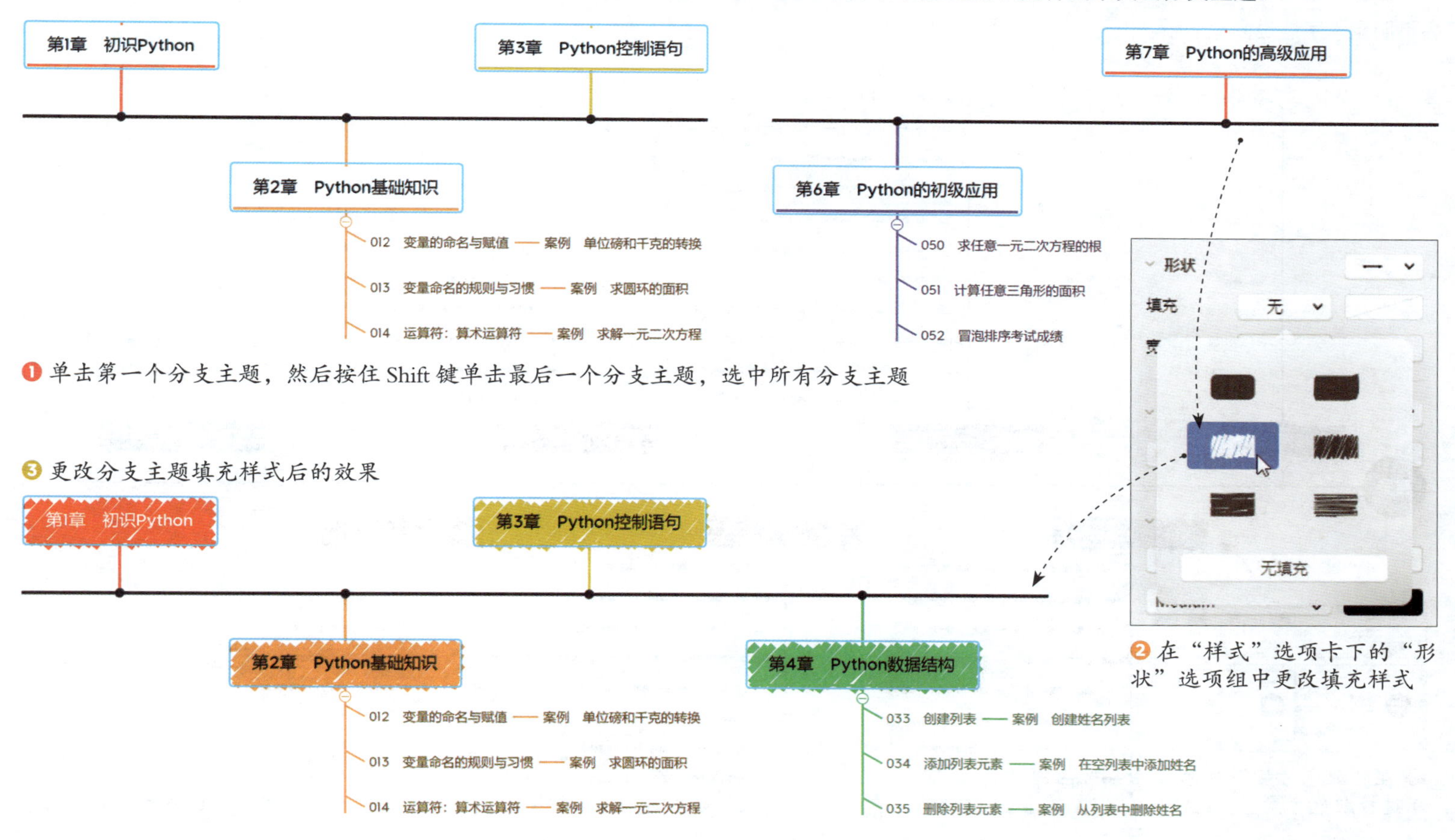

❶ 单击第一个分支主题，然后按住 Shift 键单击最后一个分支主题，选中所有分支主题

❷ 在“样式”选项卡下的“形状”选项组中更改填充样式

❸ 更改分支主题填充样式后的效果

调整思维导图的配色

先在“配色方案”选项卡下为整张思维导图选择配色方案，尽量选择对比度较高、配色相对简单的配色方案，这样打印出来时线条会更明显，字体也会更清晰。

❶ 在“配色方案”选项卡下选择配色方案

❷ 更改配色方案后的效果

接着调整目录中的案例对应的子主题的填充样式，让案例显得更醒目。

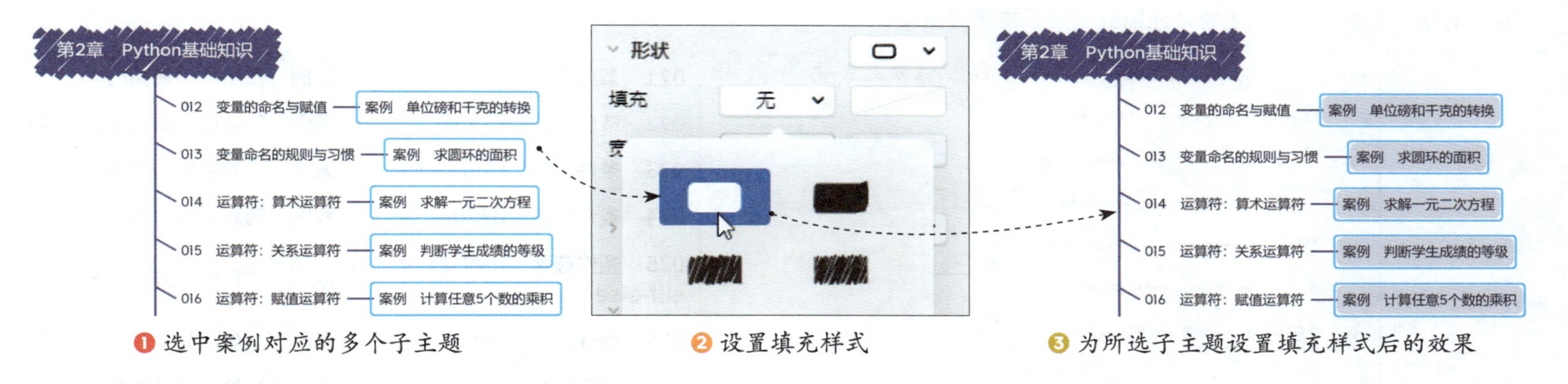

❶ 选中案例对应的多个子主题 ❷ 设置填充样式 ❸ 为所选子主题设置填充样式后的效果

调整主题的文字格式和宽度

文字的大小、笔画的粗细等会影响最终的打印效果。如果字太小或笔画太细，打印出来后很有可能会看不清楚。因此，这里在“样式”选项卡下设置主题文字的格式属性，将文字适当调大、加粗。

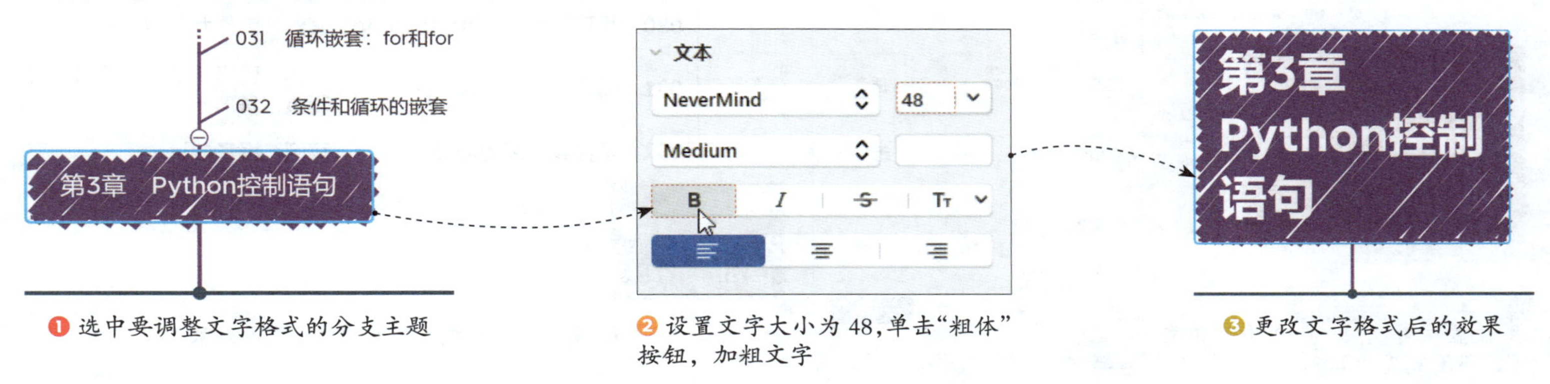

❶ 选中要调整文字格式的分支主题 ❷ 设置文字大小为48，单击“粗体”按钮，加粗文字 ❸ 更改文字格式后的效果

按照相同的思路调整子主题的文字格式。需要注意的是，同级主题的文字格式应统一，以直观地呈现目录中各项内容的层级关系。为了让整个版面看起来更工整，还需要调整子主题的宽度。

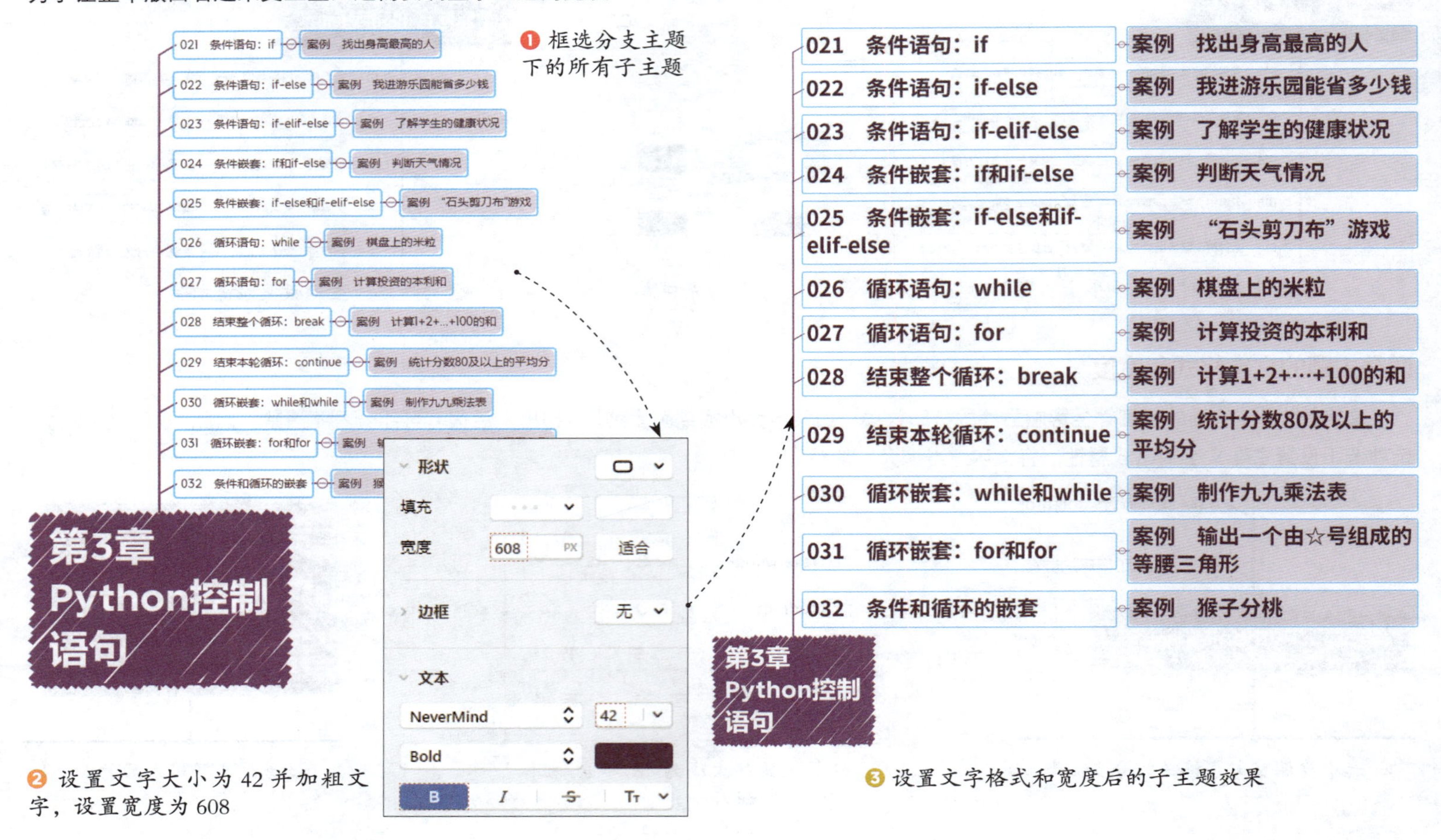

❶ 框选分支主题下的所有子主题

❷ 设置文字大小为 42 并加粗文字，设置宽度为 608

❸ 设置文字格式和宽度后的子主题效果

选择合适的页面尺寸和布局

完成上述设置后，就可以将思维导图打印出来了。在 Xmind 中执行“打印”菜单命令或按快捷键 Ctrl+P，会弹出“打印机设置”对话框，供用户设置打印选项，以实现所需的打印效果。

先在“页面尺寸”下拉列表框中根据所使用的打印纸的大小选择合适的页面尺寸，比较常用的尺寸规格是 A4。如果打印出来后还是看不清文字，可以考虑更换更大尺寸规格的打印纸，如 A3。然后在“布局”选项中根据思维导图的结构选择页面的布局，时间轴和鱼骨图等结构适合使用横版的布局，而树状图和逻辑图等结构则适合使用竖版的布局。本案例的思维导图是横向的时间轴结构，所以选择横版布局。

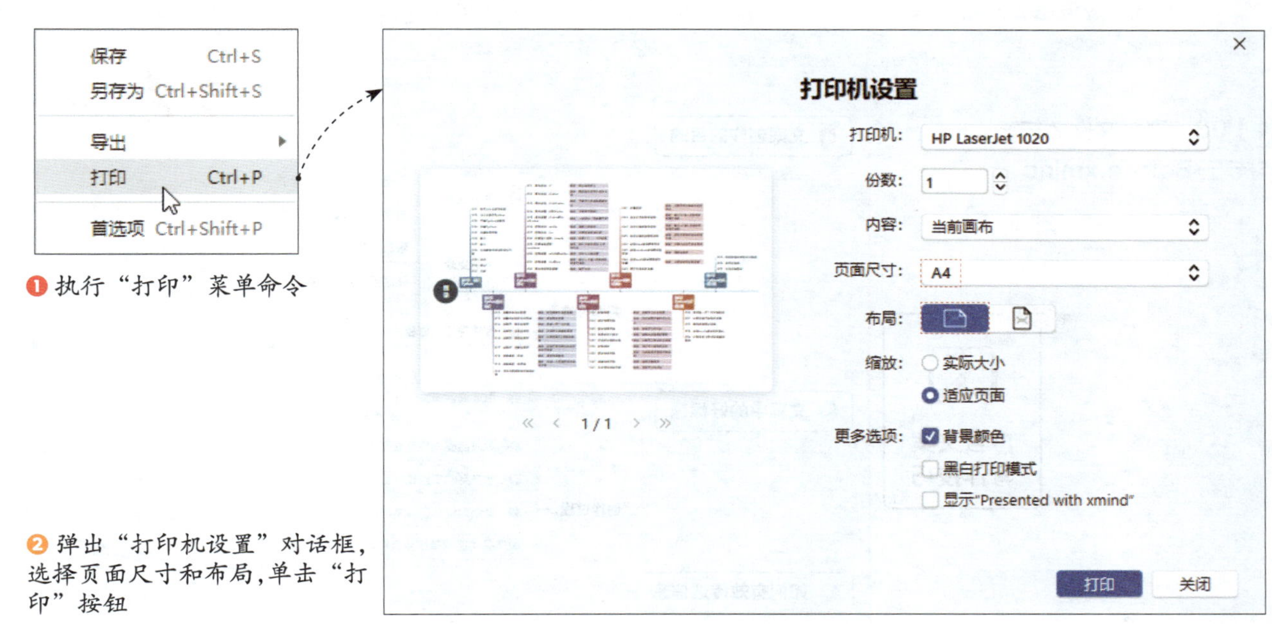

❶ 执行“打印”菜单命令

❷ 弹出“打印机设置”对话框，选择页面尺寸和布局，单击“打印”按钮

拆分打印内容较多的思维导图

小新

我的打印机支持的最大打印纸规格是A4，在打印内容比较多的思维导图时，经常出现图被缩得很小以至于看不清文字的情况，应该怎么办呢？

A4 规格的打印纸尺寸并不算大，你的思维导图内容又比较多，Xmind 在打印时会默认将整幅思维导图缩小以适配打印纸的尺寸，从而导致文字看不清。我建议你进行拆分打印。

大牛

[素材文件] 08 / 素材文件 / 广告文案写作技巧-Before.xmind

Before

- 广告文案写作技巧
  - 文案创作的目的 (4)
  - 文案中的好标题
    - 判断标准
      - ❶ 吸引注意
        - 突出信息对受众的价值
        - 直接写出对受众的好处
      - ❷ 筛选受众
        - 服务小部分人
        - 让这部分人先兴奋起来
      - ❸ 传达完整的信息
        - 直接传达产品功效
        - 尽量加上品牌信息
      - ❹ 引导阅读原文
        - 激发好奇心
        - 不要哗众取宠
    - 创作过程
      - 本产品面向的受众是谁
      - 本产品的卖点是什么
      - 受众为什么选择本产品
      - 做产品功能清单来组合标题
  - 如何有效传达信息 (9)
  - 如何用文案说服别人 (18)

[实例文件] 08 / 实例文件 / 广告文案写作技巧-After.xmind

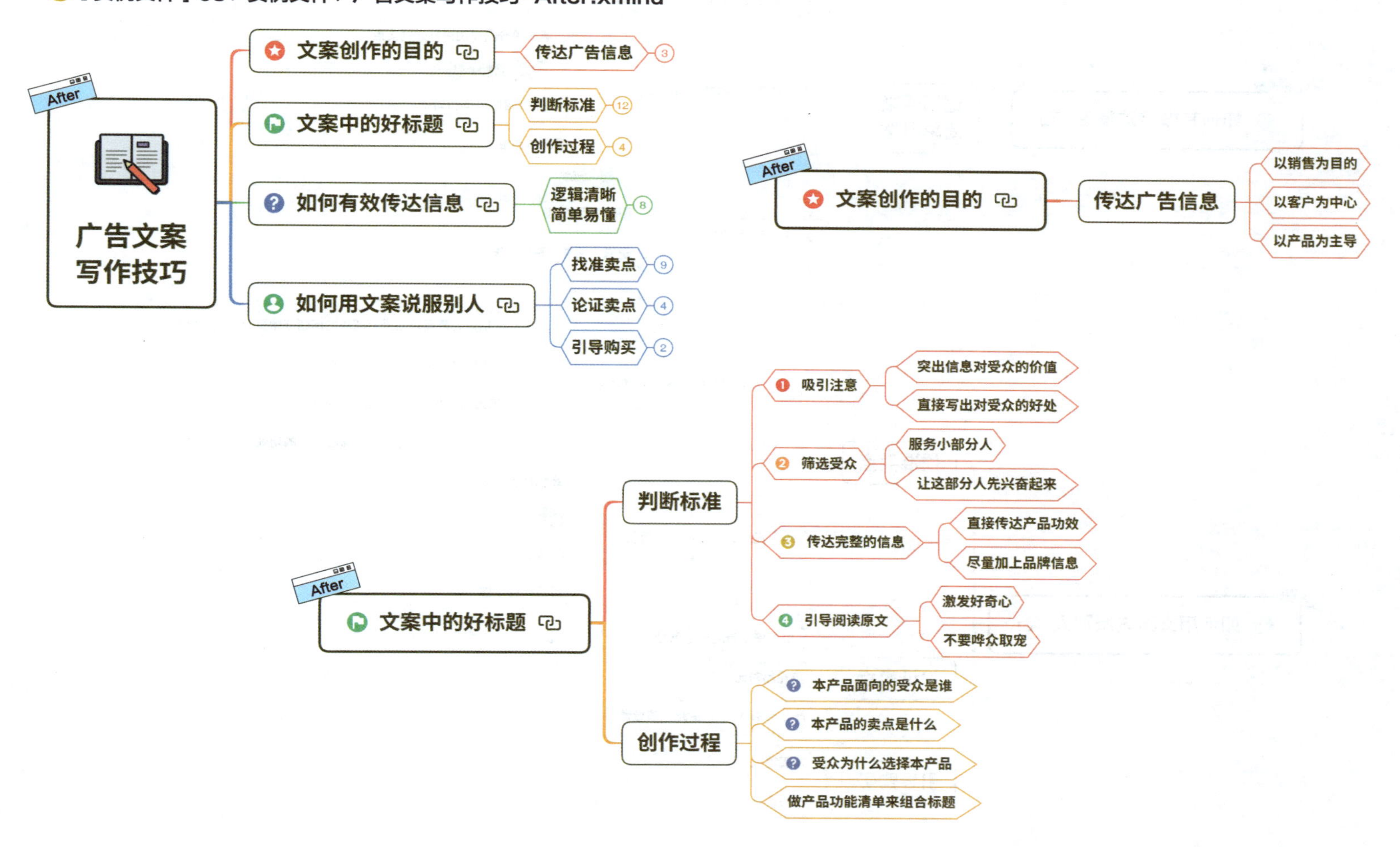

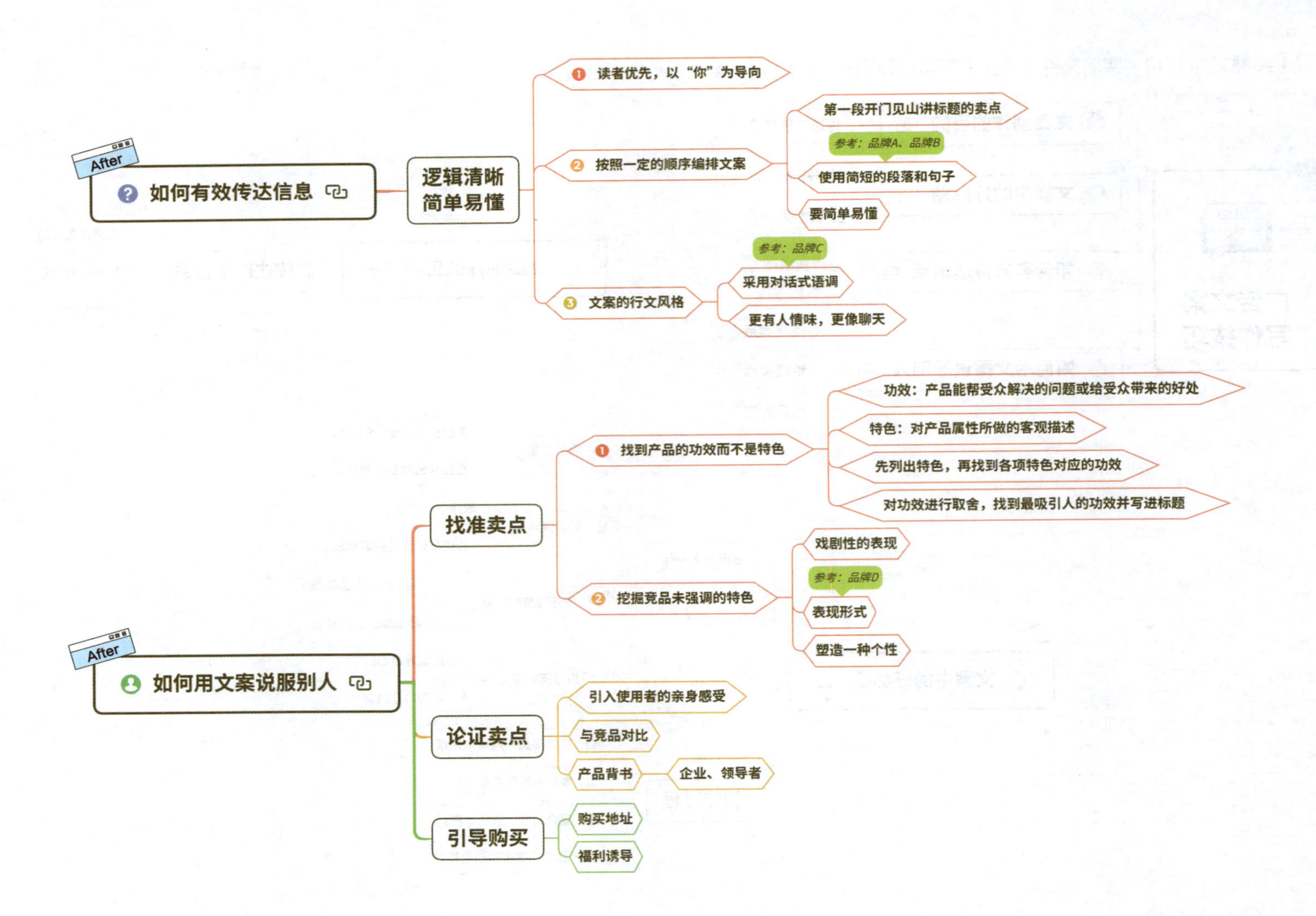
After
如何有效传达信息
逻辑清晰
简单易懂
读者优先，以“你”为导向
按照一定的顺序编排文案
第一段开门见山讲标题的卖点
参考：品牌A、品牌B
使用简短的段落和句子
要简单易懂
文案的行文风格
参考：品牌C
采用对话式语调
更有人情味，更像聊天
After
如何用文案说服别人
找准卖点
找到产品的功效而不是特色
功效：产品能帮受众解决的问题或给受众带来的好处
特色：对产品属性所做的客观描述
先列出特色，再找到各项特色对应的功效
对功效进行取舍，找到最吸引人的功效并写进标题
挖掘竞品未强调的特色
戏剧性的表现
参考：品牌D
表现形式
塑造一种个性
论证卖点
引入使用者的亲身感受
与竞品对比
产品背书
企业、领导者
引导购买
购买地址
福利诱导

自动分页打印思维导图

自动分页打印思维导图的关键操作是在“打印机设置”对话框的“缩放”选项中选择“实际大小”单选按钮，这样 Xmind 就不会根据页面尺寸对思维导图进行缩放打印，而是以实际尺寸打印，并且会自动分配打印页面。在对话框左侧的预览区可以查看打印页面的数量和各页面上的打印内容。

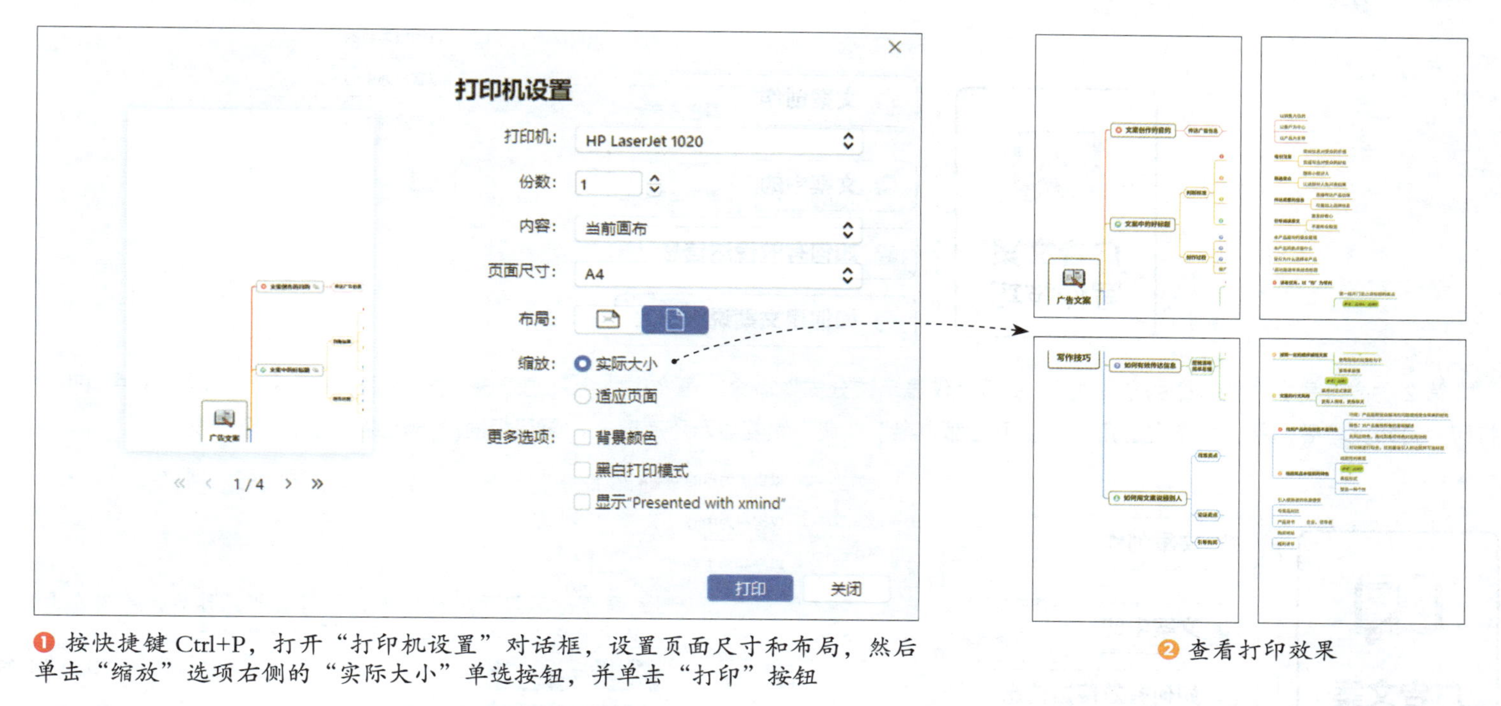

❶ 按快捷键 Ctrl+P，打开“打印机设置”对话框，设置页面尺寸和布局，然后单击“缩放”选项右侧的“实际大小”单选按钮，并单击“打印”按钮

❷ 查看打印效果

从最终的打印效果可以看出，本案例的思维导图被拆分打印在 4 页纸上，我们还需要将 4 页纸手动对齐拼贴，才能得到一幅完整的思维导图。

打印指定的分支

分页打印思维导图后还需要手动拼贴，比较麻烦。如果不追求思维导图的整体性，可以将各个分支分别打印出来。下面介绍两种打印指定分支的方法。

第 1 种方法是右击要打印的分支主题，执行“打印分支”命令，即可调出“打印机设置”对话框，单独打印该分支。

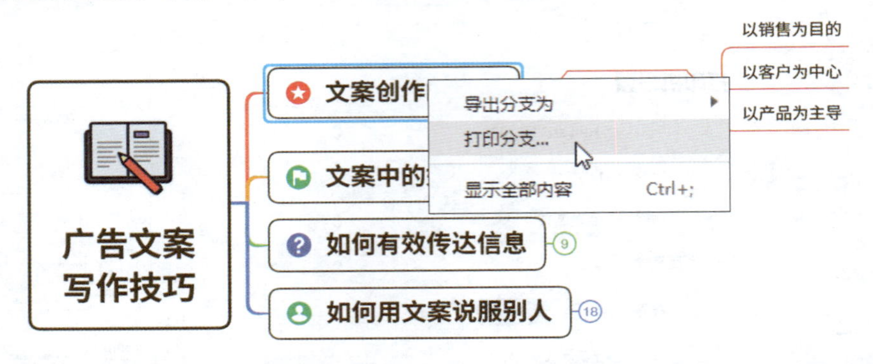

第 2 种方法是右击要打印的分支主题，执行“仅显示该分支”命令。画布中将会只显示该分支，然后执行“打印”菜单命令，即可完成打印。打印完毕后，单击画布左上角的“显示全部内容”按钮，恢复显示所有分支，再用相同的方法继续打印其余分支。

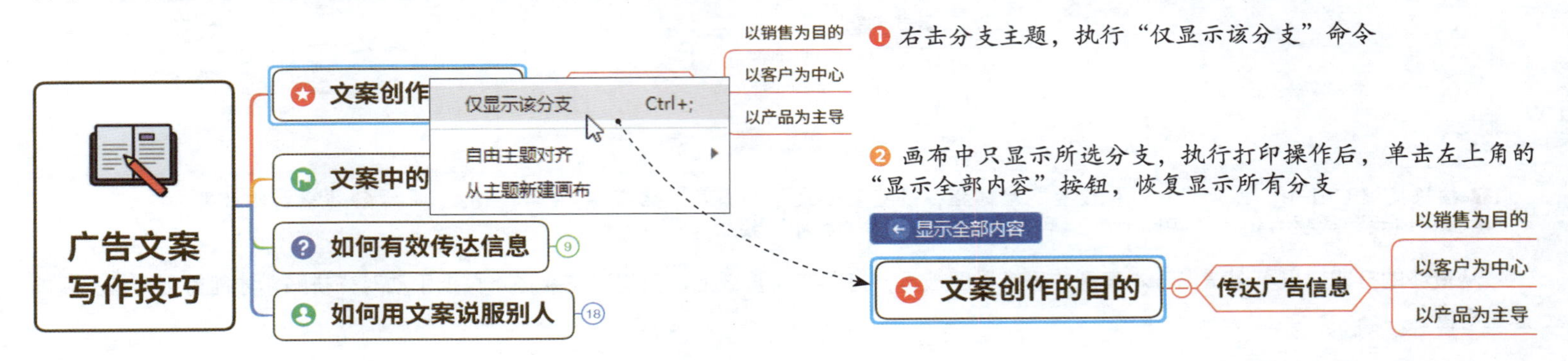

将思维导图拆分成多张画布再打印

第 7 章讲解过如何借助“从主题新建画布”的功能将一幅思维导图的内容快速拆分到几张画布中去。我们可以利用这种方法将要打印的思维导图拆分成多张画布再打印。在打印前还可以进一步调整各张画布中思维导图的结构和格式，以获得更好的打印效果。

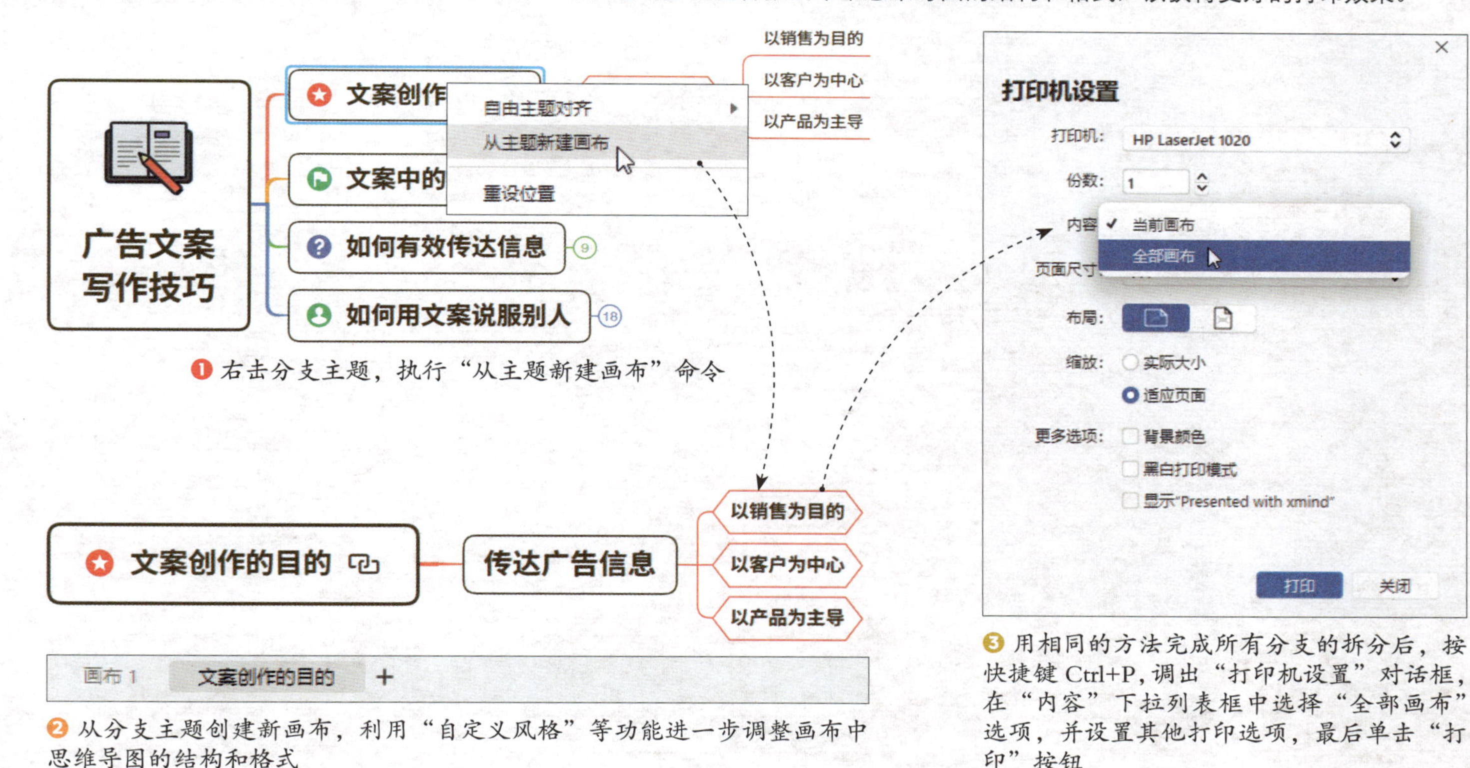

❶ 右击分支主题，执行“从主题新建画布”命令

❷ 从分支主题创建新画布，利用“自定义风格”等功能进一步调整画布中思维导图的结构和格式

❸ 用相同的方法完成所有分支的拆分后，按快捷键 Ctrl+P，调出“打印机设置”对话框，在“内容”下拉列表框中选择“全部画布”选项，并设置其他打印选项，最后单击“打印”按钮